ipコマンド

Linuxで使われている**ip**コマンドは、**オブジェクト**と**サブコマンド**を組み合わせて使用する。たとえばIPアドレスを表示したい場合、**address**というオブジェクトにサブコマンド**show**を組み合わせて**ip address show**と指定する。

ipコマンドの表記ルール

- ipコマンドそのもののオプションはオブジェクトの前に指定する。
  - **例 ip -4 address show**
- オブジェクトは省略が可能、基本的には他のオブジェクトと区別できれば良く、**address**であれば**addr**や**a**とできる※。
  - **例 ip addr show** （ip address showと同じ意味）
  - **例 ip a show** （同上）
- 使用できるサブコマンドはオブジェクトごとに異なり、オブジェクトによってはさらに引数が使用可能。
  - **例 ip a show lo** （loデバイスの情報を表示）
  - **例 ip a add 10.0.2.15/24 dev enp0s3**
    （「enp0s3」にIPアドレスを追加 →2.3節）
- 多くのオブジェクトで**show**(現在の状態を表示)が使用可能、デフォルトのサブコマンドは省略できる。
  - **例 ip addr** （ip address showと同じ意味）
  - **例 ip a** （同上）
- サブコマンドに引数がある場合、サブコマンドは省略できない

※ 本書では、使用頻度が高いものは省略表記(**ip a**)、コマンドの書式説明の際は一般的な表記(**ip addr**)を使用している。

ipコマンドのおもなオプション

オプション	意味
-4 / -6	4/IPv6を使用
-r / -resol...	決を行う
-N / -N...	などを数値のまま表示する
-s / ...	示する
-...	
-b ...	ンドを読み込む
-n / -ne...	
-a / -all	コマンドを実行

ipコマンドのおもなオ...

オブジェクト	省略表記	
link	l	ネ... 節
address	a / addr	ネット... IPアドレス →1.2節
route	r	ルーティング テーブルのエントリー →2.1節
neigh	n	近傍キャッシュエントリ →1.4節
netns	net	名前空間(network namespace) →4.10節

※ **ip**コマンドのオプションは「**man ip**」(→0.13節)、サブコマンドは「**man ip オブジェクト**」で確認可能

SSH

| ssh | SSHで接続する(現在のユーザー名と異なる名前で接続したい場合は「**ユーザー名 @ 接続先**」で指定)、**exit**で切断ⓁⓌⓜ |

| ssh -p | 使用するポート番号を指定 |

- **例 ssh pc1**
  （現在のユーザー名で「pc1」に接続）
- **例 ssh study@pc1 -p 55555**
  （ユーザー名「study」で「pc1」にポート番号「55555」で接続）

| ssh-keygen | 公開鍵と秘密鍵のペアを作成するⓁⓌⓜ |
| ssh-copy-id | 公開鍵を接続先にコピーするⓁⓜ |

| scp | リモート・ローカル間でファイルをコピーするⓁⓌⓜ |
| scp -P | 使用するポート番号を指定ⓁⓌⓜ |

VPN（SSL-VPN）

既存の設定ファイルを使用した接続(OpenVPN)。Windows、macOSはGUIツールを使用(openvpn.jpでダウンロード可能)。

| openvpn --config | OpenVPNで接続するⓁ |

- **例 sudo openvpn --config 設定ファイル**

プロトコルを試す 学習用

HTTP →0.6節、3.1節
- **nc -v 接続先 ポート番号**

TCP/UDP →3.3節
- 受信側 **nc -l ポート番号** / **nc -u -l ポート番号**
- 送信側 **nc 受信側 ポート番号** / **nc -u 受信側 ポート番号**

HTTPS/POP/SMTP →3.6節、4.4節※
- **openssl s_client -connect 接続先 : ポート番号**

※ 暗号化された通信をWiresharkで表示する方法は本文を参照(→3.6節、3.7節、4.4節)。

コマンドの実行結果を絞り込む

| grep | 文字列を検索するⓁⓜ →0.12節 |

- **例 ping -c 4 www.example.com | grep loss**
  （文字列「loss」を検索する）

| findstr | 文字列を検索するⓌ →0.12節 |

- **例 ping www.example.com | findstr 応答**
  （文字列「応答」を検索する）

Linux
Windows
macOS
対応

**TCP/IP&
コマンドライン
Quickリファレンス**

1/2

TCP/IP
＆ネットワーク
コマンド入門

プロトコルとインターネット、基本の力

西村 めぐみ ［著］
Nishimura Megumi

技術評論社

本書について
ネットワーク技術をどのようにして学ぶか

本書はネットワーク技術、とくに基礎であり中心である「TCP/IP」について興味がある、学習したい、あるいは学習の必要性を感じている人のための本です。

基礎から学びたいけれど、聞くだけ・読むだけではいまひとつ実感できない、何かちょっと試してみたい、確かめてみたい……。

インターネットはあまりに「日常」で、よくわからないままでも便利に利用できています。そんななか、ネットワーク技術について学習しようとすると大抵最初の方に出てくる4つの、あるいは7つの階層や謎の数字と自分がふだん利用しているWebやメールといまひとつ結びつかない。もちろん知っている人にはすべて地続きです。どんな分野でもきっとそうです。でも最初の一歩、最初のひと漕ぎはつらいもの。走り始めれば気にならないことでも、最初はいろいろ気になるものです。

そこで、本書はコマンドライン＆ツールからのアプローチを選びました。

コマンドは学習用のものではなく、ネットワーク技術に関わる人であれば日常的に使う、ごく基本的なコマンドです。ネットワーク技術関連の解説を読んでいると、あたりまえのように登場するのに、そのコマンドを実行する方法は書かれていない、そのくらいの位置付けにある存在です。

使用しているネットワークコマンドはネットワーク技術者達の主戦場であるLinux環境用が中心ですが、ふだん使っている環境でも試せるように、WindowsとmacOSのコマンドも取り上げています。本書の見返し（表紙内側のページ）にQuickリファレンスを収録しましたので必要に応じて活用してみてください。

お供にするのは「パケットキャプチャ」（*packet captureing*）と呼ばれる種類のソフトウェアです。コマンドを動かして、結果を見て、その過程でネットワークを飛び交ったナニカ＝パケットなるものを、カラフルな画面で観察します。普段は目にしないところで飛び交っているパケットなるものが、自分の目の前の画面に、自分が入力したコマンドに応じて表示されるのは、ちょっとうれしいものです。実行結果も掲載していますがぜひご自身でも試してみてください。無償のソフトウェアで本書と同じことを試せるように、入手先とインストール方法も掲載しています。

TCP/IPを技術的な観点から分割し、いま学習している位置はここ、とわかるようにしていますが、すべてを体系立てて解説するというより、特に重要なトピックと日常で触れやすいトピックを中心に、確認しながら進む、という方針になっています。さらにちょっと欲張って、仕様書の世界にも少しだけ足を踏み入れました。

本書で学ぶことで、他の技術書を読む力がつきます。ネットワーク技術の解説書に書かれているあれこれが、「あ、これか」「見たことあるかも」「あのとき試したあれか」と感じられる事は、学習において、そしてこれからの生活において、絶対に力になる、筆者はそう信じています。

本書でTCP/IPの基礎知識とステップアップするための力を身につけて、次の一歩への助けとなる、そんな位置の本でありたいと願っています。

2024年4月
西村めぐみ

本書の構成

本書の構成は以下のとおりです。TCP/IP技術（プロトコルスタック）は4つの階層から構成されており、本書のPart 0ではその全体を、そしてPart 1〜Part 4で各階層について解説しています。また、各Part冒頭の扉ページに、それぞれの解説内容を図示しましたので必要に応じて参考にしてください。

- **Part 0　基礎知識**
  TCP/IPの基本的な概念と、それらを検証・確認するためのネットワークコマンドの使い方や学習環境の構築方法、コマンドラインの使い方を学習します。
  この後に続く紹介文に登場する技術用語の概要はPart 0で解説しています。この紹介文が「何のことを言っているのかがわかる」のが本書のゴールの1つであり、読む前には「何のことだかわからない」状態でまったく問題ありません。

- **Part 1　リンク層**
  TCP/IPの最下層で通信の土台となる層です。ここではハードウェア（ネットワークデバイス）の情報を表示する方法や、ハードウェアのアドレスであるMACアドレスとIPアドレスがどのように結びつけられているかを学習します。

- **Part 2　インターネット層**
  IPアドレスの構造とIPv4とIPv6の違いを学習し、pingの拒否で通信がどう変わるか、異なるネットワークと通信するための経路設定、インターネットでの経路探索などを試します。

- **Part 3　トランスポート層**
  TCPの役割とポート番号について学習し、通信の品質をわざと落とした状態で通信結果がどう変わるかを試します。また、新しいプロトコル「QUIC」についても取り上げます。

- **Part 4　アプリケーション層**
  DNSとmDNSのしくみ、HTTPとHTTPSの違い、メール、SSH、VPNについて学習します。また今後の学習に役立てるためのNetwork Namespaceについて紹介し、実際に試します。

- **［特別収録］TCP/IP＆コマンドラインQuickリファレンス**
  実機で試す際に役立つ内容を厳選収録しました。巻頭（前見返し）、巻末（後見返し）を参照。

本書の対象読者および前提知識について

本書は、TCP/IPおよびネットワークコマンドを学習したい方々を想定しています。コンピューターの操作にはある程度馴染みがあり、WindowsやmacOSなど、自分が普段利用しているコンピューターであれば、次の操作ができる方々を想定しています。

- **URLが書かれていたら、Webブラウザで表示できる**
- **インストール用のファイルをダウンロードしてインストールできる**

なお、本書では初学者の方々を想定し、注釈や参照ページが多めに付してありますが、基本的に飛ばして問題ありません。本文を読んでいて気になったときだけ参照してみてください。

動作確認環境について

　本書では、実用と学習の両面からWindows環境、macOS環境、Linux環境の3種類を使用しています。Linuxはネットワークの設定を変更して試すことも想定し、WindowsおよびmacOSそれぞれで動作する仮想マシン上で動かします。

　動作確認に使用したバージョンはそれぞれ以下のとおりです。

- Windows 11（23H2）
- macOS Sonoma 14.0
- Ubuntu Desktop 22.04.3 LTS
- VirtualBox 7.0（Windows）　※仮想マシン
- UTM 4.4.4（macOS）　※仮想マシン

　このほか、Windows 11上で動作するWSL（Windows Subsystem for Linux 2.1.5、以下WSLと表記）を導入し、WSL用のUbuntu 22.04.3 LTSを使用しています。VirtualBox、UTM、UbuntuおよびWSLのインストール方法はPart 0およびサポートページで解説しています。

コマンドラインの表記方法

　コマンドの使用方法やこれから実行するコマンドを下記の書式で示しています。

```
ping www.example.com
```

　実行例は、使用するOSを本文で宣言した上で、以下の書式で示しています。行頭の>、%、$はそれぞれの環境で使用されているプロンプトと呼ばれる記号で、入力画面にあらかじめ表示されています。詳しくはPart 0で解説しています。

```
Linuxのコマンドライン
$ ping www.example.com…… 「ping www.example.com」を入力し Enter （return）を押して実行
Windowsのコマンドライン
>ping www.example.com…… 「ping www.example.com」を入力し Enter を押して実行
macOSのコマンドライン
% ping www.example.com…… 「ping www.example.com」を入力し return を押して実行
```

　学習上、複数の仮想マシンを使うことがあります（環境のセットアップについては本文で解説しています）。この場合はプロンプト記号を変えるとともに次の書式で示しています。

```
u1$ …………1台目用（プロンプト u1$ ）        u2$ …………2台目用（プロンプト u2$ ）
```

本書の補足情報について

　本書の補足情報は以下から辿れます。

　URL https://gihyo.jp/book/2024/978-4-297-14132-5/support/

Part 0
基礎知識 2

Part 1
リンク層 62

Part 2
インターネット層 96

Part 3
トランスポート層................................. 158

Part 4
アプリケーション層 196

［TCP/IP&ネットワーク通信のための］参考文献紹介

本書と合わせて、学習の参考になる書籍や記事を紹介します。

『**マスタリングTCP/IP　入門編**(第6版)』(井上直也／村山公保／竹下隆史／荒井透／苅田幸雄著、オーム社、2019)

➡TCP/IP全体を基本からしっかり学ぶことができる、いわば定番の書籍です。1994年の第1版から時代に合わせて改訂が重ねられており、本書の原稿執筆時点の最新刊第6版は2019年11月発行。他に情報セキュリティ編やIPv6編が刊行されています。

『**ストーリーで学ぶネットワークの基本**』(左門至峰著、インプレス、2021)

➡物理層からアプリケーション層まで、よくあるトラブルの事例などもまじえて親しみやすく解説されています。

『**完全マスターしたい人のためのイーサネット&TCP/IP入門**』(榊正憲著、インプレス、2013)

➡Ethernet(イーサネット)に重点が置かれており、配線や伝送方式、さまざまな規模のネットワークを解説しています。これらを踏まえた上で、上位層(IP〜TCP、UDP)についても学習できるようになっています。Ethernetは本書のPart 1で扱っていますがさらに踏み込んで学習したい方にお勧めです。

『**プロフェッショナルIPv6　第2版**』(小川晃通著、ラムダノート、2021)

➡IPv6の基礎からIPv4との共存や、NTT NGNでのIPv6など実際に使われている技術も解説されています。IPv4は多くの書籍で扱われていますがIPv6の解説は相対的に少なめです。IPv6を深く知りたい方にはこちらの書籍がお勧めです。

『**TCP技術入門　進化を続ける基本プロトコル**』(安永遼真／中山悠／丸田一輝著、技術評論社、2019)

➡TCPに焦点を当てた解説書で、TCPの基礎からTCPにおける各種制御について具体的に学習できます。TCPは本書のPart 3で扱っており、ここからさらに踏み込んで学習したい方にお勧めします。

『**Linuxで動かしながら学ぶTCP/IPネットワーク入門**』(もみじあめ、2020)

➡Linuxで学べるネットワーク解説書。Network Namespace(ネットワーク ネームスペース)を活用して学習します。Network Namespaceを作るためのスクリプトをダウンロードできるようになっているためすぐに環境を作って試せます。Network Namespaceは本書のPart 4で扱っており、ステップアップにこちらの書籍がお勧めです。

『**実践パケット解析　第3版　Wiresharkを使ったトラブルシューティング**』(Chris Sanders著、髙橋基信／宮本久仁男監訳、岡真由美訳、オライリー・ジャパン、2018)

➡本書ではパケットを観察するのにWiresharkを使っていますが、さらに踏み込んだ、本来の活用であるパケット解析に必要な知識およびWiresharkについて詳しく具体的に学習できる書籍です。キャプチャファイルのサンプルがダウンロードでき、Wiresharkで実際に表示できるようになっています[a]。

『**図解即戦力　暗号と認証のしくみと理論がこれ1冊でしっかりわかる教科書**』(光成滋生著、技術評論社、2021)

➡暗号の基礎やアルゴリズム、各種暗号方式について解説しています。TLS(本書Part 3)をはじめさまざまなプロトコルについて取り上げられています。

＊a　(注意)サンプルファイルがウィルスチェックにひっかかるケースがある。VirtualBoxでwgetコマンドを使い(wgetダウンロードリンクで)ダウンロードして、「md5sum `ダウンロードしたファイル(のファイル名)`」を実行して表示された値がダウンロードサイトに掲示されているMD5の値と一致していれば問題ないと判断できる。不安がある場合はダウンロード後VirtualBoxをネットワークから切断してWiresharkでパケットのファイルを確認することもできる。

『**徹底解剖　TLS 1.3**』(古城隆／松尾卓幸／宮崎秀樹／須賀葉子著、翔泳社、2022)

    ➡ TLSに焦点を当てた解説書です。プロトコルの仕様からTLSを使ったプログラミングまでカバーされています。

「**QUICをゆっくり解説　新しいインターネット通信規格**」(IIJ Engineers Blog)

    URL https://eng-blog.iij.ad.jp/quic/

    ➡ IIJ技術研究所技術開発室の山本和彦氏による解説です。実際に開発している方からの視点で、テーマ別の解説が掲載されています。

「**HTTP/3入門**」(gihyo.jp)

    URL https://gihyo.jp/list/group/HTTP-3入門

    ➡ まだ書籍などのまとまった情報の少ないHTTP/3について、歴史背景からテスト環境の構築まで解説されています。

「**IETF Datatracker**」(ietf.org)

    URL https://datatracker.ietf.org/

    ➡ RFC(インターネット技術の仕様およびその候補がまとめられた文書、本書 Part 0)を初めとするさまざまな技術仕様が検索できます。本書ではところどころで核となるRFCの番号を掲載していますが、このようにRFCの番号がわかっているのであれば次の**例**のようにRFC番号をURLで指定して表示できます。

    例 https://datatracker.ietf.org/doc/html/rfc20

「**RFC Editor**」(rfc-editor.org)

    URL https://www.rfc-editor.org/

    ➡ RFCの個別の文書は先述のDatatrackerの方が改訂の状況などがわかるのでお勧めですが、ステータス別のリストや最近改訂されたRFC(Recent RFSs)をまとめて確認したい場合はこちらがお勧めです。

Protocol Numbers

    URL https://www.iana.org/assignments/protocol-numbers/protocol-numbers.xhtml

    ➡ IPヘッダー(Part 2)には「これは何のプロトコルなのか」が示されており、Wiresharkではこの情報を用いてプロトコルの種類を識別して表示しています。Protocol NumbersでIPレベルのプロトコル一覧が確認できます。

Service Name and Transport Protocol Port Number Registry

    URL https://www.iana.org/assignments/service-names-port-numbers/service-names-port-numbers.xhtml

    ➡ TCP/UDPヘッダーにはポート番号(Part 3)が示されており、IPアドレスで指定されたサーバーがポート番号に応じたサービスを提供するのが基本です。このサイトではポート番号と対応するサービスのリストが公開されています。

JPNIC 日本ネットワークインフォメーションセンター

    URL https://www.nic.ad.jp/ja/sitemap.html

    ➡ 日本国内のドメインを管理している団体(Part 2)のサイトで、WHOIS検索(Part 4)が可能です。インターネットの歴史や技術についても親しみやすく解説しています。

    Linuxおよびインターネットのコマンドラインに興味を持ち、ネットワークコマンド以外でも使ってみたくなった方は次のような関連書(拙著)もあります。

『**Linux＋コマンド入門**──シェルとコマンドライン、基本の力』(技術評論社、2021)

『**[新版 zsh&bash対応]macOS×コマンド入門**──ターミナルとコマンドライン、基本の力』(技術評論社、2020)

TCP/IP＆ネットワークコマンド入門
プロトコルとインターネット、基本の力

［Linux/Windows/macOS対応］

Part 0

基礎知識

　これから学習する「TCP/IP」とは、インターネットの基盤となる技術で、ネットワークで情報を送受信するための決まりです。ネットワーク通信の背後には、情報を送受信する際の約束事がたくさん決められています。共通の約束事を守ることでさまざまな時代のさまざまな機器やOSが柔軟な形で参加できるのがインターネットです。

　Part 0では、これらを理解するための第一歩として、TCP/IPの基本的な概念と、それらを検証・確認するためのネットワークコマンドの使い方や学習環境の構築方法、コマンドラインの使い方を学習します。

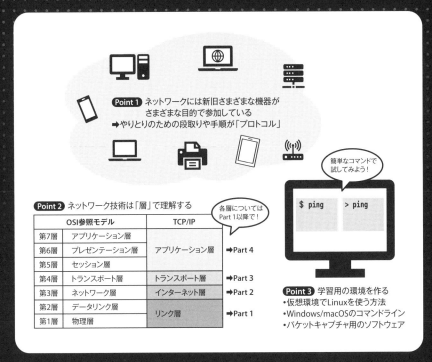

Point 1 ネットワークには新旧さまざまな機器が
さまざまな目的で参加している
➡やりとりのための段取りや手順が「プロトコル」

簡単なコマンドで
試してみよう！

$ ping   > ping

Point 2 ネットワーク技術は「層」で理解する

各層については
Part 1以降で！

OSI参照モデル		TCP/IP	
第7層	アプリケーション層	アプリケーション層	➡Part 4
第6層	プレゼンテーション層		
第5層	セッション層		
第4層	トランスポート層	トランスポート層	➡Part 3
第3層	ネットワーク層	インターネット層	➡Part 2
第2層	データリンク層	リンク層	➡Part 1
第1層	物理層		

Point 3 学習用の環境を作る
・仮想環境でLinuxを使う方法
・Windows/macOSのコマンドライン
・パケットキャプチャ用のソフトウェア

0.1
プロトコル
ネットワーク通信に必要な段取りとは

　ネットワーク通信で情報のやりとりをしている人間の背後では、「Wi-Fiに接続する」「サイトにアクセスする」「データを受信する」など、ハードウェアどうし、ソフトウェアどうしでもたくさんのやりとりが行われています。

　まず、その際に使用される「プロトコル」について確認しておきましょう。

インターネットには多種多様なハードとソフトが関わっている

　ネット検索、SNS、動画閲覧、乗換案内、ショッピング等々、インターネットを通じて利用されるサービスは多種多様ですが、インターネットに接続する方法も使っている機器もまた多種多様です。さまざまな国のさまざまなメーカーや技術者が生みだしたハードウェアとソフトウェアが関わり合っていますが、誰もがいつでも参加できます。

　全体を管理している企業や団体があるわけでもなく、一枚岩で開発されているわけでもありません。OSも開発言語も開発された時代もさまざまです。30年前の機器と、開発されたばかりの新しい機器や新しい通信規格、新しいOSやソフトウェアとが混在する環境でお互いにやりとりできる。これがインターネットです。

サービスを提供する側を「サーバー」という

　インターネットでのやりとりは、基本的に、**リクエスト**（*request*、要求）と**レスポンス**（*response*、応答）という形で行われます。検索したい、動画が見たい、メールを送りたい、などさまざまなリクエストを送る側を**クライアント**、サービスを提供する側を**サーバー**といいます。たとえばWebサービスを提供しているサーバーはWebサーバー、メールであればメールサーバー、のように呼ばれることもあります。

段取りをまとめたものを「プロトコル」という

　「やりとり」には段取りが必要です。相手をどのように指定するか、データが欲しい場合はどのようにリクエストすればよいか、結果を受け取る方法は、あるいは受け取れなかったらどうするか、こういったさまざまな段取りや決まりをまとめたものを**プロトコル**（*protocol*、通信規約）といいます。

　プロトコルは日常生活のさまざまな場面に存在します。たとえば「電話での問い合わせ」のプロトコルであれば、最初に音声案内を流して押すべき番号を知らせるのか、音声案内の途中で番号を押してもよいのか、選択肢以外の番号を押したらどうするか、などを決めておくことで問い合わせへの対応が成立します。

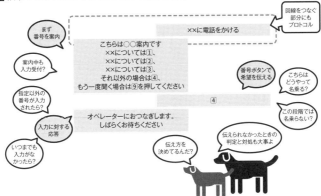

コンピューターやインターネットの世界でも、機器間の通信やデータの交換を行う際にはさまざまなプロトコルが定められており、それぞれがプロトコルに従うことで通信を円滑に行えるようになっています **図A** 。

図A 段取りをまとめたものを「プロトコル」と言う

インターネットの共通言語「TCP/IP」

インターネットにおける標準プロトコル群が**TCP/IP**です。TCPもIPもプロトコルの名前で、ほかにもたくさんのプロトコルが含まれており、総称としてインターネットプロトコルスイート（*Internet protocol suite*）と呼ばれることもあります。なお、TCPの「P」やIPの「P」はProtocolの略ですが「IPプロトコル」のように表現することもあります。

TCP/IPは「みんなで決めた」プロトコル

現在、TCP/IPをはじめとするインターネット関連の技術標準はおもに *IETF*（*Internet Engineering Task Force*）というオープンな団体によって管理されています＊1。何を標準とするかを定める過程で用いられるのが *RFC*（*Request for Comments*）という文書で、RFCを通じて、技術的な提案や規格が共有され、フィードバックや改善が行われています。

RFCの文書は番号で管理されており、該当する番号の文書を検索・参照すれば誰でも内容がわかります。たとえばIPであれば「RFC 791：INTERNET PROTOCOL」で、RFCそのものについては「RFC 1796：Not All RFCs are Standards」のような文書が公開されています（次ページの **図B** ）。文書の書式は書かれた時代によってさまざまですが、文書の位置付けや修正の情報などはIETFの画面で確認できます。

RFCは強制力のあるものではありませんが、「デファクト・スタンダード（*defact standard*、事実上の標準）」として受け入れられており、インターネットに関わる人々が、それぞれ自分

＊1　IETFは1986年に設立され、当初から技術標準の策定を目的として活動を開始しました。その後、1992年にISOC（*Internet Society*）がインターネットの発展や教育、普及を促進する目的で設立されました。現在、IETFはISOCの支援のもとで活動していますが、技術標準の策定に関しては、独立した組織としての役割を維持しています。

たちの関わる範囲で従うことで全体が機能しています。

図B RFC 791 の画面 **URL** https://datatracker.ietf.org/doc/html/rfc791

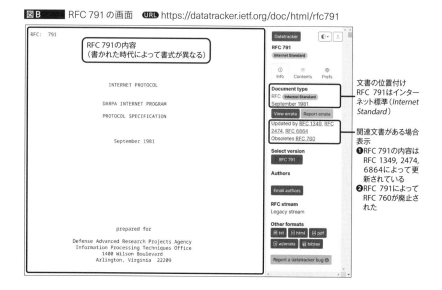

文書の位置付けには以下があります。このように、RFCには標準化には含まれない「情報」や標準化の過程で破棄された「歴史的」というカテゴリも設けられています。「BCP」はコミュニティの方針や手順が分類されています。

また、関連する文書がある場合「Updated by **RFC番号** 」のような形で掲載されています。

- **文書の位置付け**
  - 情報（*Informational*）
  - 実験的（*Experimental*）
  - 現状で最良の慣行（*Best Current Practice*, BCP）
  - 標準化過程（*Standards Track*）
  - 標準への草稿（*Draft Standard*, DS）
  - 標準への提唱（*Proposed Standard*, PS）
  - インターネット標準（*Internet Standard*, STD）
  - 歴史的（*Historic*）

- **関連文書**
  - Updated by: 9999 　➡ RFC 9999 に、現在表示している文書に書かれている事柄を更新する内容が含まれている
  - Obsoleted by: 9999 ➡ この文書は RFC 9999 によって廃止された
  - Updates: 9999 　　➡ この文書は RFC 9999 に書かれている内容の一部を更新している
  - Obsoletes: 9999 　➡ この文書によって RFC 9999 が廃止された

0.2
階層モデル
ネットワーク通信は「層」で分けるとうまくいく

ネットワーク通信では、接続方法、信号の流れ方、通信相手の見つけ方、データのやりとり方法、エラー処理やエラー検知の方法など、決めておくべきことがたくさんあります。

これら多岐にわたることがらを整理し実現するために、TCP/IPはいくつかの「層」(*Layer*)に分けた「**階層モデル**」という形で構築されています。

インターネットはネットワークのネットワーク

コンピューターなど、情報機器どうしがやりとりできるようにした通信網をネットワーク、ネットワークどうしのネットワークを「inter-network」といいます。そして、世界規模でつながっているネットワークが**インターネット**(*The Internet*)です。

家庭内や、会社の特定フロアなど、特定の小さな範囲内のネットワークを**ローカルネットワーク**、または**ローカルエリアネットワーク**(*Local Area Network*、*LAN*)といいます **図A** 。

図A インターネットはネットワークのネットワーク

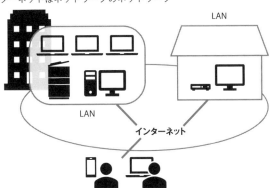

ローカルエリアネットワークの中では、PCやスマートフォンなどのネットワーク機器は物理的なネットワークケーブルでつながっているか、Wi-Fiの同じアクセスポイントを使うことで、お互いに直接やりとりできます。

ほかの家やほかの会社など、別のネットワークと通信をするために使われている機器が**ルーター**(*router*)です。ルーターは、自分が担当しているネットワーク宛ての通信であれば、通信相手の物理アドレス(MACアドレス)を調べてパケットを転送し、自分が担当していないネットワークであれば別のルーターにパケットを転送します。自分が担当していないネットワークについては物理アドレスを把握している必要はありません。

ローカルネットワーク内で電気的な信号を送るための層と、ネットワークどうしをつなげ

る層、その上でサービスを提供する層、各層での役割や目的に合わせたプロトコルが定義されている、こうした構造が、インターネットのような大規模なネットワークの構築を支えています。

TCP/IPは4つの層で構成されている

TCP/IPは大きく4つの層に分かれています。

一番下の階層、つまり、物理的な部分を担当するのが**リンク層**です。この層はハードウェアの制御や、どのような電気信号をどう送るかということを取り決めています。

次に来るのが**インターネット層**です。TCP/IPの「IP」がこの層のプロトコルで、IPを通じてローカルネットワークを越えた通信が実現されます。インターネット層は、ネットワーク層と呼ばれることもあります。

その上に位置するのが**トランスポート層**です。「TCP」はこの層のプロトコルであり、IPによって送られてくるデータの確認や、データの整合性の検証などを行います。

そして、最上位に位置するのが**アプリケーション層**です。具体的なサービス、たとえばWebやメールなどが実現されるのはこの層で、Webで使われているHTTPはアプリケーション層のプロトコルです。

なお、ネットワーク通信に限らず、コンピューター関連では人間に近い側を「上位層」とし、ハードウェアに近い側を「下位層」と表現します。ハードウェア部分の制御が行われて初めて、上位のソフトウェア群の使用が可能になります。

通信相手を指定する方法が各層で異なる

それぞれの層は目的や役割が異なりますが、通信相手を特定する方法もまた各層で異なります（次ページの **図B** ）。

リンク層ではハードウェアに割り当てられた**MACアドレス**を使って通信相手を特定します。

インターネット層では**IPアドレス**を使います。PCやスマートフォンなど、インターネットに接続している機器にはMACアドレスとIPアドレスが割り当てられています。現在インターネットで使用されているIPアドレスは「IPv4」と「IPv6」の2種類で、IPv4はアドレスを32bitで、IPv6は128bitで表現します。両者の違いや2種類が混在している理由はPart 2で学習します。

MACアドレスは物理アドレス、IPアドレスは論理アドレスと呼ばれることがあります。アドレスが2段階になっているので、通信相手がハードウェアを交換しても（＝物理アドレスが変わってしまっても）、同じIPアドレス（論理アドレス）を付けてくれれば、今までと変わりなく通信できます。

トランスポート層では、IPアドレスで通信相手のホストを指定し、さらに相手ホストのどのサービスに接続するかを**ポート番号**で指定します。これにより、1台のサーバーで複数のサービスを提供できます。

また、Webやメール（＝アプリケーション層）を使う際は、google.co.jpやyahoo.co.jpのような名前で通信相手を指定できると便利です。このように使われる名前を**ドメイン名**(*domain name*)といいます。

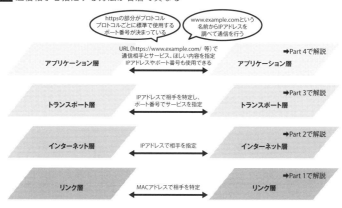

図B 通信相手を指定する方法が各層で異なる

httpsの部分がプロトコル
プロトコルごとに標準で使用する
ポート番号が決まっている

www.example.comという
名前からIPアドレスを
調べて通信を行う

アプリケーション層 　URL（https://www.example.com/ 等）で通信相手とサービス、ほしい内容を指定　IPアドレスやポート番号も使用できる　 →Part 4で解説　アプリケーション層

トランスポート層 　IPアドレスで相手を特定し、ポート番号でサービスを指定　 →Part 3で解説　トランスポート層

インターネット層 　IPアドレスで相手を指定　 →Part 2で解説　インターネット層

リンク層 　MACアドレスで相手を特定　 →Part 1で解説　リンク層

データは分割して送受信されている

　ネットワーク回線に流れているのは **0** と **1** のデジタルデータで、**01001010010**…と1ビットずつ送られています。通信速度を表現する「bps」という単位は「bit per second」の略で、1秒間に何ビットのデータを送れるかを示しています。

　しかし、アプリケーション層でやりとりしたいデータ、つまり人間が使いたいデータはもっと大きな塊です。仮に「誰かがこの大きな塊をやりとりしている間はほかの人は回線が使えません」という約束事があると、あまりにも不便な上、送信に失敗するとすべてやり直しとなり効率が悪くなります。

　そこで、ネットワーク通信では、データを**パケット**（*packet*）という単位に分割して送受信します。データを小分けにすることで、回線利用効率を上げ、データが破損した際に送り直す量も最小限にできます。

　受け取る側は届いたパケットを元の塊に戻します。このとき、データがすべて揃っているか確認し、足りなければ再送するなどの作業を行います。これはTCPの役割です。

パケットには各層でヘッダーが付け加えられている

　ネットワークにおける通信、たとえばWebサーバーとWebブラウザ（クライアント）の間のやりとりは、基本的に同じ階層どうしで行われます。しかし、実際の物理的な電気信号のやりとりは最下層、TCP/IPで言えばリンク層で行われます。

　データは上位の層から下位の層へ移るごとに**ヘッダー**（*header*）が追加されます。部長どうしのやりとりは相手の名前と本文だけで行うが、それを届ける職員には相手の住所が必要であるのと似ているかもしれません。

　ヘッダーの付加は各層で行われており、低レベル層での通信のためにヘッダーが追加されていくことを**カプセル化**（*encapsulation*）、逆にヘッダーを取り除く過程を**非カプセル化**（*decapsulation*）と呼びます（次ページの **図C** ）。

図C データが送られるときのイメージ

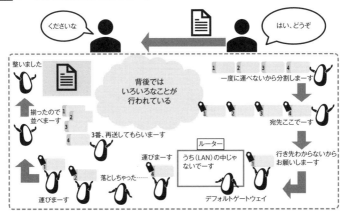

OSI参照モデルは7層から成る概念モデル

ネットワーク通信は、TCP/IPのほかに**OSI参照モデル**(*OSI reference model*)という階層モデルで説明されることがあります。OSI参照モデルはTCP/IPよりも後に提案[*2]されたもので、実際の開発には直接使われていない、いわば概念モデルです。

OSI参照モデルは7つの層で構成されており、TCP/IPの層との関係は概ね **図D** のようになっています。

図D OSI参照モデルと TCP/IP

OSI参照モデル		TCP/IP	おもなプロトコル、規格
第7層	アプリケーション層	アプリケーション層	HTTP, SMTP, POP DNS, DHCP SSH等
第6層	プレゼンテーション層		
第5層	セッション層		
第4層	トランスポート層	トランスポート層	TCP, UDP等
第3層	ネットワーク層	インターネット層	IP, ICMP(ping)等
第2層	データリンク層	リンク層	ARP, PPP IEEE 802.11等
第1層	物理層		

複数のプロトコルが階層的に積み重なって機能すること、あるいはそのように機能しているプロトコル群のことを**プロトコルスタック**(*protocol stack*)といいます。

TCP/IPプロトコルスタックは、「リンク層」「インターネット層」「トランスポート層」「アプリケーショ層」という4つのレイヤー、あるいはOSI参照モデルが定義する概念的な7つの層を実現しているプロトコル群ということになります。

＊2 OSIは開放型システム間相互接続(*Open Systems Interconnection*)の略で、ISO(国際標準化機構)とITU-T (*International Telecommunication Union Telecommunication Standardization Sector*)によって策定されました。

0.3

OS・シェル・コマンドの基礎知識
ネットワークコマンドを使う上で知っておくべきこと

　Part1からTCP/IPを階層別に学習しますが、これに先立ち、OSの役割とネットワークコマンドの実行に欠かせない「シェル」の役割について簡単に確認しておきましょう。

OSとネットワークの関係

　OS（*Operating System*）は、コンピューター全体を管理し、制御して、さまざまなアプリケーションソフトを実行できるような環境を整えるソフトウェアです。いわゆるPCで使用されているのがWindows、Appleのコンピューターで使用されているのがmacOSです。スマートフォンでいえば、iPhoneで使われているOSがiOS、一方AndroidというOSは、さまざまな会社のスマートフォンで使われています。

　アプリケーションソフト（*application software*、アプリ）は、Google ChromeなどのWebブラウザや文書作成用のWord、表計算用のExcelなど、特定の用途向けに開発されたソフトウェアです。アプリケーションソフトは、OSという基礎の上で動かすことを前提に作られています。

　ネットワーク機能は、かつてはOSとは別に提供されていましたが、現在ではOSの一部と考えて良いでしょう。厳密には、ハードウェアとOSの間を取り持つドライバー（*driver*）と呼ばれるソフトウェアが組み込まれており、TCP/IPのリンク層（たとえばWi-Fi接続）からトランスポート層の一部までが、これらのドライバーを介してOSから提供されます。ユーザーはアプリケーション層のソフトウェア、たとえばWebブラウザやメールソフトをインストールするだけでネットワークを利用できます。また、Wordの翻訳機能やオンライン画像検索のように、補助機能としてネットワークを前提とした数多くの操作が可能です。

　もし、自分自身でアプリケーションソフトを開発したいと考えた場合も、たとえばTCPを前提とするのであればTCPより上の層＝アプリケーション層の部分を開発すればよい、ということになります。

コマンドとシェルの関係

　ネットワークの機能を具体的に学んでいこうとなった場合に必要になるのがネットワークコマンドです。

　コマンド（*command*）とは命令という意味ですが、コンピューターの操作でコマンドというと文字による命令を指すのが一般的です。たとえば、Windowsでは**cmd.exe**のコマンドプロンプトの画面でコマンドを実行できます。次ページの **図A** では、Windowsで**ipconfig**というコマンドを実行しています。画面を開くと **C:\Users\ (ユーザー名) >** のような文字が表示されカーソルが点滅します。これはコマンド入力を待機している状態で、**プロンプト**（*prompt*）、またはコマンドラインプロンプトと呼ばれます。

図A コマンドプロンプト（Windows、スタートメニューでcmdを検索して開く）

この部分をプロンプト（*prompt*）と言う。Windows環境では末尾に＞記号を使うことが多い。
フォルダ名（ディレクトリ名）の区切り文字はWindowsのバージョンおよびコマンドプロンプトの
プロパティによって¥または\\（バックスラッシュ）で表示される（p.42）。

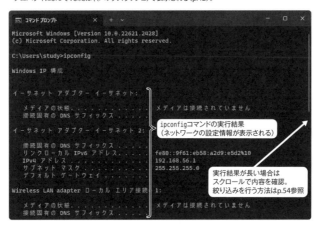

macOSではターミナルというアプリケーションを使います。 **図B** ではmacOSで`ifconfig`
コマンドを実行しています。

図B ターミナル（macOS、Spotlightで「ターミナル」と入力して検索して開く）

この部分をプロンプトと言う。macOS環境（zsh、後述）では末尾に%記号を使うことが多い。
ユーザー名 @ コンピュータ名 を表示するように設定されている。
～（チルダ）はユーザーのホーム（ホームディレクトリ）を表す記号。
フォルダ名（ディレクトリ名）の区切り文字は /（スラッシュ記号）が使用される

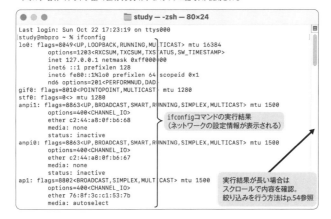

コマンドを入力する場所や、入力する内容のことを**コマンドライン**（*command line*）といいます。このコマンドラインを提供しているのがコマンドラインシェルで、一般には単に**シェル**と呼ばれています。シェルには、ユーザーからの入力を受け付けて、コマンドを実行するという働きがあります。

WindowsやmacOSではウィンドウを開いてマウスでメニューなどを操作するのが前提です。このような操作体系を**GUI**（*Graphical User Interface*）、これに対しコマンドによる操作体系を**CUI**（*Character User Interface*）または**CLI**（*Command Line Interface*）といいます。

ネットワークサーバーの多くではLinuxなどのUnix系OSが使われていますが、Unix系OSではCUIのみ、あるいはCUIとGUIの組み合わせで操作を行います。CUIは汎用性があり多くの環境で利用できる、トラブル発生時はCUIしか使えなくなることがある、細かい操作や設定にはCUIが必要になる、遠隔操作ではCUIのみとなることが多い、などの理由から、ネットワーク管理者にはネットワークコマンドのスキルが不可欠です。

Linuxのディストリビューションとは

Linuxはカーネルとシステムツール、各種アプリケーションなどを組み合わせてパッケージ化された「ディストリビューション」（*distribution/distro*）という形で配布、あるいは販売されています。

ディストリビューションにはそれぞれ特徴がありますが、とくに大きな違いはソフトウェアの管理方法です。たとえば、CentOS（セントオーエス）をはじめとするRed Hat（レッドハット）系と呼ばれるディストリビューションでは「rpm」というパッケージ形式が使われています。Debian GNU/Linux（デビアン グヌー リナックス）（以下Debian）やUbuntu（ウブントゥ）では「deb」というパッケージ形式が使用されています。このほか、サーバー用プログラムの起動方法や設定ファイルの配置が、ディストリビューションによって、あるいは同じディストリビューションでもバージョンによって異なることがあります。その一方で、使用できるコマンド群は共通しているものが多く、もし不足があっても簡単に追加できます。

本書では、無償でデスクトップ環境を簡単にインストールできるUbuntuを使用しています。WindowsおよびmacOSでの導入方法は0.4節で解説します。

コマンドラインシェルの種類

コマンドラインシェルにもいろいろな種類があり、Windowsではコマンドプロンプト（cmd.exe）とWindows PowerShellがインストールされています。

LinuxやmacOSなどのUnix系OSでポピュラーなシェルが**bash**（バッシュ）と**zsh**（ズィーシェル）で、Ubuntuではデフォルトのシェルとしてbash、macOSのターミナルではzshが採用されています **図C** 。

図C おもなコマンドラインシェル

Windows	Unix系OS（Linux, macOS）
コマンドプロンプト（cmd.exe）	bash
Windows PowerShell	zsh

シェルとコマンドの関係

　シェルが異なっていても、使用できるコマンドはほぼ共通です。シェル固有のコマンドというものもありますが、本書で扱うネットワークコマンドはシェル固有のものではないので、どのシェルでも同じように使うことが可能なためです[*3]。ただし、OSによってインストールされているネットワークコマンドの種類やバージョンが異なるため、本書ではネットワークコマンドの「主戦場」であるLinuxで使われているコマンドを中心に、Windowsでの代替コマンドやmacOSでの実行結果を補足しています。

　なお、macOSにインストールされているネットワークコマンドの多くはUnix系OSで伝統的に使われているコマンドです。ご自身がお使いのLinux環境で、Ubuntu用として紹介しているコマンドが使用できない場合は、macOS用として紹介しているコマンドが使えるかもしれません。

コマンドの実行権限
管理者権限、root権限

　Windowsではアカウントの種類に「管理者」と「標準ユーザー」があり、ソフトウェアのインストールなどを行う際は管理者の権限が必要、となっています。アカウント1つで、OSをインストールした際、あるいはPC購入時に登録したユーザーのみで使っているという場合、そのユーザーが自動的に管理者となり、ソフトウェアのインストールなどを行う場合は確認メッセージに了承するだけで実施できますが、標準ユーザーでソフトウェアをインストールする場合は管理者のパスワード入力が必要になります。

　macOSも同じように「管理者」と「通常」があり、1人で使っている場合はそのユーザーが管理者となっているでしょう。

　LinuxなどのUnix系OSには、最も強い権限を持つスーパーユーザーとして**root**という名前の特別なアカウントが用意されています[*4]。**root**アカウントは、通常は直接ログインしたりシェルを実行したりせず、必要なときだけ**root**権限を使う、という形で使われます。このとき使うのが**sudo**コマンドです。

　sudoコマンドは、別のユーザーの権限を使ってコマンドを実行するためのコマンドで[*5]、コマンド名の前に**sudo**を付ける事で、コマンドをroot権限で実行できます。たとえばコマンドラインでソフトウェアをインストールするときやシステム全体の設定を変更する際に使用します。

　sudoを実行する際にはパスワードを求められますが、この際はrootユーザーのパスワードではなく**sudo**を実行しているユーザーのパスワードを入力します。なお、一定時間内であればパスワードの再入力が省略できます。

[*3]　シェル固有のコマンドはシェルコマンドや内部コマンド、それ以外のコマンドは外部コマンドと呼ばれています。外部コマンドはシェルとは別にOSにインストールされている実行ファイルがあり、Windows、macOS、Linux共通で**which** `コマンド名` で実行ファイルがどこにあるか確認できます。

[*4]　macOSもUnix系OSなので**root**ユーザーが存在しますが、通常は無効化されており、直接使用することはありません。管理者アカウントは**sudo**コマンドを使って必要な操作を行えます。Ubuntuの場合はインストール時に作成したユーザーは**sudo**が実行可能なユーザーとしてインストールされます。

[*5]　root以外のユーザー権限で実行したい場合は**sudo -u** `ユーザー名` `コマンド` のように指定します。

ホームディレクトリとカレントディレクトリ

GUI環境ではファイルの格納場所が「フォルダ」として表示されていますが、元々のファイル管理システムでは**ディレクトリ**（*directory*）と呼ばれており、コマンドラインでも同様にディレクトリと表現します。

コマンドラインや設定ファイル等でディレクトリを示したい時、Linuxやmacの OSではスラッシュ記号（/）、Windowsではバックスラッシュ記号（\）で表します。バックスラッシュ記号は日本語環境の場合￥（円マーク）で表示されることがあります **図D**。

コマンドラインで現在使用しているディレクトリを**カレントディレクトリ**（*current directory*）、または作業中のディレクトリという意味でカレントワーキングディレクトリ（*current working directory*）といいます。たとえば、コマンドラインでファイル名だけ指定すると、それはカレントディレクトリにあるファイル、という意味になります。

本書で扱っているネットワークコマンドの場合ファイルを操作することはあまりありませんが、ほかのコマンドでは多くの場合ファイルの操作を伴います。現在どのディレクトリで作業しているかが重要な意味を持つため、多くの場合、プロンプトにカレントディレクトリを表示するように設定されています。

図D Windowsではディレクトリの区切りを￥で表す

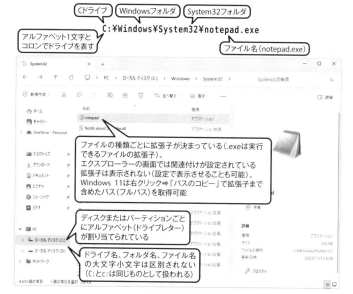

> Cドライブ　Windowsフォルダ　System32フォルダ
>
> アルファベット1文字とコロンでドライブを表す
>
> `C:\Windows\System32\notepad.exe`
>
> ファイル名（notepad.exe）

> ファイルの種類ごとに拡張子が決まっている（.exeは実行できるファイルの拡張子）。エクスプローラーの画面では関連付けが設定されている拡張子は表示されない（設定で表示させることも可能）。Windows 11は右クリック➡「パスのコピー」で拡張子まで含めたパス（フルパス）を取得可能

> ディスクまたはパーティションごとにアルファベット（ドライブレター）が割り当てられている

> ドライブ名、フォルダ名、ファイル名の大文字小文字は区別されない（C:とc:は同じものとして扱われる）

0.4

学習用の環境を準備しよう

VirtualBox/UTM/WSL

コマンド操作は習うのも慣れるのも大切です。とくにネットワークの学習は複数の環境を組み合わせて試さないと実感しにくいことが多いので、学習用の環境を作ることをお勧めします。学習用の環境は壊れても簡単に作り直せるので気軽にいろいろ試せるという利点もあります。

仮想化ソフトウェアの活用

ネットワークの学習で「実際に試してみよう」と考えた場合、複数のPCが必要になることがあります。しかし、自由に設定を変更してもかまわないコンピューターを複数用意するのは難しく、また、あまり効率的ではありません。

そこで便利なのが**仮想環境**(*virtual environment*)です。VirtualBoxやVMwareのような**仮想化ソフトウェア**を使うことで、WindowsやmacOSが動作しているコンピューターの中で、別のコンピューターを仮想的に作り、その中に別のOSをインストールして動かすというしくみです。

仮想化ソフトウェアによって作られたコンピューターを**仮想マシン**(*Virtual Machine*、*VM*)といいます。仮想マシンは、あたかも独立したPCがあるかのように、OSやOSの設定画面、アプリケーションなどを操作できます。仮想環境に対し、物理PCに直接インストールされたOSによる環境を、**実環境**(*real environment*)または物理環境(*physical environment*)と呼びます。また、仮想化ソフトウェアを導入している側のOSは「ホストOS」、仮想化ソフトウェアの中で動かしているOSは「ゲストOS」と呼びます(次ページの**図A**)。

仮想マシンにはゲストOSとしてWindowsやmacOSもインストールできますが、Windowsは1台のPCとしてのOSのライセンス料がかかり、macOSは実環境がMacでないといけないというライセンス上の制約があります。これに対し、LinuxはUbuntuなど、無償で提供されているディストリビューションがあり、手軽に導入できます。

実環境と仮想環境の使い分け

実環境でネットワークコマンドを試すことで、コマンドの動作や理屈を実践的に学習できます。一方、間違ったコマンドの実行や設定変更によって、現在の環境を壊してしまう可能性があります。セキュリティ上のリスクも高まる危険性があります。このことから、本書では、実環境でのコマンド実行はあくまで「現在の状態を調べる」にとどめるようにしています。

仮想環境では、コマンドの操作や設定の変更によるリスクを軽減できます。うまく動作しなくなっても、仮想マシンの状態を元に戻す機能を利用できたり、仮想環境を破棄して再構築することもできるため、気軽にさまざまなことを試せます。

本書では、設定の変更を伴う操作はすべて仮想環境で行うことにします。複数のコンピュ

図A 仮想化ソフトウェアの活用

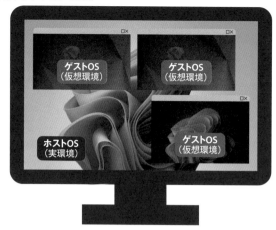

ーターによる通信を試す際は原則として仮想環境どうし、ただし、比較的安全かつ簡単な操作に関しては実環境と仮想環境の組み合わせで行います。

本書で使用する仮想環境

仮想環境の構築にはさまざまな方法がありますが、独立した個別のPCがあるイメージで学習しやすくするために、仮想環境としてデスクトップ環境を作るという方法を採りました。

具体的には、WindowsではVirtualBox、macOSではUTMという仮想化ソフトウェアを使用し、Ubuntu Desktop 22.04.3 LTSを導入します。Ubuntuではネットワークコマンドの実行のほか、ネットワークでやりとりされている内容を確認するのにWiresharkというソフトウェアを使用します。すべて無償で入手可能です。

このほか、本書では扱いませんがDockerやVagrantというツールやLinuxのNetwork Namespace機能などを利用することで、手軽に多彩な環境を構築できます。これらは開発などのテスト環境としても広く用いられています。ただし、通常はコマンド環境のみとなるため、ある程度コマンド操作に慣れてから挑戦するといいでしょう。本書ではPart 4「Network Namespaceの活用」でNetwork Namespace機能の具体的な使い方を紹介しています。Network Namespace機能は仮想環境で実行しているLinuxやWLSでも試せます。

Windows
VirtualBox+Ubuntu

VirtualBoxとUbuntuを次ページの **図B** の手順でインストールします。詳しくは本書のサポートページを参照してください。

- VirtualBox のダウンロード（「Windows hosts」からダウンロードする[6]）
  URL https://www.virtualbox.org/wiki/Downloads
- Ubuntu のダウンロード（「Ubuntu Desktop 22.04.3 LTS」を使用、LTS は長期サポートの略）
  URL https://jp.ubuntu.com/download

図B　Windows の VirtualBox で Ubuntu のデスクトップ環境を構築する※

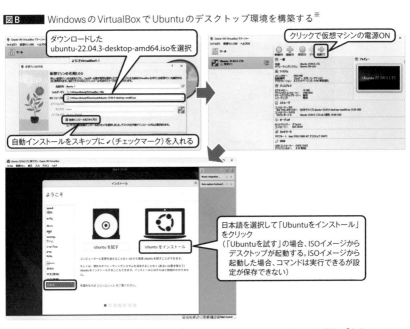

※ VirtualBox で「新規」をクリック、ISO Image で「ubuntu-22.04.3-desktop-amd64.iso」を選択、「自動インストー
ルをスキップ」にチェックマークを入れて仮想マシンを作成する（ほかは初期値のままで問題ない）。仮想マシン
の電源を入れると Ubuntu の Welcome 画面が表示されるので日本語を選択し「Ubuntu をインストール」をクリッ
クする。ホスト OS との間でコピー＆ペーストを行いたい場合は「Guest Additions」をインストールしてから
VirtualBox の「デバイス」→「クリップボードの共有」で「双方向」を有効にする。

macOS
UTM+Ubuntu

UTM と Ubuntu を次ページの 図C の手順でインストールします[7]。詳しくは本書のサポー
トページを参照してください。

- UTM のダウンロード（無償版は Download ボタンからダウンロード）
  URL https://mac.getutm.app/
- ARM 版 Ubuntu のダウンロード（64-bit ARM（ARMv8/AArch64）desktop image を使用）
  URL https://cdimage.ubuntu.com/jammy/daily-live/current/

＊6　原稿執筆時点で公開されている macOS 用の VirtualBox は Intel Mac のみの対応です。

＊7　Intel Mac の場合は VirtualBox が使用できるので、Windows の解説およびサポートサイトを参照してください。

図C ■ macOS の UTM で Ubuntu の Desktop 環境を構築する

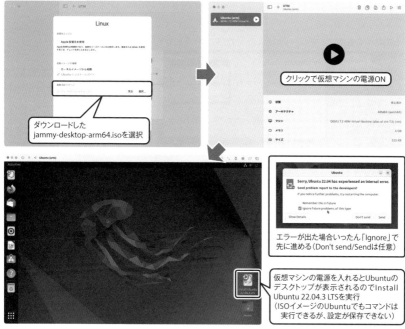

ダウンロードした
jammy-desktop-arm64.isoを選択

クリックで仮想マシンの電源ON

エラーが出た場合いったん「Ignore」で
先に進める(Don't send/Sendは任意)

仮想マシンの電源を入れるとUbuntuの
デスクトップが表示されるのでInstall
Ubuntu 22.04.3 LTSを実行
(ISOイメージのUbuntuでもコマンドは
実行できるが、設定が保存できない)

※ UTM で「新規仮想マシンを作成」をクリックして「仮想化」→「Linux」を選択、起動 ISO イメージとして「jammy-desktop-arm64.iso」を指定する（ほかは初期値のままで問題ない）。実行すると Ubuntu デスクトップが表示されるので、デスクトップの「Install Ubuntu 22.04.3 LTS」をダブルクリックしてインストールを実行する。

Ubuntuデスクトップの使い方

　インストールすると次ページの **図D** のようなデスクトップ画面が使用できるようになります。本書では「端末」でのコマンド入力が中心ですが、一部、Web ブラウザ（Firefox）やパケットキャプチャ用のソフトウェア「Wireshark」も使用します。

　ユーザーフォルダ（ユーザーのホームディレクトリ）にある「書類」や「ピクチャ」などのフォルダは、Windows や macOS の場合、実体は **Documents** や **Pictures** などのアルファベットで付けられた名前になっていますが、日本語用にインストールした Ubuntu デスクトップの場合は実体も「書類」など日本語の名前になっています。本書ではコマンドラインでこれらのフォルダを扱うことはありませんが、今後、コマンドラインでほかの操作にも慣れていこうという場合、アルファベットの名前の方が扱いやすいでしょう。変更する場合は以下のコマンドを実行し画面の指示に従ってください。

```
LANG=C xdg-user-dirs-gtk-update
```

　このほか、system menu の設定で「ディスプレイ」の「解像度」や、「電源管理」で「画面のブランク」までの時間を調節すると操作しやすくなります。本書のサポートページも参考にしてください。

図D　　　Ubuntu デスクトップ（VirtualBox）

VirtualBoxのメニューバー（仮想マシンの設定を表示・変更できる）

仮想マシンの画面（ここではUbuntuデスクトップが実行されている※）

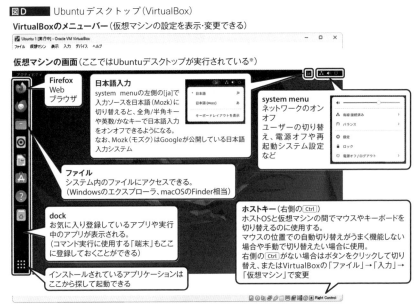

Firefox Web ブラウザ

日本語入力
system menuの左側の[ja]で入力ソースを日本語（Mozk）に切り替えると、全角/半角キーや英数/かなキーで日本語入力をオンオフできるようになる。
なお、Mozk（モズク）はGoogleが公開している日本語入力システム

system menu
ネットワークのオンオフ
ユーザーの切り替え、電源オフや再起動システム設定など

ファイル
システム内のファイルにアクセスできる。
（Windowsのエクスプローラ、macOSのFinder相当）

dock
お気に入り登録しているアプリや実行中のアプリが表示される。
（コマンド実行に使用する「端末」もここに登録しておくことができる）

ホストキー（右側の Ctrl ）
ホストOSと仮想マシンの間でマウスやキーボードを切り替えるのに使用する。
マウスの位置での自動切り替えがうまく機能しない場合や手動で切り替えたい場合に使用。
右側の Ctrl がない場合はボタンをクリックして切り替え、またはVirtualBoxの「ファイル」→「入力」→「仮想マシン」で変更

インストールされているアプリケーションはここから探して起動できる

VirtualBoxのステータスバー（仮想マシンの状態が表示されている）

※ デスクトップの設定は「Ubuntuソフトウェア」の「Extension Manager」でもカスタマイズ可能。
たとえばHide ClockエクステンションでTopパネルのカレンダーを非表示にできる。
URL https://help.ubuntu.com/stable/ubuntu-help/index.html.ja

補足 ホストOSのスリープから復帰後のネットワークの状態

VirtualBoxのUbuntuを起動したままホストOSをスリープ状態にすると、復帰後のUbuntuで右上のネットワークアイコンに「？」マークが表示されている状態になり、ネットワークが使えなくなることがあります。この場合は、仮想マシンの「デバイス」メニューで「ネットワーク」の「ネットワークアダプターを接続」をクリックしていったん切断し、再度、「ネットワークアダプターを接続」をクリックして接続し直してください **図E** 。

図E　　　ネットワークアイコンに「？」マークが表示されている場合

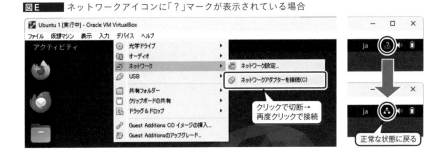

クリックで切断→
再度クリックで接続

正常な状態に戻る

WSLの活用

　WindowsでUnix系コマンドを使うには、仮想マシンのほかにWSLを使うという方法があります。

　WSL（*Windows Subsystem for Linux*、Linux用Windowsサブシステム）は「Windowsの中でLinuxを動かす」という機構で、Windows 10、Windows 11およびWindows Server 2019以降で提供されています。コマンドプロンプトで手軽にLinuxコマンドを動かすことができ、LinuxコマンドでWindowsのファイルを参照したり、逆に、Windowsで使い慣れたエディタ等を使ってLinuxの設定ファイルを確認するようなことも可能なので、これからネットワークコマンドをはじめとするUnix系コマンドに慣れ親しんでいきたいという方にはとくにお勧めです。

　WSLを使用するには、「Windowsの機能の有効化または無効化」で「Linux用Windowsサブシステム」と「仮想マシンプラットフォーム」を有効にして再起動します **図F** 。

図F 　　　Windowsの機能の有効化または無効化（スタートメニューで「Windowsの機能」を検索して実行）

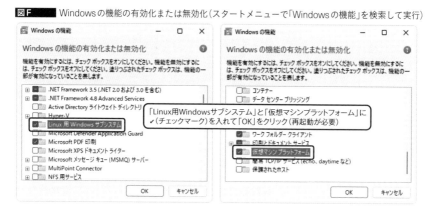

※ VMware（VirtualBoxと同じくGUIベースの仮想環境を構築できる仮想化ソフトウェア）とWSLを混在させる場合、図中2つのチェックマークの追加に加えて「Hyper-V」と「Windowsハイパーバイザープラットフォーム」にもチェックマークを入れて有効にする必要がある。

　再起動したらコマンドラインで`wsl --install -d Ubuntu`を実行してUbuntuをインストールして再起動します（ **図F** 、次ページの **図G** ）。

　再起動するとコマンドプロンプトの画面が開き、Linuxの初期設定が始まります。しばらく待つと「`Enter new Unix username:`」と表示されるので、WSL利用時のユーザー名を決めて入力してください。Windowsのユーザーと同じで問題ありませんが、アルファベットの小文字にしておくと入力しやすく扱いやすくなります。

　ユーザー名を入力して Enter を押すと「`New Password:`」と表示されるので、いま作成したユーザー名のパスワードを決めて入力します。確認のため再度パスワードを入力するとプロンプトの記号が「`$`」に変わり、この後使用する`ip`コマンドや`nc`コマンドなどのLinuxコマンドが実行可能になります。`exit`でWSLが終了し、Windowsのコマンドプロンプト（`>`）に戻ります。

　なお、VirtualBox等の仮想環境とWSLは同時にインストールして使用できますが、使用可能な組み合わせがWindowsのバージョンやWSLのバージョンによって異なることがありま

図G　　コマンドプロンプトで「wsl -install -d Ubuntu」を実行

す。組み合わせた状態でうまく動作しない場合、本書の学習用としてはVirtualBox環境の方を優先させてください。

0.5

パケットキャプチャ用のソフトウェア
Wireshark/tcpdump

　ここからは、具体的な学習ステップに入る前の準備段階として、身近な環境を題材に ❶手
を動かしてネットワークコマンドを実行する、❷「パケットキャプチャ」という手法を利用し
て、実際の通信データをリアルタイムで観察する、の2点を試します。

　パケットキャプチャは、Unix系のコマンドライン環境では tcpdump というコマンドを使い
ますが、本書ではGUIソフトウェアである Wireshark を使用します。Part 1以降の学習でも
継続して使用するので、まずはそれぞれの環境で実行できるように準備しましょう。

Windowsでのパケットキャプチャ
Wireshark

　本書ではWindowsでのパケットキャプチャに Wireshark を使用します。

　Wiresharkのインストーラーは下記のURLでダウンロードできます。ダウンロードして実
行し、画面に従ってインストールしてください（次ページの 図A ）。

URL https://www.wireshark.org/download.html

　以下に概要とインストールのポイントを示します。詳しくはサポートサイトを参照してく
ださい。

　インストールの途中で「Npcap」および「USBPcap」のインストールについての問い合わせが
ありますが、「Npcap」はパケットのキャプチャに必要なのでチェックマークを入れてインス
トールしてください。「USBPcap」はUSBデバイスとコンピューターとの間での通信をキャ
プチャするもので、本書では使用しないのでインストールは不要です。後から追加すること
も可能です。

　「Install Npcap」にチェックマークを入れると、Wiresharkのインストールに先立ち Npcap
のセットアップが実行されます。Wi-Fiのパケットも表示したい場合はセットアップ中の画面
で「Support raw 801.11 traffic（and monitor mode）for wireless adapters」にチェックマーク
を入れてください。このほかの項目については変更不要なので、画面の指示に従ってインス
トールを進めてください。インストール完了後、再起動が必要です。

図A Wiresharkのインストール（Windows）

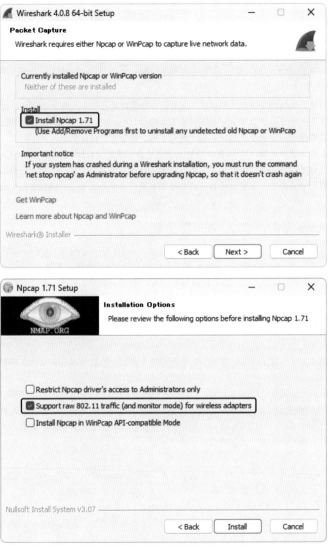

macOSでのパケットキャプチャ
Wireshark、tcpdump

macOSでは**tcpdump**コマンドとWiresharkが使用できます。**tcpdump**は標準でインストールされています。

Wiresharkのメ macOS用のインストーラーは下記のURLでダウンロードできます。以下に概要とインストールのポイントを示します。詳しくはサポートサイトを参照してください。

URL https://www.wireshark.org/download.html

　Wiresharkのパッケージファイル（dmgファイル）を開き、WiresharkをApplicationsフォルダにドラッグ＆ドロップし、Install ChmodBPF.pkgをダブルクリック（実行）してインストールします　**図B**　。

図B　　Wiresharkのインストール（macOS）

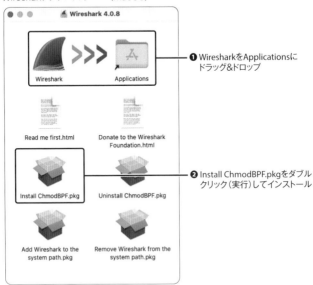

❶ WiresharkをApplicationsに
　ドラッグ&ドロップ

❷ Install ChmodBPF.pkgをダブル
　クリック（実行）してインストール

Linuxでのパケットキャプチャ
Wireshark、tcpdump

　Linuxでは **tcpdump** コマンドとWiresharkが使用できます。**tcpdump** は標準でインストールされています。

　Ubuntu環境の場合、Wiresharkはコマンドラインで **sudo apt install wireshark** を実行することでインストールできます。以下に概要とインストールのポイントを示します。詳しくはサポートサイトを参照してください。

```
sudo apt install wireshark·····························❶インストール
インストールの途中で「パッケージの設定」画面が表示される（図C参照）
sudo gpasswd -a $USER wireshark ·····················❷一般ユーザー用の処理
❷が実行できなかった場合は以下を実行(Should non-superusers be able to capture packets?で
「はい」を選択していない場合エラーになる
sudo dpkg-reconfigure wireshark-common········❸（❷がエラーになる場合のみ）
```

　コマンドラインで **sudo apt install wireshark** でインストールできます。実行時にパスワードの入力を求められたら、Ubuntuをインストールする際に設定したログイン用のパスワードを入力してください。

　Wiresharkのインストールにあたって追加が必要なパッケージが表示されるので Enter で続行すると必要なファイルのダウンロードとインストールが進みます。インストールの途中で 図C のような画面が表示されるので、矢印キーまたは Tab で選択カーソルを表示して Enter を押してください。「**Should non-superusers be able to capture packets?**」と表示されたら矢印キーで「はい」を選択して続行します。

　インストールが終わったら❷の **sudo gpasswd -a $USER wireshark** を実行します。これは、現在のユーザーをwiresharkグループに追加するという操作で、wiresharkグループのメンバーになることでWiresharkでのキャプチャが可能になります。先ほどの「**Should non-superusers ...**」に対して「いいえ」を選択していると実行できないので、もしインストール時に「いいえ」にしてしまった場合は❸を実行してください。

図C　　Wiresharkインストール（Ubuntu）
インストールの途中で端末に「パッケージの設定」が表示される

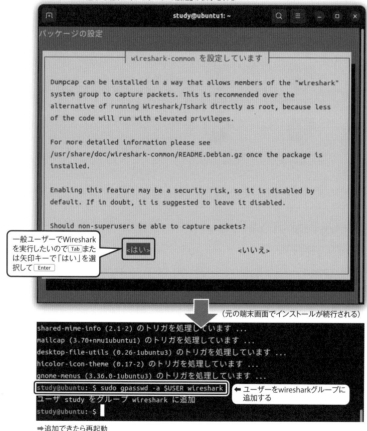

一般ユーザーでWiresharkを実行したいので Tab または矢印キーで「はい」を選択して Enter

（元の端末画面でインストールが続行される）

ユーザーをwiresharkグループに追加する

➡追加できたら再起動

　Windows 11のWSL2環境ではLinux用のGUIアプリケーションが実行可能になりました。WSLのパケットはWindows用のWiresharkで観察できるので通常はインストール不要ですが、Part 4の最後で活用例を紹介しています。興味がある方はお試しください。

0.6

体験その❶ Webサーバーとのやりとりを体験してみよう
ncコマンドでHTTP接続

普段はEdgeやChrome、SafariなどのWebブラウザからアクセスしているWebサーバーですが、ここでは、コマンドラインからWebサーバーへリクエストを送ってみましょう。

体験の流れ

Webページを表示する際に使われているのはHTTPというプロトコルで、Webサーバーに接続してリクエストを送ると、応答とリクエストされた場所のデータが返される、という段取りになっています。Webサーバーから送られてくる内容は多くの場合HTMLで書かれており、WebブラウザはHTMLに従ってレイアウトを整えて表示します。体験その❶では、

- ❹HTTPのルールにのっとってリクエストを送り、応答が返ってくる様子を確認する
- ❺パケットキャプチャで通信内容を表示しながら❹を実行してみる

の2つを試します。キャプチャはまずWireshark（❺-1）で行い、続いて`tcpdump`（❺-2）での表示も確認します。実行画面のイメージは **図A** のとおりです。

図A 実行時の組み合わせイメージ（体験その❶ ncコマンド）

Linux（Ubuntuデスクトップ）で試す場合

※数字部分は環境によって異なる。

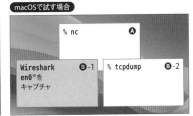

macOSで試す場合

※数字部分は環境によって異なる。

Windows（WSL）で試す場合

観察できたら
- Wiresharkを終了、またはキャプチャを停止
  （キャプチャしたパケットは保存しなくてOK）
- tcpdumpを停止（ Ctrl + C でコマンドの実行を終了、端末を閉じる）

画面を1つずつ増やして実行
- ❹ ncコマンドを実行する端末
- ❺-1 ❹の端末+Wireshark
- ❺-2 ❹の端末+tcpdump用の端末

❹まずコマンドの手順と結果を確認して、❺ パケットを観察しながら同じコマンドを実行。❺-1 Wiresharkで様子を掴んだら❺-2 tcpdumpでも見てみよう

macOSは実環境で試せます

Windows環境にはncとtcpdumpがないけどWSLで試せます

Wiresharkは Windows版でOKです

❶❷ともに、Unix系OSで使われているネットワークコマンドを使用します。とくに、❶で使用する **nc** と❷で使用する **tcpdump** は Windows にないため、仮想環境（VirtualBox ＋ Ubuntu、p.17）または WSL（p.21）で実行してください。

なお、ここでの体験は、コマンドの入力やソフトウェアの操作方法に慣れることを目的としているので、実行内容の説明は概要程度にとどめています。まずは「実行例と同じコマンドを実行して、似たような実行結果が表示できた」をゴールとしてください。

❶WebサーバーとHTTPで対話してみよう

Web サーバーとの対話には **nc** コマンドを使用します。**nc**（*netcat*）は、ネットワークサーバーにコマンドを送ったりファイルを転送したりできるコマンドで、Windows の場合、WSLで使用できます。Linux、WSL、macOS ともに使用方法は同じです。

準備ができたところで、まずは、**nc** コマンドで Web サーバーと対話してみましょう。

以下は、「**www.example.com**」に接続して、トップページを取得（GET）する、というリクエストです。**example.com** は、インターネット関連の文章やソフトウェアなどのサンプルで使うために用意されているドメイン名ですが、実際に Web サーバーが存在しており、表示内容がシンプルなので実行例に使用しています。

```
nc -v www.example.com 80
    以下接続後に入力、実行例参照
GET / HTTP/1.1
Host: www.example.com
Enter        改行のみ
    Ctrl + C で終了（入力すると^Cと表示されて終了する）
```

次の実行例のように、コマンドラインで❶のコマンドを入力すると「**Connection to www.example.com…**」というメッセージが表示されるので、❷❸を入力して Enter 、さらに❹のように文字を入力せずに Enter を押すと、❺サーバーからの応答（レスポンス）が表示されます。なお、レスポンスの内容は実行のタイミングによって変化することがあります。

一通りの表示が終わったら❺ Ctrl + C （ Ctrl を押しながら C を押す）で **nc** コマンドを終了してください。

```
$ nc -v www.example.com 80 ············ ❶
Connection to www.example.com (93.184.216.34) 80 port [tcp/http] succeeded!
GET / HTTP/1.1 ························· ❷
Host: www.example.com ················· ❸
                    ❹ Enter のみ
HTTP/1.1 200 OK ······················· ❺以降はリクエストに対するレスポンス
Accept-Ranges: bytes
Age: 178049
中略
X-Cache: HIT
Content-Length: 1256
                                        続く▶
```

```
<!doctype html> ········· GETに応じた結果、Webページが表示された
                       (Webブラウザはこれを整形して表示している)
<html>
<head>
    <title>Example Domain</title>
 中略
    <style type="text/css">
 中略
    </style>
</head>

<body>
<div>
    <h1>Example Domain</h1>
 中略
</div>
</body>
</html>
 ················································ ❺ Ctrl + C で終了
```

　レスポンスの1行目（上の実行例の❺）はステータスラインで、HTTPのバージョンやステータスコード、エラーの場合はエラーの意味が表示されます。たとえばステータス404であれば「Not Found」、500であれば「Internal Server Error」です[*8]。

　上記の要領で入力したときにエラーが返ってきた場合、大小文字やスペースの有無を確認してください。たとえばGETの行で末尾に余計な空白があると空白部分までバージョン番号と解釈されるので「505 HTTP Version Not Supported」のようなエラーになります。また、GETとHTTPは大文字で入力する必要があります。

　レスポンスの2行目からはHTTPヘッダーで、メタ情報と呼ばれる、リクエストされたデータに関する情報が送られてきています。ここでの内容はWebサーバーによって異なりますが、「 キー ： 値 」で1行ずつ、という書式が定められています。

　HTTPヘッダーの後は空行が入り、続いてHTTPボディが送られてきます。「<!doctype html>」以降の部分で、EdgeなどのWebブラウザでアクセスした場合、 Ctrl + U でソースコードを表示すると、「<!doctype html>」以下と同じ内容が表示されるでしょう。ここがHTTPボディです。HTMLを学習したことがある人は、似たような用語であるHTMLのヘッダーとボディを思い浮かべるかもしれませんが、「HTTPリクエストで返されるデータがHTMLの場合はHTTPボディ部分にHTMLヘッダーとHTMLボディが書かれている」という構造となっています。

　このやりとりでの、Webサーバーに接続したら「GET 場所 HTTP/ バージョン 」でリクエストを送る➡空行でリクエストの終わりを示す➡Webサーバーはリクエストに対してステータスを返し➡HTTPレスポンス➡空行➡「場所」で指定されたファイルなどの内容（HTTPボディ）を返す、という段取りを定めているのが「HTTPプロトコル」です。

＊8　Hypertext Transfer Protocol (HTTP) Status Code Registry
　　 URL https://www.iana.org/assignments/http-status-codes/http-status-codes.xhtml

❸-1 Wiresharkで通信内容を表示してみよう

ncコマンドとWebサーバーで実際に送受信されている内容をパケットキャプチャのソフトウェアで表示してみましょう。

最初に使用するのはWiresharkです **図B**。実行すると、最初にインターフェース（ネットワークデバイス）を選択する画面が出てくるので、Windows（WSL）の場合は「vEthernet（WSL）」、VirtualBoxのUbuntuでは「enp0s3」をダブルクリックします。macOSの場合は「Wi-fi: en0」または「en0」、UTMのUbuntuでは「enp0s1」をダブルクリックします。よくわからない場合は、しばらく待つとデバイス名の隣に折れ線グラフのような線（*sparkline*）が表示されるので、この線が活発に動いているデバイスを選択してみてください。動きがわかりにくい場合、この後使用する**ping**コマンドを実行し続けることで通信に使用しているネットワークデバイスを確認できます。ネットワークデバイスについてはPart 1で学習します。

図B ▌ Wiresharkの起動画面

Wiresharkの画面では、時刻とともに、通信内容がプロトコルごとに色分けされてリアルタイムで表示されます。なお、色の設定は「表示」→「色分けルール」で確認・変更できます。

実環境では、Webブラウザへのアクセス以外にもたくさんのネットワーク通信が行われており、刻々と表示が変化します。WSLやVirtualBoxで動かしているUbuntuの場合は通信量が少なく、タイミングによっては何も表示されないかもしれません。

次ページの **図C** はWindowsでの実行結果です。なお、Linux（Ubuntu）環境では上下2段ではなく「リストペイン」「詳細ペイン」「バイトペイン」が縦3段で表示されます。レイアウトは「編集」→「設定」の「外観」の▶をクリック→「レイアウト」で変更できます。

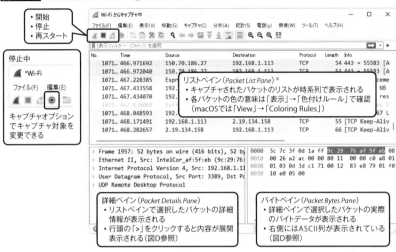

図C Wiresharkでパケットをキャプチャ

- 開始
- 停止
- 再スタート

停止中

📶 *Wi-Fi

ファイル(F) 編集(E)

キャプチャオプション
でキャプチャ対象を
変更できる

リストペイン（*Packet List Pane*）※
・キャプチャされたパケットのリストが時系列で表示される
・各パケットの色の意味は「表示」→「色付けルール」で確認
　（macOSでは「View」→「Coloring Rules」）

詳細ペイン（*Packet Details Pane*）
・リストペインで選択したパケットの詳細
　情報が表示される
・行頭の「>」をクリックすると内容が展開
　表示される（図D参照）

バイトペイン（*Packet Bytes Pane*）
・詳細ペインで選択したパケットの実際
　のバイトデータが表示される
・右側にはASCII列が表示されている
　（図D参照）

※ リストペインでパケットをダブルクリックすると、下段の詳細部分が別ウィンドウで表示される
　（複数のパケットを同時に表示できる）。

Ubuntu版

補足 表示フィルターの活用

　表示内容をわかりやすくするため、いったん、HTTPプロトコルのみを表示させましょう。表示フィルターで**http**と小文字で入力して Enter を押します。この状態で、先ほどの**nc**コマンドを再度実行すると、リクエストとレスポンスがそれぞれ表示されます。HTTPプロトコルに絞っても表示が多すぎる場合は、いったんほかのWebブラウザを終了させるとデータ量が減って見やすくなるかもしれません。また、**nc**コマンドで接続に成功すると表示される「`Connection to www.example.com (93.184.216.34)`」の行にある括弧の中の数字（IPアドレス、p.8、詳細はPart 2）を手がかりに探してみると良いでしょう（次ページの **図D** ）。

図D Wireshark で **nc** コマンドでの通信内容を表示

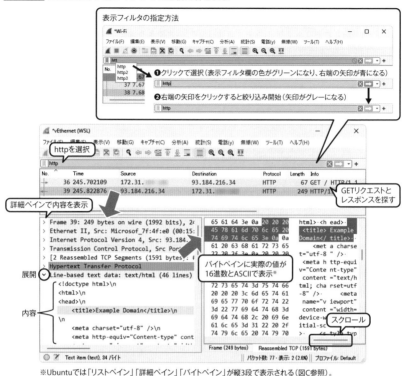

※Ubuntuでは「リストペイン」「詳細ペイン」「バイトペイン」が縦3段で表示される（図C参照）。

Wiresharkは基本的に実行中に取得したパケットをメモリー内に蓄積し続けるので、テストが終わったらWiresharkを終了、または停止ボタンで取得を停止してください。終了時や停止時にパケットを保存するか確認するメッセージが表示されますが、本書ではWiresharkを現在の状況を観察する際にのみ使用するので、保存する必要はありません。「保存しないで停止して終了」をクリックして終了してください **図E** 。

図E Wireshark 終了時のメッセージ

❸-2 tcpdumpで通信内容を表示してみよう

次に、コマンドラインツールでも表示してみましょう。通信内容を表示するツールとしてUnix系OSで古くから広く使われているのは**tcpdump**コマンドです。LinuxおよびmacOSで使用可能です[9]。

tcpdumpの実行には管理者権限が必要となるため、**sudo**コマンドを組み合わせて **sudo tcpdump -l port 80 and host www.example.com**のように指定します。ここでは、ポート**80**（HTTPで使用するポート番号[10]）と、接続先である**www.example.com**を指定しています。さらに**-v**オプションも追加するとサーバーから送られてきたHTMLコードも表示できます。

実行結果は横にかなり長くなるのでウィンドウサイズを適宜調整すると結果が読みやすくなります。まず**tcpdump**コマンドを動かし、もう一つコマンド入力用の画面を開いて先ほどの**nc**コマンドを実行してみましょう。WSLを使用する場合、どちらの画面も**wsl**を実行してから実行してください（p.27の**図A**）。

```
sudo tcpdump -l port 80 and host www.example.com
sudo tcpdump -v -l port 80 and host www.example.com
```

以下はLinuxでの実行例です。別の端末ウィンドウでp.28の**nc**コマンドを実行しています。

```
$ sudo tcpdump -l port 80 and host www.example.com
[sudo] study のパスワード：………パスワードを入力して Enter
tcpdump: verbose output suppressed, use -v[v]... for full protocol decode
listening on enp0s3, link-type EN10MB (Ethernet), snapshot length 262144 bytes
14:52:08.461052 IP ubuntu.56932 > 93.184.216.34.http: Flags [S], seq 後略
14:52:08.575211 IP 93.184.216.34.http > ubuntu.56932: Flags [S.], seq 後略
14:52:08.575278 IP ubuntu.56932 > 93.184.216.34.http: Flags [.], ack 1, 後略
14:52:15.471643 IP ubuntu.56932 > 93.184.216.34.http: Flags [P.], seq 1: 後略
14:52:15.472649 IP 93.184.216.34.http > ubuntu.56932: Flags [.], ack 16, 後略
14:52:21.393581 IP ubuntu.56932 > 93.184.216.34.http: Flags [P.], seq 後略
14:52:21.394502 IP 93.184.216.34.http > ubuntu.56932: Flags [.], ack 34, 後略
14:52:21.583839 IP ubuntu.56932 > 93.184.216.34.http: Flags [P.], seq 後略
14:52:21.584768 IP 93.184.216.34.http > ubuntu.56932: Flags [.], ack 35, 後略
14:52:21.698391 IP 93.184.216.34.http > ubuntu.56932: Flags [P.], seq 後略
14:52:21.698427 IP ubuntu.56932 > 93.184.216.34.http: Flags [.], ack 1421 後略
中略
14:52:23.540867 IP ubuntu.56932 > 93.184.216.34.http: Flags [.], ack 1593 後略
^C ………………………………………Ctrl + C で終了
17 packets captured
17 packets received by filter
0 packets dropped by kernel
```

[9] Windowsでは**pktmon**コマンド（C:\Windows\System32\PktMon.exe）がありますが本書では扱いません。**pktmon**の場合、開始または取得したパケットがログファイルに保存されるので、取得開始～終了してからログファイルを参照、という使い方になります。実行には管理者権限が必要です。
URL https://learn.microsoft.com/ja-jp/windows-server/networking/technologies/pktmon/pktmon-syntax

[10] HTTPSの場合は**443**を指定。現在はWebブラウザではHTTPSを使用するのが一般的なので（**https://~**）、Webブラウザの通信内容を表示したい場合は「**port 80**」ではなく「**port 443**」を指定します（Part 4参照）。

0.7

体験その❷ 接続の状態を調べてみよう
pingコマンド

Webページが表示されない、オンラインゲームをしていてタイムラグを感じる、このようなときに最初に使うコマンドがpingです。

pingは接続相手からの反応を確かめるときに使うコマンドです。相手がpingに応答しない（拒絶する）設定になっているケースがあるので「pingから応答がない」だけでは状況の判断はできませんが、応答がある場合はどのくらい時間がかかったかを知ることができます。

トラブルシューティングでは、特定の相手だけ応答がないのか、などを調べることで、問題がある箇所を特定する手掛かりとします。

pingコマンドを実行してみよう

pingコマンドはWindows、macOS、Linuxすべてで使えるので、**図A** の組み合わせで実行・観察できます。

ping 接続したい相手 で、相手から応答があるかどうかを調べます。基本的な使い方はLinux、Windows、macOSで共通ですが、LinuxとmacOSでは Ctrl + C を押すまで繰り返し実行される点が異なります。Windowsの場合は4回繰り返すと終了します。また、Linux、macOS

図A 実行時の組み合わせイメージ（体験その❷ pingコマンド）

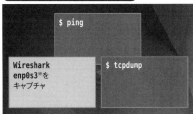

Linux（Ubuntuデスクトップ）で試す場合
※数字部分は環境によって異なる。

macOSで試す場合
※数字部分は環境によって異なる。

Windows（WSL）で試す場合

Windows（実環境）で試す場合
※実行環境に合わせて選択（ネットワークデバイス選択、p.30）。

は**-c** 回数 、Windowsは**-n** 回数 で実行回数を指定可能です。

　ここでは**ping www.example.com**で、**www.example.com**からの応答を調べてみましょう。なお**ping**コマンドについて、詳しくはPart2で取り上げます。

ping www.example.com ┄┄┄┄┄┄┄┄┄┄www.example.comからの応答を調べる

　以下はLinux（仮想環境）での実行とWindows（実環境）での実行例です。どちらも、接続相手として**www.example.com**を指定していますが、実行結果の行にはIPアドレス（p.8）が出力されています。

　実行例❶はIPv4で接続しているため「**93.184〜**」のような4つの数値が表示されています。「**time=110 ms**」部分が応答にかかった時間で、最終行に平均値（**109.855**ミリ秒）など統計情報が表示されています。

```
$ ping www.example.com┄┄┄┄┄┄┄❶Ubuntu (VirtualBox/UTM/WSL) でpingを実行
PING www.example.com (93.184.216.34) 56(84) bytes of data.
64 bytes from 93.184.216.34 (93.184.216.34): icmp_seq=1 ttl=53 time=110 ms
64 bytes from 93.184.216.34 (93.184.216.34): icmp_seq=2 ttl=53 time=111 ms
64 bytes from 93.184.216.34 (93.184.216.34): icmp_seq=3 ttl=53 time=110 ms
64 bytes from 93.184.216.34 (93.184.216.34): icmp_seq=4 ttl=53 time=109 ms
^C┄┄┄┄┄┄┄┄┄┄┄┄┄┄┄┄┄┄ Ctrl + C で終了 (Linux/macOSの場合)
--- www.example.com ping statistics ---
5 packets transmitted, 4 received, 20% packet loss, time 4506ms
rtt min/avg/max/mdev = 108.960/109.855/111.049/0.757 ms
```

　実行例❷ではIPv6が使用されているため「**2606:2800:〜**」のような16進表記によるアドレスが表示されています。こちらでも、最後に統計情報が表示されています。なお、WindowsおよびLinuxの**ping**コマンドの場合、**ping -4**でIPv4、**ping -6**でIPv6の実行となりますが、仮想環境でIPv6を使用するには別途設定が必要なため、**ping -6 www.example.com**と指定するとネットワークに届かない旨のメッセージが表示されます。macOSの場合、**ping**コマンドはIPv4用でIPv6を試したい場合は**ping6**コマンドを使用します。

```
>ping www.example.com┄┄┄┄┄┄┄❷Windows（実環境）でpingを実行

www.example.com [2606:2800:220:1:248:1893:25c8:1946]に ping を送信しています 32
バイトのデータ:
2606:2800:220:1:248:1893:25c8:1946 からの応答: 時間 =159ms
2606:2800:220:1:248:1893:25c8:1946 からの応答: 時間 =127ms
2606:2800:220:1:248:1893:25c8:1946 からの応答: 時間 =131ms
2606:2800:220:1:248:1893:25c8:1946 からの応答: 時間 =133ms

2606:2800:220:1:248:1893:25c8:1946 の ping 統計:
    パケット数: 送信 = 4、受信 = 4、損失 = 0 (0% の損失)、
ラウンド トリップの概算時間 (ミリ秒):
    最小 = 127ms、最大 = 159ms、平均 = 137ms

>ping -4 www.example.com┄┄┄┄┄┄IPv4で実行
```

```
www.example.com [93.184.216.34]に ping を送信しています 32 バイトのデータ:
93.184.216.34 からの応答: バイト数 =32 時間 =117ms TTL=49
93.184.216.34 からの応答: バイト数 =32 時間 =189ms TTL=49
93.184.216.34 からの応答: バイト数 =32 時間 =115ms TTL=49
93.184.216.34 からの応答: バイト数 =32 時間 =117ms TTL=49

93.184.216.34 の ping 統計:
    パケット数: 送信 = 4、受信 = 4、損失 = 0 (0% の損失)、
ラウンド トリップの概算時間 (ミリ秒):
    最小 = 115ms、最大 = 189ms、平均 = 134ms

>ping -4 -n 1 www.example.com………IPv4で実行 (-4)、1回で終了 (-n 1)

www.example.com [93.184.216.34]に ping を送信しています 32 バイトのデータ:
93.184.216.34 からの応答: バイト数 =32 時間 =115ms TTL=49

93.184.216.34 の ping 統計:
    パケット数: 送信 = 1、受信 = 1、損失 = 0 (0% の損失)、
ラウンド トリップの概算時間 (ミリ秒):
    最小 = 115ms、最大 = 115ms、平均 = 115ms
```

Wiresharkで通信内容を表示してみよう

ping コマンド実行時の様子をWiresharkで表示すると **図B** の右下のようになります。これまでの表示を削除したい場合は、Wiresharkを起動し直すか、ツールバーの停止ボタン（■）の右側にある再スタートボタンをクリックして「保存せずに続ける」を選択します。

図B ■ ping の実行を Wireshark で観察（Ubuntu 環境）

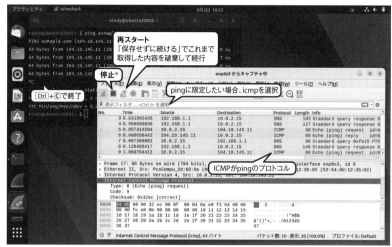

※停止するまでキャプチャを取得し続けるので長時間そのままにしているとメモリを圧迫するので注意。

図B 全体は仮想環境で実行しているUbuntuの画面です。pingのやりとりは「**Echo (ping) request**」「**Echo (ping) reply**」と表示されていて、プロトコルは「**ICMP**」であることがわかります。前後に表示されている**DNS**については、Part 4で取り上げます。表示を**ping**のみに限定したい場合、表示フィルターで「**icmp**」を選択してください。

tcpdumpで通信内容を表示してみよう

pingの通信では、**ICMP**というプロトコルが使用されています（p.119）。ポート番号は指定せず**sudo tcpdump icmp**で実行すると、**ping**のパケットが表示されます。

```
sudo tcpdump icmp
```

先に**tcpdump**を実行し、別の画面を開いて**ping**を実行してみましょう。Wiresharkを含めた組み合わせイメージはp.34の**図A**を参照してください。

以下はLinuxでの実行例です。別の端末ウィンドウで**ping**コマンドを実行しています。

```
$ sudo tcpdump icmp
tcpdump: verbose output suppressed, use -v[v]... for full protocol decode
listening on enp0s3, link-type EN10MB (Ethernet), snapshot length 262144 bytes
16:32:19.316743 IP ubuntu > 93.184.216.34: ICMP echo request, id 18, seq 後略
16:32:19.426680 IP 93.184.216.34 > ubuntu: ICMP echo reply, id 18, seq 1, 後略
16:32:20.318773 IP ubuntu > 93.184.216.34: ICMP echo request, id 18, seq 後略
16:32:20.428961 IP 93.184.216.34 > ubuntu: ICMP echo reply, id 18, seq 2, 後略
16:32:21.320705 IP ubuntu > 93.184.216.34: ICMP echo request, id 18, seq 後略
16:32:21.436922 IP 93.184.216.34 > ubuntu: ICMP echo reply, id 18, seq 3, 後略
16:32:22.324220 IP ubuntu > 93.184.216.34: ICMP echo request, id 18, seq 後略
16:32:22.437119 IP 93.184.216.34 > ubuntu: ICMP echo reply, id 18, seq 4, 後略
^C ···································· Ctrl + C で終了
8 packets captured
8 packets received by filter
0 packets dropped by kernel
```

0.8

コマンドラインの基礎知識
いつでもどこでも使えるようになろう

ここからは、コマンドラインでの便利な操作や、コマンドラインでの表示を理解するのに必要となる基礎知識を解説しています。0.6節と0.7節で体験した操作ができればPart 1以降のコマンドも問題なく実行できますが、効率のよい操作のヒントとして、お使いの環境に合わせて参照してください。

この後の構成

まず、環境別の解説、その後に共通で使える操作について紹介しています。

仮想環境で使用するUbuntuデスクトップでのコマンドライン操作については、0.9節を参照してください。ここでは、UbuntuとUbuntuのデフォルトシェルであるbashの使い方を紹介しています。

実環境としてWindowsを使用している方は0.10節を、macOSの方は0.11節を参照してください。

次に、コマンドライン全般の知識として0.12節と0.13節と続きます。

- 0.9節「Linuxコマンドライン」(Ubuntuデスクトップとbash) ➡ **全員が対象**
  端末アプリケーション／コマンド履歴／コマンド補完
  実行結果の検索・実行結果の削除／GUI環境との組み合わせ

- 0.10節「Windowsコマンドライン」(cmd、PowerShell、WSL) ➡ **Windowsユーザーのみ**
  コマンドプロンプト／PowerShell／WSL
  WSLのディレクトリ構成
  コマンドプロンプトやPowerShellからWSLのコマンドを実行する
  WSLからWindowsコマンドを実行する
  Windows Terminal／コマンド履歴
  実行結果の検索・実行結果の削除／GUI環境との組み合わせ

- 0.11節「macOSコマンドライン」(ターミナル.appとzsh) ➡ **macOSユーザーのみ**
  ターミナル／コマンド履歴／コマンド補完
  実行結果の検索・実行結果の削除／GUI環境との組み合わせ

- 0.12節「標準入出力とパイプ・リダイレクトの活用」➡ **全員が対象**
  実行結果をファイルに保存する／実行結果を絞り込む／実行結果を破棄する

- 0.13節「コマンドの使い方と調べ方」➡ **全員が対象**
  コマンドのオプションと引数／オプションの書式
  コマンドの使い方を調べるには
  manコマンドでマニュアルを参照する (macOS、Linux)

いろんなことができるんだね

ある程度慣れてから読み直すと「便利なやりかた」が見つかるかも

0.9
Linuxコマンドライン
Ubuntuデスクトップとbash

　p.13で簡単に触れたように、Linuxはディストリビューションごとに導入されているシェルやデフォルトで採用されているシェルが異なります。

　デスクトップ環境の場合、デスクトップを構成しているソフトウェアやコマンド入力に使用するソフトウェアもディストリビューションごとに異なります。ここではUbuntuデスクトップの「端末」とデフォルトのシェルであるbashを前提に解説します。

端末アプリケーション

　Ubuntuデスクトップで「端末」を実行するとシェルが起動し、シェルはユーザーからの入力を促すための**プロンプト**（*prompt*）を表示します。Ubuntuの場合「 ユーザー名 @ ホスト名 : カレントディレクトリ $」のように設定されていますが、いずれの環境でもユーザー名とカレントディレクトリ（p.15）が表示されることが多いでしょう。

コマンド履歴

　コマンドラインで入力した内容は上下矢印キーまたは Ctrl + P と Ctrl + N で呼び出せます。これをヒストリ機能といい、`history`コマンドで一覧表示できます。ヒストリは原則としてシェルの起動ごと、Ubuntuデスクトップでいうと「端末」を開いた単位で保持されます。ただし端末を閉じるときにユーザーのホームディレクトリにある`.bash_history`という名前の隠しファイルに自動保存されるため、再度端末を開いた際にも過去の履歴が利用できます。

　コマンド履歴を`history`で表示すると過去の入力が番号付きで表示されますが、コマンドラインで、この番号を`!`番号と入力することで同じ内容が実行できます。

コマンド補完

　コマンドラインでコマンド名を途中まで入力して Tab または Ctrl + I を押すと続きが自動で補完されます。候補が複数ある場合はベル音が鳴り[*11]、もう一度押すと複数の候補が表示されます。また、コマンドの操作対象としてファイルやディレクトリを指定する場合、ファ

---

*11　仮想環境の場合、音が出るかどうかはゲストOS内の設定のほかにホストOS側での許可の有無や仮想化ソフト（VirtualBoxやUTM）の設定もあるので適宜調べる必要があります。逆に、bashで入力時のベル音を消したい場合はホームディレクトリの`.inputrc`というファイルに（ない場合は新規作成）`set bell-style none`という行を追加します。設定は次に端末を開いたときから有効です。WSLの場合、Windows Terminalの設定（ Ctrl + , 、p.46）でコマンドプロンプトとUbuntuそれぞれの「詳細設定」にある「ベル通知スタイル」で「音によるチャイム」をオフにしてください。

イル名やディレクトリ名が補完されます。

　コマンドによってはコマンド名の後に指定するオプションやサブコマンドも補完できるように設定されていることがあります[*12]。

```
$ pin Tab Tab ··························1回目のTabでベル音。もう一度Tabを押す
pinentry        pinentry-gnome3  ping      ping6
pinentry-curses pinentry-x11     ping4     pinky
```

実行結果の検索・実行結果の削除

　コマンドの実行結果が長くて目的の情報を探しにくい場合は、端末の検索機能が便利です 図A 。Ubuntuの端末では、右上の検索ボタン、設定でキーボードショートカットが有効になっている場合は Shift + Ctrl + F で端末内の検索が可能です[*13]。

　古い実行結果は検索対象にしたくない場合は新しい端末を開くか、clear コマンドで端末に表示されている内容を削除します。

図A　　実行結果の検索（Ubuntu デスクトップ）

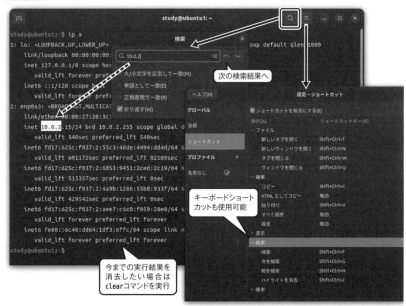

[*12]　Ubuntuの場合 /etc/bash_completion および /etc/bash_completion.d/ で設定されています。/etc/bash_completion は /usr/share/bash-completion/bash_completion を読み込んでおり、設定の実体はこの /usr/share 下にある bash_completion ファイルです。

[*13]　コマンドラインのみの環境の場合はパイプを使うことで、less コマンドで表示して検索したり、grep コマンドで絞り込むことができます（p.53）。

GUI環境との組み合わせ

　GUI環境の「端末」では、画面の文字列をほかのソフトウェアとコピー＆ペーストできます。コピーした内容を端末に貼り付けることも可能で、この場合、コマンドラインのカーソル位置に貼り付けた内容がそのまま入力されます。

　コピーと貼り付けの操作は端末上での右クリックのほか、設定でショートカットを有効にしている場合は Shift + Ctrl + C でコピー、Shift + Ctrl + V で貼り付けができます。Ctrl + C は、端末においてはコマンドライン環境共通の操作である「実行中のコマンドを強制終了させる」という意味のキー操作なので注意してください。

　VirtualBoxの場合、「Guest Additions」をインストールすると、ホストOSと端末の間でのコピー＆ペーストが可能になります。❶ゲストOSを実行している画面で「デバイス」→「Guest Additions CDイメージの挿入」を選択し、❷ゲストOSでCD/DVDにある「autorun.sh」を右クリック→「プログラムとして実行」でインストールできます。ゲストOS内で「認証が必要です」と表示されるのでゲストOSで設定したパスワードを入力してください（表示されない場合は sudo /media/ユーザー名/VBox_GAs_バージョン/VBoxLinuxAdditions.run を実行、詳細はサポートページを参照）。

　「Guest Additions」をインストールしたらゲストOSを再起動し、「デバイス」→「クリップボードの共有」を有効にすることで、ホストOSと端末の間でのコピー＆ペーストが可能になります 図B 。UTMの場合は設定なしでほかのソフトウェアとのコピー＆ペーストが可能です。

図B 　　ホストOSとのコピー＆ペースト

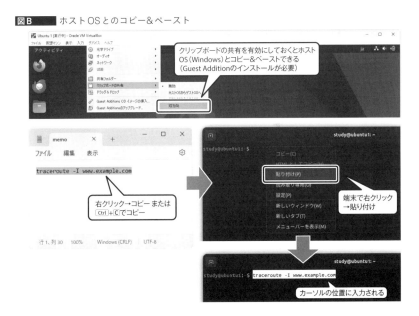

　デスクトップや「ファイル」アプリケーションで表示しているファイルやフォルダを端末にドラッグ＆ドロップすると、コマンドラインのカーソル位置にファイル名やフォルダ名がフルパス（ディレクトリ名などをすべて含んだ状態の名前）で入力されます（使用例はp.253「OpenVPNで接続しているパケットを見てみよう」を参照）。ファイルをコマンドラインで参照したい場合に便利です。

0.10

Windowsコマンドライン

cmd、PowerShell、WSL

Windowsは、「コマンドプロンプト」(cmd.exe)と、PowerShell (PowerShell.exe)を使うことができます。Windows 11 22H2からは「Windows Terminal」でコマンドプロンプトとPowerShell、WSLなどを切り替えて使えるようになりました。

コマンドプロンプト

スタートメニューから「コマンドプロンプト」を起動するとコマンド入力用の画面が開きます **図A** 。コマンドプロンプト自身のコマンド名は**cmd.exe**なので、 **⊞** +Rで開く「ファイル名を指定して実行」で**cmd**と入力することで画面を開くことも可能です*14。

プロンプトはカレントディレクトリと**>**記号が使われています。ディレクトリの区切り文字はバックスラッシュ (\) ですが、使用しているフォントによっては円マーク (¥) で表示されます。たとえば、古くから使用されているMSゴシックの場合は円マーク、現在の初期値であるCascadia Monoの場合はバックスラッシュで表示されます。フォントはWindows Terminalの「設定」でコマンドプロンプトを選択し「外観」→「フォントフェイス」で変更可能です。

図A　コマンドプロンプト (Windows Terminal)

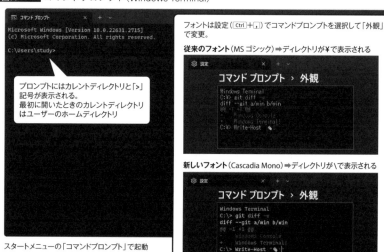

```
Microsoft Windows [Version 10.0.22631.2715]
(c) Microsoft Corporation. All rights reserved.

C:\Users\study>
```

プロンプトにはカレントディレクトリと「>」記号が表示される。
最初に開いたときのカレントディレクトリはユーザーのホームディレクトリ

フォントは設定 (Ctrl + ,)でコマンドプロンプトを選択して「外観」で変更。

従来のフォント (MSゴシック) ➡ ディレクトリが¥で表示される

新しいフォント (Cascadia Mono) ➡ ディレクトリが\で表示される

スタートメニューの「コマンドプロンプト」で起動

---

*14　.exeはWindows用の実行ファイルで使用される拡張子で、「ファイル名を指定して実行」やコマンドラインでは省略可能です。

PowerShell

　Windows 7から導入された新しいシェルで、細かい複雑な処理が可能です **図B** 。PowerShell で実行するコマンドは「コマンドレット」と呼ばれており、**Get-Host**や**Get-NetIPAddress**のように、動詞と名詞の組み合わせで名付けられています。

　コマンドプロンプトで使用するコマンドも使用できるので、本書で紹介しているコマンドは PowerShell でも実行可能です*15。

　プロンプトにはPowerShellであることを示す**PS**に続いて、カレントディレクトリと**>**記号が表示されています。ディレクトリの区切り記号はバックスラッシュですが、コマンドラインでディレクトリを指定する際には**/**（スラッシュ）記号も使用可能です。

図B PowerShell（Windows Terminal）

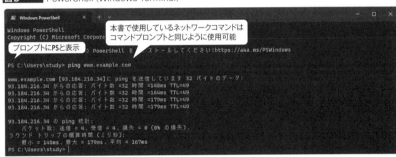

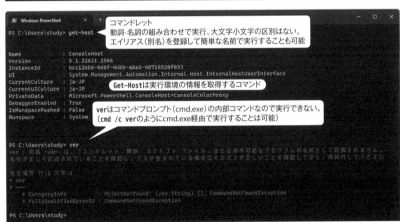

---

*15　コマンドにはシェル自身が内蔵しているコマンドと、シェルとは別の実行ファイルによるコマンドがあります （p.14）。前者はシェルコマンドまたは内部コマンド、後者は外部コマンドと呼ばれています。シェル自身が内蔵しているコマンドには、たとえばコマンドプロンプト（**cmd.exe**）であればディレクトリのファイルを一覧表示する**dir**コマンドなどがあります。本書で使用するネットワークコマンドは、たとえば**ping**は**ping.exe**、**ipconfig**は**ipconfig.exe**で、すべて外部コマンドです。外部コマンドは**which** コマンド名 で実行ファイル名を確認できます。

WSL
Windows Subsystem for Linux

　WSLを有効化し、Ubuntuをインストールしている場合（手順はp.21参照）、コマンドプロンプトやPowerShellで **wsl** コマンドを実行すると、プロンプトが ユーザー名 @ ホスト名 : カレントディレクトリ に変わりLinuxコマンドが実行できるようになります 図C 。使用できるコマンドはVirtualBoxやUTMの中で動作しているUbuntuと共通です。デフォルトのシェルは **bash** で、コマンドラインの機能は0.9節「Linuxコマンドライン」（Ubuntuデスクトップとbash）で紹介している内容と共通です。

　本節ではWSL固有の事柄について取り上げます。

図C WSL（Windows Terminal）

コマンドプロンプトまたはPowerShellで **wsl** を実行

WSLが開始し、bash（Ubuntuのデフォルトシェル）のプロンプトになった。ここからはUbuntu環境で、Ubuntu用のネットワークコマンドが実行できる

WSLのディレクトリ構成

　WSLでのユーザーはWindowsのユーザーとは異なります。WSLでUbuntuをインストールした際のユーザー名で、ユーザーのホームディレクトリはWSL内の **/home/** ユーザー名 となります。たとえばWSLのユーザー名がstudyだった場合 **/home/study** です。

　WindowsからWSL内のファイルにアクセスできるかどうかは、WSLのバージョンによって異なりますが、Windows 11のWSL2の場合、ユーザーstudyのホームディレクトリには \\ **wsl.localhost\Ubuntu\home\study** でアクセスできます（次ページの 図D ）。\（バックスラッシュ）記号は環境によって¥（円マーク）で表示されますが意味は同じです。**Ubuntu** 部分はWSLでインストールしたディストリビューションおよびバージョンによって異なります（エクスプローラーで確認可能、 図D ）。円マークおよびバックスラッシュはWindowsの場合ディレクトリの区切りという意味ですが、Windowsでは同じネットワーク内の共有フォルダはホスト名の前に2つ指定し \\ ホスト名 \ ディレクトリ ～という形でアクセスできます。

　一方、WSL内からWindowsのファイルにアクセスしたい場合は **/mnt/** ドライブレター / ディレクトリ名～ のように指定します。/（スラッシュ）はLinuxでディレクトリの区切りを表す記号です。Linuxではファイルやディレクトリの大文字小文字が区別されますが、Windowsのファイルに関しては大文字小文字が区別されません。

図D　WSLのファイルをWindowsのエクスプローラーで表示

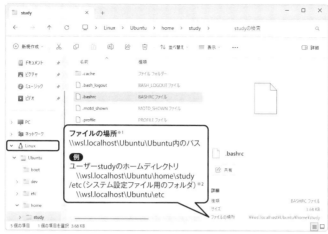

※1 Ubuntu部分はインストールしたバージョンによって異なる場合がある。
※2 /etcのファイルは書き込みには特別な権限が必要だが、閲覧だけであれば右クリックして「プログラム
　　から開く」→「メモ帳」で開くことができる。

　Windowsのホームディレクトリは**C:\Users\ ユーザー名** で、たとえばユーザー名が**nisi**だった場合は**C:\Users\nisi**となります。コマンドプロンプトやPowerShellで**wsl**をホームディレクトリから実行した場合、WSLでのカレントディレクトリは**C:\Users\nisi**のままなので、プロンプトには **ユーザー名** @ **ホスト名** **:/mnt/c/Users/nisi** と表示されます。ホスト名はデフォルトではWindowsでのコンピューター名がそのまま使用されますが、変更することも可能です。

コマンドプロンプトやPowerShellからWSLのコマンドを実行する

　コマンドプロンプトやPowerShellで**wsl コマンド名** のように指定すると、wslのコマンドが実行できます。実行結果はWSL内で実行した内容となります。たとえば、Linuxでは**ip a**というコマンドでネットワークのアドレス情報を取得できますが、Windowsのコマンドラインで**wsl ip a**と実行すると、WSLでのネットワーク情報が表示される、ということになります。

　Windowsの実環境とWSLの中では使用しているネットワークが異なるため、ネットワークコマンドに関しては、**wsl**でいったんWSLに切り替えてから実行した方が理解しやすくなります。また最初の学習段階では、VirtualBoxのような仮想環境で異なるデスクトップを動かす方が、別の環境で実行していることがわかりやすいでしょう。一方で、慣れてきたらすべてのコマンドを1つの画面で実行できるWSLは手軽で便利です。

```
>ipconfig
  ➡Windows用のipconfigコマンドが実行され、Windows（実環境）のネットワークの情報が表示される
>wsl ip a
  ➡WSL用のipコマンドが実行され、WSLのネットワークの情報が表示される
```

続く ◥

```
>ping www.example.com
 ➡Windows（実環境）のpingコマンドが実行される
>wsl ping www.example.com
 ➡WSLのpingコマンドが実行される（WSLでpingを実行した結果が表示される）
```

WSLからWindowsコマンドを実行する

　WSLからWindowsコマンドを実行する場合、実行ファイル名を **/mnt** から指定する必要があります。たとえば、「メモ帳」の実行ファイル名は **C:\Windows\System32\notepad.exe** なので、WSLから実行する場合は **/mnt/c/Windows/System32/notepad.exe** となります。Windowsのファイルは大文字小文字が区別されないため、コマンドラインではすべて小文字で入力しても実行できますが、bashの補完機能（p.39）を利用してコマンド名を入力したい場合は大文字小文字を正しく入力する必要があります。

```
$ /mnt/c/Windows/System32/notepad.exe
 ➡Windowsでメモ帳が起動する（メモ帳を開きながらコマンドプロンプトも使用したい場合はコマンドライン
   で Ctrl + C を押してからコマンドを実行、またはnotepad.exeの後に&を付けて実行する）
$ /mnt/c/Windows/System32/notepad.exe ~/.bashrc
 ➡Windowsでメモ帳が起動する（~/.bashrcはbashのユーザー用設定ファイル）
$ /mnt/c/Windows/System32/ping.exe www.example.com
 ➡Windowsのpingコマンドが実行される
$ /mnt/c/Windows/System32/cmd.exe /c ver
 ➡コマンドプロンプトのverコマンドが実行される
```

※ WSL管理下のファイルをメモ帳で開きたい場合、実行に先立ち **cd** コマンドでWSL管理下のディレクトリに移動する必要がある（**notepad.exe ~/.bashrc** 実行時のカレントディレクトリが **/mnt** 下だと「指定したパスが見つからない」という扱いになる）。なお、**/etc** 下にあるようなシステムの環境設定ファイルの編集にはWSL側の管理者権限が必要なため、メモ帳を管理者権限で実行する以外にもWSLの設定変更が必要になる（https://learn.microsoft.com/ja-jp/windows/wsl/file-permissions）。WSL側で編集する場合、**vi** コマンドが使用可能である（p.282）。

Windows Terminal

　「コマンドプロンプト」（cmd.exe）とPowerShellは、Windows 11 22H2からはWindows Terminalという端末アプリケーションで実行されるようになりました。従来のスタイルは「Windowsコンソールホスト」という名前で、起動方法はWindowsの「設定」で変更可能です（次ページの 図E 参照）。

　Windows Terminalのデフォルトシェルは PowerShell で、「新しいタブ」ボタンからシェルを選択して開くことができます。WSLにUbuntuをインストールしている場合はUbuntuも選択できます。

　「新しいタブ」ボタンでは、 Shift を押しながら選択すると新しいウィンドウ、 Alt を押しながら選択するとウィンドウを分割、 Ctrl を押しながら選択すると管理者モードで新しいウィンドウが開きます。なお Alt で分割した画面は **exit** コマンドで閉じることができます。

図E Windows Terminal

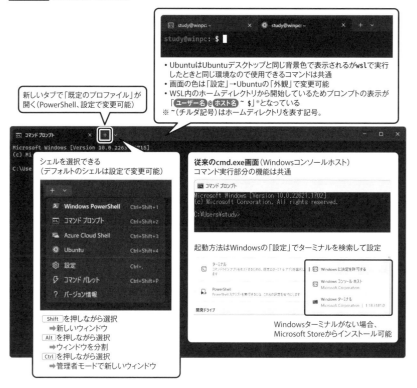

新しいタブで「既定のプロファイル」が開く（PowerShell、設定で変更可能）

• UbuntuはUbuntuデスクトップと同じ背景色で表示されるがwslで実行したときと同じ環境なので使用できるコマンドは共通
• 画面の色は「設定」→Ubuntuの「外観」で変更可能
• WSL内のホームディレクトリから開始しているためプロンプトの表示が「ユーザー名＠ホスト名 ~ $」※となっている
※ ~（チルダ記号）はホームディレクトリを表す記号。

シェルを選択できる（デフォルトのシェルは設定で変更可能）

従来のcmd.exe画面（Windowsコンソールホスト）コマンド実行部分の機能は共通

起動方法はWindowsの「設定」でターミナルを検索して設定

Windowsターミナルがない場合、Microsoft Storeからインストール可能

Shift を押しながら選択
➡新しいウィンドウ
Alt を押しながら選択
➡ウィンドウを分割
Ctrl を押しながら選択
➡管理者モードで新しいウィンドウ

コマンド履歴

　コマンドラインで入力した内容は上下矢印キーで呼び出すことができます。「コマンドプロンプト」（cmd.exe）の場合は F7 で一覧表示し、矢印キーで選択、 Enter で実行できます。 F7 で表示されている内容を実行するのではなくコマンドラインに表示したい場合は F9 を押して、履歴の番号を入力して Enter を押します。

　コマンド履歴はコマンドプロンプトの起動毎に保持されるため、コマンドプロンプト画面を閉じると破棄されます。PowerShellの場合は画面を閉じても保持されます。WSLではシェルの設定次第ですが、Ubuntuの場合はホームディレクトリの **.bash_history** に保存されるためウィンドウを閉じたりWSLを終了しても履歴が保持されます。

実行結果の検索・実行結果の削除

　Windows Terminalでは Ctrl + Shift + F で画面上の文字列を検索できます。各シェル共通で使うことができます（次ページの **図F** ）。

図F　実行結果の検索（Windows Terminal）

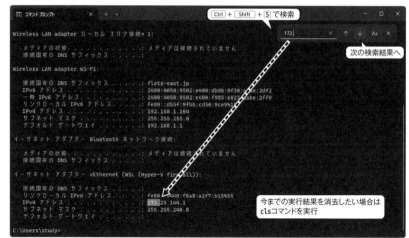

画面に表示されている内容は、「コマンドプロンプト」（cmd.exe）の場合 **cls** コマンドで、WSL（bash）の場合は **clear** コマンドで削除します。PowerShell は **cls** も **clear** も使用可能です。

GUI環境との組み合わせ

コマンドラインのコピー＆ペーストはマウスで行うのがわかりやすいでしょう。Windows Terminal に表示されているコマンドラインやコマンドの実行結果はマウスで範囲選択してクリックすることでコピーできます。Windows Terminal「設定」→「操作」で「選択範囲をクリップボードに自動でコピーする」をオンにすると、範囲選択のみでコピーできるようになります。

コマンドラインへの貼り付けは、マウスの右クリックまたは Ctrl + V で行います。貼り付ける行が複数の場合、警告が表示されますが、そのまま強制的に貼り付けることも可能です。複数行の場合、改行の位置で Enter が押されるという扱いとなります。メモ帳などに複数のコマンドを書いておいて、まとめて実行する、という使い方も可能です[16]。

＊16　複数のコマンドをまとめて実行する場合、一般的にはバッチファイルやシェルスクリプトというファイルを作成します。バッチファイルやシェルスクリプトでは条件文や変数を使った複雑なプログラムを作ることが可能です。

0.11

macOSコマンドライン

ターミナル.appとzsh

　macOSでは、「ターミナル」(Terminal.app)でコマンドを入力し、実行します。デフォルトで採用されているのはzshというシェルです。

ターミナル
Terminal.app

　macOSでターミナル(Terminal.app)を実行するとシェルが起動し、シェルはユーザーからの入力を促すためのプロンプト(*prompt*)を表示します **図A** 。

　デフォルトのシェルはzshで、プロンプトは「**ユーザー名** @ **ホスト名** **カレントディレクトリ** %」のように設定されています。~(チルダ)記号はユーザーのホームディレクトリという意味の記号で、具体的なディレクトリ名(フォルダの名前)は **/Users/** **アカウント名** です。

図A 　ターミナル.app (macOS)

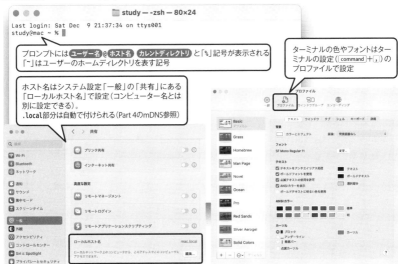

```
Last login: Sat Dec  9 21:37:34 on ttys001
study@mac ~ %
```

プロンプトには **ユーザー名** @ **ホスト名** **カレントディレクトリ** と「%」記号が表示される
「~」はユーザーのホームディレクトリを表す記号

ホスト名はシステム設定「一般」の「共有」にある
「ローカルホスト名」で設定(コンピューター名とは
別に設定できる)。
.local部分は自動で付けられる(Part 4のmDNS参照)

ターミナルの色やフォントはターミナルの設定(command+,)のプロファイルで設定

コマンド履歴

　コマンドラインで入力した内容は上下矢印キーまたは Ctrl + P と Ctrl + N で呼び出せます。これをヒストリ機能といい、**history**コマンドで一覧表示できます。ヒストリは原則としてシェルの起動ごと、macOSでは「ターミナル」を開いた単位で保持されますが、端末を閉

じるときにユーザーのホームディレクトリにある **.zsh_history**という名前の隠しファイルに自動保存されるため、再度端末を開いた際にも過去の履歴が利用できます。

コマンド履歴を**history**で表示すると過去の入力が番号付きで表示されますが、コマンドラインで、この番号を **!番号** と入力することで同じ内容が実行できます。

コマンド補完

コマンドラインでコマンド名を途中まで入力して Tab または control + I を押すと続きが自動で補完されます。候補が複数ある場合はベル音が鳴って候補が表示され、続けて Tab または control + I を押すと候補が順番に入力されます。また、コマンドの操作対象としてファイルやディレクトリを指定する場合、ファイル名やディレクトリ名が補完されます。

入力時のベル音を消したい場合はターミナルの設定画面でプロファイルを選択し、「詳細」タブの「ベル」でオーディオベルをオフにします。

```
% pi tab ·············1回目の tab でベルと共に候補が表示され、さらに tab を押すとコマンド
                     ラインに候補が順番に入力される※

pico          piconv5.30     pidpersec.d     ping6
piconv        piconv5.34     ping            pip3
```

※ bashと同じ操作にしたい場合はシェルの設定ファイル (ホームディレクトリの **.zshrc**) に **setopt bashautolist** という行を入れる。ターミナルを開き直すと有効になる。

実行結果の検索・実行結果の削除

コマンドの実行結果が長くて目的の情報を探しにくい、という場合はターミナルの検索機能が便利です。ターミナルでもほかのアプリケーション同様、 command + F で文字列を検索できます **図B** 。

図B 実行結果の検索(ターミナル.app)

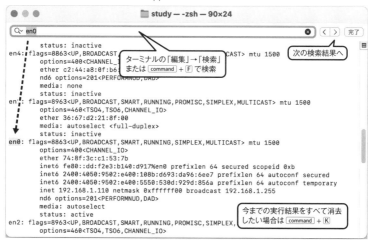

ターミナルに表示されている内容は command ＋ K で消去できます。

　シェルで実行結果を削除したい場合、通常は **clear** コマンドを使いますが、macOSの場合、**clear** では「プロンプトがターミナルウィンドウの一番上に表示される」という動作になっています。見た目はクリアされますが上にスクロールすると実行結果が残っている状態となります。

GUI環境との組み合わせ

　GUI環境の「ターミナル」では、画面に表示されている文字列をマウスで範囲選択して右クリックメニューからコピーしてほかのソフトウェア等に貼り付けることができます。コピーした内容を端末に貼り付けることも可能で、この場合、コマンドラインのカーソル位置に貼り付けた内容がそのまま入力されます。

　UTMで実行している仮想環境のUbuntuとも同じ要領でコピー＆ペースト可能です。Ubuntuの「端末」での操作については p.41 を参照してください。

　このほか、デスクトップや「ファイル」アプリケーションで表示しているファイルやフォルダを端末にドラッグ＆ドロップすると、コマンドラインのカーソル位置にファイル名やフォルダ名がフルパス（ディレクトリ名などをすべて含んだ状態の名前）で入力されます。本書では使用機会がほとんどありませんが、ファイルをコマンドラインで参照したいような場合に便利です。

0.12

標準入出力とパイプ・リダイレクトの活用
入出力を理解しよう

　コマンドは、必要に応じて何らかのデータを受け取り、処理をして、結果を出力します。このときの入力と出力をそれぞれ標準入力(*stdin*)、標準出力(*stdout*)といい、コマンド実行環境では標準入力がキーボード、標準出力は画面となっています。

　パイプとリダイレクトというしくみを使うと、コマンドの実行結果を別のコマンドで処理したり、コマンドの実行結果をファイルに保存したりできます。

実行結果をファイルに保存する
リダイレクト

　`コマンド` > `ファイル名` のようにすることで、コマンドの実行結果をファイルに保存できます。コマンドの実行結果を、標準出力である画面ではなくファイルに**リダイレクト**(*redirect*)する、という操作です。

　たとえば、Windowsでは**ipconfig**コマンドでネットワークデバイスの情報を一覧表示できますが、**ipconfig > myfile.txt**で**ipconfig**の結果を**myfile.txt**に保存できます。テキストファイルとして保存されるので、メモ帳などで参照できます。

　> myfile.txt とした場合、myfile.txtはカレントディレクトリ(p.15)に作成されます。既存のファイルは上書きされるので、ほかと重複しない名前を指定してください。なお、>の代わりに**>>**とすることで、既存ファイルに追加できます。

　以下はWindowsでの実行例です。先頭の**>**はプロンプトの記号です。

```
>ipconfig > myfile.txt          ipconfigの実行結果をmyfile.txtに保存
>notepad myfile.txt             メモ帳でmyfile.txtを開く※
>start .                        カレントディレクトリをExplorerで開く（フォルダを表
                                示して、ファイルの表示や削除ができる）
```

※ start myfile.txtで、.txtに関連付けされているデフォルトのアプリケーションが起動する。関連付けがある場合、startを省略してmyfile.txtのみで起動することも可能。

　以下はmacOSでの実行例です。**ifconfig**コマンドでネットワークデバイスの情報を表示しています。

```
% ifconfig > myfile.txt          ifconfigの実行結果をmyfile.txtに保存
% open -e myfile.txt             テキストエディットでmyfile.txtを開く※
% open .                         カレントディレクトリをFinderで開く（フォルダを表示
                                 して、ファイルの表示や削除ができる）
```

※ -eオプションなしのopen myfile.txtで、.txtに関連付けされているデフォルトのアプリケーションが起動する。

Ubuntuデスクトップでも同じように実行できます。ここでは**ip a**で情報を表示しています[17]。

```
$ ip a > myfile.txt ················ip aの実行結果をmyfile.txtに保存する
$ open myfile.txt ················テキストエディター（.txt用のデフォルトアプリケー
                                  ション）でmyfile.txtを開く
$ open . ·························カレントディレクトリを「ファイル」で開く（フォル
                                  ダを表示して、ファイルの表示や削除ができる）
```

なお、本書で使用しているUbuntuはデスクトップ環境なので**open**コマンドでGUIアプリケーションを起動していますが、今後、学習以外でもUnix系OSを使っていこうという場合はコマンドラインで操作できるようにする必要があるでしょう。

たとえば、テキストファイルの表示であれば**less**コマンド、ファイルの削除であれば**rm**コマンドです[18]。

実行結果を絞り込む
パイプとgrepコマンド・findstrコマンド

コマンドの出力をほかのコマンドに渡したいときは、**パイプ**（*pipeline*）を使います。パイプは標準出力を標準入力へつなぐという働きがあり、「|」で表します。

たとえば、ファイルから特定の文字列が含まれている行を抽出する**grep**というコマンドがありますが、このコマンドとパイプを使うことで「コマンドの実行結果を絞り込む」という操作が可能になります。grepコマンドはUnix系OSで古くから使われているコマンドで、LinuxおよびmacOSで使用できます。

以下はUbuntu環境での実行例ですが、WSLやmacOSでもまったく同じ使い方が可能です。最初に**ping**を実行して表示内容を確認し、次に、応答の部分だけを表示するべく、末尾に | grep icmpを追加しています。このような場合、⊞または Ctrl + P で前に実行した内容を呼び出して（ヒストリ機能）、パイプ以下を追加すると入力のミスが減らすことができます。

```
❶ 実行結果がどうなるかを確認する
$ ping -c 4 www.example.com ··········pingを実行（4回で終了）
PING www.example.com (93.184.216.34) 56(84) bytes of data.
64 bytes from 93.184.216.34 (93.184.216.34): icmp_seq=1 ttl=48 time=117 ms
64 bytes from 93.184.216.34 (93.184.216.34): icmp_seq=2 ttl=48 time=116 ms
64 bytes from 93.184.216.34 (93.184.216.34): icmp_seq=3 ttl=48 time=126 ms
64 bytes from 93.184.216.34 (93.184.216.34): icmp_seq=4 ttl=48 time=134 ms

--- www.example.com ping statistics ---
4 packets transmitted, 4 received, 0% packet loss, time 3004ms
rtt min/avg/max/mdev = 116.333/123.121/133.711/7.218 ms
⬆応答と統計情報が表示される(オプション-c 4を指定し忘れた場合は Ctrl + C で終了)
```

続く◀

---

[17] ネットワークデバイスの情報は、以前のLinux系OSではmacOS同様**ifconfig**が使われていましたが、現在は**ip**コマンドに移行したためデフォルトではインストールされていません。

[18] macOSでも同じコマンドが使用できます。Windowsの場合、テキストファイルの表示は**more**コマンド（Unix系OSの**cat**コマンドのように表示したい場合は**type**コマンド）、ファイルの削除は**del**コマンドを使用します。

❷ icmpという文字列を含む行だけを表示する

```
$ ping -c 4 www.example.com | grep icmp      "icmp"という文字列を含む行だけを出力する
64 bytes from 93.184.216.34 (93.184.216.34): icmp_seq=1 ttl=48 time=118 ms
64 bytes from 93.184.216.34 (93.184.216.34): icmp_seq=2 ttl=48 time=117 ms
64 bytes from 93.184.216.34 (93.184.216.34): icmp_seq=3 ttl=48 time=129 ms
64 bytes from 93.184.216.34 (93.184.216.34): icmp_seq=4 ttl=48 time=117 ms
```
↑応答部分だけを表示できた

pingでは、最後に応答の有無を **4 packets transmitted, 4 received, 0% packet loss**、あるいは**〜100% packet loss**のようにまとめて表示しています。これを統計情報といいますが、**| grep loss**のように絞り込むと損失(loss)があったかどうかを素早く確認できます。

```
$ ping -c 4 www.example.com | grep loss ⋯⋯⋯"loss"という文字列を含む行だけを出力
4 packets transmitted, 4 received, 0% packet loss, time 8629ms
```
↑0% packet lossなのですべて送受信できたことがわかる

Windowsにはgrepコマンドがありませんが、同じような用途で使えるコマンドにfindstrがあります。findstrはWindows標準のコマンドで、検索パターンの指定方法など、詳しい使い方は**findstr /?**で確認できます。

❶ 実行結果がどうなるかを確認する

```
>ping www.example.com

www.example.com [2606:2800:220:1:248:1893:25c8:1946]に ping を送信しています 32
バイトのデータ:
2606:2800:220:1:248:1893:25c8:1946 からの応答: 時間 =146ms
2606:2800:220:1:248:1893:25c8:1946 からの応答: 時間 =131ms
2606:2800:220:1:248:1893:25c8:1946 からの応答: 時間 =191ms
2606:2800:220:1:248:1893:25c8:1946 からの応答: 時間 =145ms

2606:2800:220:1:248:1893:25c8:1946 の ping 統計:
    パケット数: 送信 = 4、受信 = 4、損失 = 0 (0% の損失)、
ラウンド トリップの概算時間 (ミリ秒):
    最小 = 131ms、最大 = 191ms、平均 = 153ms
```

❷ 応答部分だけを表示する

```
>ping www.example.com | findstr 応答 ⋯⋯⋯⋯実行結果を「応答」で絞り込む
2606:2800:220:1:248:1893:25c8:1946 からの応答: 時間 =140ms
2606:2800:220:1:248:1893:25c8:1946 からの応答: 時間 =128ms
2606:2800:220:1:248:1893:25c8:1946 からの応答: 時間 =137ms
2606:2800:220:1:248:1893:25c8:1946 からの応答: 時間 =117ms
```

❸ 送受信できたかどうかだけを表示する

```
>ping www.example.com | findstr 損失 ⋯⋯⋯⋯⋯実行結果を「損失」で絞り込む
    パケット数: 送信 = 4、受信 = 4、損失 = 0 (0% の損失)、
```

実行結果を破棄する
ヌルデバイス

　実行結果の画面表示が邪魔になる場合、リダイレクトを利用して画面への表示を抑制できます。

　画面に表示せず、ファイルに保存するのも不要という場合、ヌルデバイスという特別なデバイスにリダイレクトします。Unix系OS、つまりLinuxやmacOSでのヌルデバイスは**/dev/null**、Windows（cmd.exe）では3文字の**NUL**と表現します。**NUL**はアルファベット3文字で大小文字の区別はありません。

```
コマンド > /dev/null  ……コマンドの実行結果をヌルデバイスにリダイレクト（Linux/macOS）
コマンド > NUL  …………コマンドの実行結果をヌルデバイスにリダイレクト（Windows）
```

　コマンドからのメッセージの出力先には、標準出力（*stdout*）と標準エラー出力（*stderr*）の2つがあります。基本的には標準出力が使われますが、エラーが起きた場合などは標準エラー出力が使われます。通常はどちらも画面に割り当てられているため外観上は区別がつきませんが、リダイレクトやパイプを使う際は両者が区別されます。これまでの説明で使用してきたリダイレクトとパイプは標準出力用です。標準エラー出力のリダイレクトは**2>**で行います。パイプでの操作はシェルによって異なるのでp.57の 表B 表C を参照してください。

　標準出力と標準エラー出力の使い分けはコマンドによって若干異なります。たとえば、LinuxおよびmacOS用の**ping**コマンドは、❶**ping**を送った結果については標準出力に、❷**ping**の送信先が見つからない場合は標準エラー出力にメッセージを出力します。Windowsの場合どちらも標準出力に出力されます。

　以下はUbuntuでの実行結果です。macOSでも同様な結果になります。

```
ping実行例❶
$ ping -c 1 www.example.com……………………………実行結果を画面に出力
PING www.example.com (93.184.216.34) 56(84) bytes of data.
64 bytes from 93.184.216.34 (93.184.216.34): icmp_seq=1 ttl=50 time=172 ms

--- www.example.com ping statistics ---
1 packets transmitted, 1 received, 0% packet loss, time 0ms
rtt min/avg/max/mdev = 171.795/171.795/171.795/0.000 ms

標準出力をヌルデバイスにリダイレクトした場合
$ ping -c 1 www.example.com >/dev/null………標準出力を/dev/nullにリダイレクト
◀メッセージがヌルデバイスにリダイレクトされたため何も表示されない

ping実行例❷（実行できなかった場合）
$ ping -c 1 dummy…………………………実行結果を画面に出力
ping: dummy: 名前解決に一時的に失敗しました

標準出力をヌルデバイスにリダイレクトした場合
$ ping -c 1 dummy >/dev/null………………………………標準出力を/dev/nullにリダイレクト
ping: dummy: 名前解決に一時的に失敗しました
▲同じメッセージが出力されている（名前解決:Part 4参照）                    続く▶
```

```
標準エラー出力をヌルデバイスにリダイレクトした場合）
$ ping -c 1 dummy 2>/dev/null……標準エラー出力を/dev/nullにリダイレクト
←メッセージがリダイレクトされたため何も表示されない
```

IPアドレスを調べるのに使用する **nslookup** コマンド（Part 4 参照）は、Windowsの場合、調べた結果は標準出力に、応答の種類である**権限のない回答:** という情報は標準エラー出力に出力されます。

以下はWindowsでの実行結果です。

```
>nslookup www.example.com……………実行結果を画面に出力
サーバー:  UnKnown
Address:  2404:1a8:7f01:b::3

権限のない回答:
名前:     www.example.com
Addresses:  2606:2800:220:1:248:1893:25c8:1946
          93.184.216.34

>nslookup www.example.com >NUL ……標準出力をヌルデバイスにリダイレクト
権限のない回答:
↑応答の種類だけが出力される

>nslookup www.example.com 2>NUL ……標準エラー出力をヌルデバイスにリダイレクト
サーバー:  UnKnown
Address:  2404:1a8:7f01:b::3

名前:     www.example.com
Addresses:  2606:2800:220:1:248:1893:25c8:1946
          93.184.216.34
↑応答の種類以外が出力される
```

※ PowerShell の場合ヌルデバイスへの出力は | **Out-Null** または > **$null** で行う。

標準出力と標準エラー出力のリダイレクト／パイプ操作

コマンドの出力は標準出力へ行われることが多く、出力をリダイレクトしたりパイプに渡す際には、「**>**」と「**>>**」そして「**|**」でほとんどカバーできますが、標準エラーを指定したり、時には両方合わせてリダイレクトやパイプに渡したくなることがあります。

それぞれ、次ページの **表A** ～ **表C** のような書式で指定できます。

表A 標準出力

操作	シェル	記号	使い方
リダイレクト	共通	>	cmd > file.txt
		1>※	cmd 1> file.txt
リダイレクト（追加の場合）	共通	>>	cmd >> file.txt
		1>>	cmd 1>> file.txt
パイプ	共通	|	cmdA | cmdB

※ **1>** は **>** でも可（標準出力であることを明示したい場合 **1>** とする）。

表B 標準エラー出力

用途	シェル	記号	使い方
リダイレクト	共通	2>	cmd 2> file.txt
リダイレクト（追加の場合）	共通	2>>	cmd 2>> file.txt
パイプ[1]	cmd.exe	なし	(cmdA 1> NUL) 2>&1 | cmdB[2]
	bash		cmdA 2>&1 1> /dev/null | cmdB
	zsh		cmdA 2>&1 1>&- 1> /dev/null | cmdB[3]
	PowerShell[4]		cmdA 2>&1 | Where-Object { $_ -is [System.Management.Automation.ErrorRecord] } | cmdB

※1 標準エラー用の指定方法はなく、**2>&1**（標準エラー出力を標準出力へ）と **\|** を組み合わせることで実現。

※2 使い方内の **()** はサブシェルを表す記号で、括弧の中は別のシェルで実行されている。bashやzshでも使える方法で、その場合、**NUL** の代わりに **/dev/null** を指定する。

※3 **1>&-** は 標準出力への出力を終了させる、という意味で **>&-** でも可。

※4 PowerShellはストリーム1〜6で出力が管理されており、ここではすべての出力を成功ストリーム（標準出力相当）にリダイレクトし、エラーストリーム（標準エラー出力相当）を絞り込んでパイプに渡している。
- リダイレクト **URL** https://learn.microsoft.com/ja-jp/powershell/module/microsoft.powershell.core/about/about_redirection
- パイプライン **URL** https://learn.microsoft.com/ja-jp/powershell/module/microsoft.powershell.core/about/about_pipelines

表C 標準出力と標準エラー出力の両方

用途	シェル	記号	使い方
リダイレクト	共通	なし	cmd 1> file.txt 2>&1
	bash/zsh※	&>	cmd &> file.txt
	PowerShell	*>	cmd *> file.txt
リダイレクト（追加の場合）	共通	なし	cmd 1>> file.txt 2>&1
	bash/zsh※	&>>1	cmd &>> file.txt
	PowerShell	*>>	cmd *>> file.txt
パイプ	共通	なし	cmdA 2>&1 | cmdB
	bash/zsh※	|&	cmdA |& cmdB
	PowerShell	なし	cmdA *>&1 | cmdB

※ bashのバージョンによっては **&>**、**&>>**、**\|&** が使えない場合があり、この場合は共通で使用できる **2>&1** を使う。これは、標準エラー出力を標準出力にミックスしてリダイレクトやパイプを行う、という意味の操作。

0.13
コマンドの使い方と調べ方
「いま使っている環境で」調べよう

　本書ではネットワークコマンドについて、解説上、および普段の使用で最低限必要な使い方のみを紹介していますが、実際にはほかにもたくさんの使い方があります。ここでは、コマンドの基本的な使い方と、使い方の調べ方について紹介します。

コマンドのオプションと引数

　コマンドを実行する際、動作を指定する**オプション**（*option*）と、処理の対象を指定する**引数**（*parameter/argument*）を指定することがあります。また、コマンドによってはサブコマンドが使われることがあります。すべてまとめて引数と呼ばれることもあります。

　たとえば、p.35で実行した `ping www.example.com` であれば、`ping` がコマンド名、`www.example.com` が引数です。Linuxや macOSでは、`ping` の実行回数を `-c` 回数 で指定できます。これが引数です。ちなみに Windows用の `ping` の場合は `-n` 回数 で指定します。

オプションの書式

　使用できるオプションはコマンドの種類やバージョンによって異なります。

　`ping` など、Unix系OSで使われているコマンドの場合、オプションは **-**（ハイフン）記号で指定します。ハイフン1つとアルファベット1つ、または、ハイフン2つと単語の組み合わせであることが一般的で、前者はショートオプション、後者はロングオプションと呼ばれます。

　Windowsではオプションを **/**（スラッシュ）記号で指定しますが、Unix系環境から移植されたネットワークコマンドの場合はハイフンが使用されています。

　macOSではUnix系コマンドはショートオプション、macOS独自のコマンドではロングオプションが使われる傾向にあります。Unix系コマンドに macOS独自のロングオプションが追加されているケースもあります。

Windowsのオプション例
```
ipconfig /all ················Windows独自のコマンド、オプションに/記号が使われている
ping -n 1 www.example.com·······Unix系コマンド、オプションに-記号が使われている
```
Linuxのオプション例
```
ping -c 1 www.example.com·······ショートオプション
traceroute -I --resolve-hostnames www.example.com·······ショートオプションとロング
```
オプションの併用[1]
macOSのオプション例
```
ping -c 1 www.example.com·······ショートオプション
ping -c 1 --apple-time www.example.com·····ショートオプションとロングオプションの併用[2]
```

※1 Ubuntu環境では別途インストールする必要がある（Part 2参照）。

※2 --apple-time は macOS独自のオプションで、パケットの送信時刻が出力される。

コマンドの使い方を調べるには

コマンドの使い方は、インターネット検索などで手軽に調べることができますが、解説に書かれているオプションが自分の環境でも使えるとは限りません。インストールされているバージョンによって使用できるオプションが異なるケースがあるためです。したがって「現在自分が使っているコマンドではどのオプションが使えるか」を確認する方法だけは把握しておく必要があります。

Unix系コマンドの場合は**-h**や**-?**あるいは**--help**などのオプションを付けて実行することで、コマンドの簡単なヘルプが表示されます。

Windowsのコマンドの場合、**/?**や**/help**で使い方が表示されます。

ヘルプ表示の詳しさはコマンドによって異なりますが、使用できるオプションはここで確認できるでしょう。

```
$ grep --help
Usage: grep [OPTION]... PATTERNS [FILE]...
Search for PATTERNS in each FILE.
Example: grep -i 'hello world' menu.h main.c
PATTERNS can contain multiple patterns separated by newlines.

Pattern selection and interpretation:
  -E, --extended-regexp     PATTERNS are extended regular expressions
  -F, --fixed-strings       PATTERNS are strings
  -G, --basic-regexp        PATTERNS are basic regular expressions
  -P, --perl-regexp         PATTERNS are Perl regular expressions
以下略
```

```
>findstr /?
ファイルから文字列を検索します。

FINDSTR [/B] [/E] [/L] [/R] [/S] [/I] [/X] [/V] [/N] [/M] [/O] [/P]
        [/F:ファイル] [/C:文字列] [/G:ファイル] [/D:ディレクトリー覧]
        [/A:色属性] [/OFF[LINE]] 文字列 [[ドライブ:][パス]ファイル名[ ...]]

  /B          行の先頭にあるパターンを検索します。
  /E          行の末尾にあるパターンを検索します。
  /L          検索文字列をリテラルとして使用します。
  /R          検索文字列を正規表現として使用します。
以下略
```

manコマンドでマニュアルを参照する(macOS、Linux)

Unix系の環境では、コマンドと一緒にコマンドのマニュアルがインストールされており、**man** コマンド名 で参照できます。たとえば、**ping**コマンドのマニュアルであれば**man ping**で表示します(次ページの **図A**)。

　manの表示には**less**コマンドが使用されています。長いテキストファイルを上下にスクロールして表示するコマンドで、このような働きを持つコマンドは**ページャ**（*pager*）と呼ばれます。Ubuntu環境の場合、**pager**という名前のコマンドも用意されています。初期設定では実体は**less**コマンドで、操作方法は同じです。

　lessコマンドはすべてキーボードで操作します。基本の操作として Enter で次の行、 Space で次のページを表示、↑↓でスクロール、qで表示を終了できます。検索も可能で、/に続けて検索文字列を入力して Enter を押します。

図A　manの基本操作

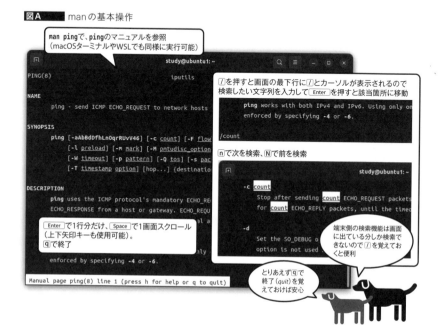

テキストの表示に使われるコマンド

　ネットワークコマンドの出力結果が長いとき、grepコマンド（Linux、macOS）やfindstrコマンド（Windows）を使って必要な箇所を絞り込む方法を紹介しましたが（p.53）、Unix系OSではこのほかにもさまざまなコマンドがテキストの表示に使われています（次ページの **表a** ）。

　まず、長いファイルや実行結果を表示する際に使用するのが**less**コマンドです。**less** `ファイル名` のようにファイルを指定したり**ifconfig | less**のようにパイプと組み合わせることで、テキストを1画面ずつ表示します。**man**（p.60）同様、上下矢印キーでスクロール、/で検索、qで表示を終了します。**ifconfig**コマンドはネットワークデバイスの情報を表示するコマンドで（p.68）、ここでは「実行結果の表示が長いコマンド」の例として使用しています。

　ファイルの先頭や末尾だけ表示するコマンドもあります。たとえば、**ifconfig**の実行結果を先頭だけ表示したいなら**ifconfig | head**、末尾だけなら**ifconfig | tail**のようにします。**head -3**や**tail -3**のように行数を指定することも可能です。行番号を知りたい場合は**cat -n** `ファイル名` や**ifconfig | cat -n**のようにします。

以下はWSLでの実行例ですが、VirtualBox/UTMのUbuntuやmacOSのコマンドラインでも同じように実行できます。

```
$ ifconfig | cat -n | head……ifconfigの実行結果に行番号を付けて先頭10行を表示
     1  eth0: flags=4163<UP,BROADCAST,RUNNING,MULTICAST>  mtu 1500
     2          inet 172.21.255.185  netmask 255.255.240.0  broadcast 後略
     3          inet6 fe80::215:xxxx:xxxx:xxxx  prefixlen 64  scopeid 後略
     4          ether 00:15:5d:19:82:5a  txqueuelen 1000  (Ethernet)
     5          RX packets 184616  bytes 38066013 (38.0 MB)
     6          RX errors 0  dropped 0  overruns 0  frame 0
     7          TX packets 1076  bytes 78279 (78.2 KB)
     8          TX errors 0  dropped 0 overruns 0  carrier 0  collisions 0
     9
    10  lo: flags=73<UP,LOOPBACK,RUNNING>  mtu 65536
```

※ WSLでifconfigをインストール（sudo apt install ifconfig）して実行。

Windowsの場合、テキストを1画面ずつ表示する more コマンドと、テキストファイルの内容を表示する type コマンドがありますが、less や cat のような機能はありません。もしこれらのコマンドを使いたい場合は wsl を活用すると良いでしょう。

ただし、Windows環境とWSLを含むLinux環境では、使用されている文字コードが異なるため、日本語が書かれているファイルはうまく表示できないことがあります。文字コードを変換するコマンドには iconv や nkf、文字コードを変換した上で less コマンドのように表示するコマンドには lv コマンド（sudo apt install lv でインストール）がありますが、表示をコマンドライン環境に限定する必要がない場合は、メモ帳（notepad.exe）などで表示するのが手軽で確実です。コマンドの実行結果をメモ帳で表示したい場合はリダイレクト（p.52）でいったんファイルに保存した上で、notepad ファイル名 で開きます。

表a テキストファイルの表示に使われるUnix系コマンド

概要	コマンド名
1画面ずつ停止しながら表示する	more, less, lv など
行番号付きで表示する	cat -n
先頭だけ表示する	head, head -行数
末尾だけ表示する	tail, tail -行数
行数を数える	wc -l
文字数、単語数、行数を数える	wc
並べ替えて表示する	sort, sort -r（逆順）, sort -n（数字の大小順）

Part 1

リンク層

リンク層（*link layer*）は、TCP/IP の階層モデル
の最下層、つまり、ハードウェアに最も近い位
置の層で、OSI 参照モデルにおける第1層と第2
層、物理層とデータリンク層に相当します。

リンク層ではネットワークデバイス間の直接
的な通信を担当します。したがって、リンク層
の正常な接続ができないことには、ほかの通信
は成り立ちません。

このパートでは、ネットワークコマンドを通
じてリンク層の基本的な要素や操作について学
習します。

	OSI参照モデル		TCP/IP
第7層	アプリケーション層		
第6層	プレゼンテーション層		アプリケーション層
第5層	セッション層		
第4層	トランスポート層		トランスポート層
第3層	ネットワーク層		インターネット層
第2層	データリンク層		リンク層
第1層	物理層		

←Part 1はココ！

本書で想定するネットワークのパターン

ローカルネットワーク内

テスト環境※

ゲストOS Ubuntu1　ゲストOS Ubuntu2

※Ubuntu2環境の作成はp.76で行う。

1.1

ネットワークデバイスとMACアドレス
リンク層で使われている「ハードウェアのアドレス」

コンピューター通信におけるデータの送受信や転送を行うための機器や装置のことを一般にネットワークデバイス(*network devices*)と言います。

Windowsでは「設定」の「ネットワークとインターネット」や「コントロールパネル」の「ネットワークとインターネット」、macOSでは「システム環境設定」の「ネットワーク」セクションで状態を確認できます。

Linuxではネットワークインターフェースと呼ばれ、状態の確認や設定の変更には`ip`コマンドや`ifconfig`コマンドが使われます。

Ethernet(IEEE 802.3)とWi-Fi(IEEE 802.11)

家庭内やオフィスのフロア内など、限定された範囲で使用されるネットワークを**LAN**(*Local Area Network*)と言います。LANを構築する際の代表的な通信規格が**Ethernet**と**Wi-Fi**です(次ページの **図A**)。

Ethernetはケーブルを介して通信を行う規格で、速度とケーブルの種類で呼ばれます。たとえば90年代初頭に普及した10BASE-Tは10Mbpsのツイストペアケーブルという種類のケーブルが使用されており、その後、100BASE-T/TX(TXは改良版)、1000BASE-TXが使われるようになりました。ツイストペアケーブルには、カテゴリー5、6、7などの種類があり、混在させて使えますがそれぞれ対応している最高速度や推奨される最大長などが異なります。

Ethernetの規格名には、ＩＥＥＥ(*Institute of Electrical and Electronics Engineers*、米国電気電子学会)という標準化団体による名称が使われることがあります。たとえば10BASE-Tは802.3i、1000BASE-Tは802.3abです。速度の大きなくくりとしてFast Ethernet(100Mbps、10Mbpsより速い)、Gigabit Ethernet(1Gbps)という名前で呼ばれることもあります。

一方Wi-Fiは無線技術を用いてデータ通信を行う規格で、11Mbpsの802.11b、最大54Mbpsまで速度が向上した802.11aと802.11g、さらに高速化した802.11n、802.11ac、802.11ax、802.11beなどが開発されています。802.11n以降はWi-Fi 4、Wi-Fi 5…とナンバリングされており、最大通信速度のほかにそれぞれが使用する帯域やセキュリティの規格が異なります。

どちらも**IEEE 802委員会**(*LAN/MAN Standards Committee*、LMSC)によって整備されている規格で、媒体は違いますが基本的なルール、たとえばアドレスの付け方などは共通しています。Ethernetの方が古くから普及していたということもあり、ネットワークコマンドや設定画面ではWi-Fiも「Ethernet」としてまとめて表示されることがあります。

MACアドレスはリンク層のアドレス

リンク層では、**MACアドレス**(*Media Access Control address*)を使って通信相手を特定します。「ハードウェアアドレス」や「物理アドレス」とも呼ばれており、ネットワークに接続

図A Ethernet (IEEE 802.3) と Wi-Fi (IEEE 802.11)

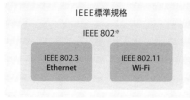

※ **URL** https://www.ieee802.org

されている機器にはすべてMACアドレスが付けられています。

　MACアドレスは48ビットで、2桁の16進数×6組を「**00:00:00:00:00:00**」または「**00-00-00-00-00-00**」のように表記します。最初の3組はハードウェアを提供しているハードウェアベンダーを表すOUI（*Organizationally Unique Identifier*）と呼ばれるコードで、残りの3組は各ベンダーが管理しています[*1]。

　Windowsの設定画面では、「設定」→「ネットワークとインターネット」の「イーサネット」または「Wi-Fi」で確認できます（次ページの **図B** ）。macOSの場合、「システム設定」→「ネットワーク」で「Ethernet」または「Wi-Fi」で「詳細」をクリックして「ハードウェア」を選択します（次ページの **図C** ）。

IPアドレスはネットワーク層のアドレス

　MACアドレスがリンク層のアドレスであるのに対し、Part 0でも何度か登場した「IPアドレス」はインターネット層で使用されるアドレスです。

　MACアドレスとIPアドレスは、物理アドレスと論理アドレスという違いがあるだけでなく、適用範囲、つまり相手を特定するのに有効な範囲が異なります。

　IPアドレスはインターネット全体で通信相手を特定するのに使われるのに対し、MACアドレスはたとえば自宅の中や、会社内、大きな会社であれば一つのセクション内など、デバイス同士が直接やりとりする限られた範囲内の通信相手を特定するのに使います。IPアドレスについての詳細はPart 2で学習します。

[*1] ・OUI一覧（IEEE）**URL** https://standards-oui.ieee.org/oui/oui.txt （**URL** https://regauth.standards.ieee.org/standards-ra-web/pub/view.html#registries の「MA-L」が先頭24ビットに基づくリスト）
　　・MACアドレスとベンダーのリスト「IEEE SA - Public Listing」**URL** https://standards.ieee.org/products-programs/regauth/grpmac/public/

図B MAC アドレスの確認（Windows）

ネットワークとインターネットで有線接続の場合は「イーサネット」をクリック、Wi-Fiの場合はWi-Fi選択後「(SSID名)プロパティ」をクリック

図C MAC アドレスの確認（macOS）

ネットワークで有線接続の場合は「Ethernet」、Wi-Fiの場合は「Wi-Fi」をクリックして「詳細」で「ハードウェア」をクリック

Column

ランダムMAC（プライベートアドレス）とMACアドレススプーフィング

　MACアドレスは、もともとハードウェア固有のものとして設計されており、変更することは想定されていませんでした。しかし、近年はソフトウェア上でMACアドレスを変更することが可能になっています。

　元々MACアドレスはローカル環境で通信相手を特定するのに使いますが、スマートフォンの普及や公衆Wi-Fiの増加により、固有のMACアドレスを持つデバイスが多くのネットワークに接続するにつれ、ユーザーがMACアドレスに基づいて追跡されるリスクが増えてきました。

　このような背景から、iOSやAndroidではユーザーのプライバシーを保護するために、MACアドレスをランダムに変更する機能が導入されました。Windows 10/11でもWi-Fiの設定で「ランダムなハードウェアアドレス」を有効化できます。

　その一方で、MACアドレスを意図的に変更する行為は**MACアドレススプーフィング**（*MAC address spoofing*、MACアドレス偽装）と呼ばれ、ネットワーク接続制限の迂回や不正目的で使われることもあるため、偽装を検知し対処する技術もまた必要とされています。

1.2

ネットワークデバイスの情報を表示してみよう

ip/ifconfig/ipconfig

　Unix系環境でネットワークデバイスの情報を表示するには、`ip`または`ifconfig`コマンドを使用します。`ifconfig`の方が古くからあるコマンドで、macOSではこちらを使用します。

　Ubuntuでは`ip`コマンドへ移行しており、`ifconfig`を使用するには`sudo apt install inet-tools`でインストールする必要があります。WSLでも同様です。

　Windowsの場合、よく似た名前の`ipconfig`で同じような情報を表示できます。

ipコマンド(Linux)

　`ip`コマンドは、Linuxでネットワークの設定を確認したり変更したりできるコマンドです。

　`ip a`で、現在使用しているネットワークデバイスのMACアドレスとIPアドレスが一覧表示されます。実行結果の`link/ether`の行がMACアドレス、`inet`の行がIPアドレス、`inet6`がIPv6のIPアドレスです。

　ここで`ip`コマンドに渡した「`a`」は、アドレスを操作対象として表示するという意味です(見返しのQuickリファレンスを参照)。

```
$ ip a ───────────────────────ネットワークデバイスのアドレス情報を表示
1: lo: <LOOPBACK,UP,LOWER_UP> mtu 65536 qdisc noqueue state UNKNOWN group 後略
    link/loopback 00:00:00:00:00:00 brd 00:00:00:00:00:00
    inet 127.0.0.1/8 scope host lo
       valid_lft forever preferred_lft forever
    inet6 ::1/128 scope host
       valid_lft forever preferred_lft forever
2: enp0s3: <BROADCAST,MULTICAST,UP,LOWER_UP> mtu 1500 qdisc fq_codel state 後略
    link/ether 08:00:27:20:3c:72 brd ff:ff:ff:ff:ff:ff
    inet 10.0.2.15/24 brd 10.0.2.255 scope global dynamic noprefixroute enp0s3
       valid_lft 84972sec preferred_lft 84972sec
    inet6 fe80::514a:53bd:4b6b:ac81/64 scope link noprefixroute
       valid_lft forever preferred_lft forever
```

　上記はVirtualBox上で動かしているUbuntuでの実行画面です。「`1:`」の「`lo`」はループバックインターフェースで、「自分自身」を示す特別なインターフェースです(p.110)。ループバックインターフェースにはIPアドレス「`127.0.0.1`」が割り当てられますがMACアドレスは割り当てられません。

　「`2:`」の「`enp0s3`」がEthernet用のネットワークデバイスで、MACアドレスとIPアドレスが割り当てられているのがわかります。環境によっては「`eth0`」のような名前が付いているかもしれません。「`enp0s3`」の情報だけを表示したい場合は`ip a show enp0s3`のように指定します。

　なお、IPアドレスはIPv4用とIPv6用の2種類があり、それぞれinetとinet6で示されてい

ます。IPv4とIPv6の違いについてはPart 2で扱います。

```
ip addr ·············································ネットワークデバイスのアドレス情報を表示
ip addr show enp0s3 ···················「enp0s3」のアドレスを表示
ip link ·············································ネットワークデバイスのリンク情報を表示
```

※ `ip` コマンドの `addr` は `a`、`link` は `l` と省略可能。

　MACアドレスだけをシンプルに表示するのであれば `ip l` を実行します。`l` は `link` の略で、`l` を指定することでリンク層の情報が表示されます。

```
$ ip l ·············································ネットワークデバイスのリンク情報を表示
1: lo: <LOOPBACK,UP,LOWER_UP> mtu 65536 qdisc noqueue state UNKNOWN mode DEFAULT
group default qlen 1000
    link/loopback 00:00:00:00:00:00 brd 00:00:00:00:00:00
2: enp0s3: <BROADCAST,MULTICAST,UP,LOWER_UP> mtu 1500 qdisc fq_codel state UP
mode DEFAULT group default qlen 1000
    link/ether 08:00:27:20:3c:72 brd ff:ff:ff:ff:ff:ff
```

ifconfigコマンド（macOS、Linux、WSL）

　`ifconfig` で現在使用しているネットワークデバイスの情報が一覧表示されます。「**ether**」の行がMACアドレス、「**inet**」の行がIPアドレスです。

　macOS（実環境）では、仮想デバイスなども含め多数のデバイスが表示されるかもしれません（下記の実行例）。`ifconfig en0` のようにデバイスを指定することで、表示対象を絞れます。macOSでは、イーサネット、Wi-Fi共に「en0、en1…」のような名前で表示されます。

　Linuxの場合、`ip a` 同様、「**enp0s3**」と「**lo**」が表示されます。なお、Ubuntu（WSL含む）で `ifconfig` を使用するには `sudo apt install inet-tools` でインストールする必要があります。

```
% ifconfig ·········································ネットワークデバイスの情報を一覧表示
lo0: flags=8049<UP,LOOPBACK,RUNNING,MULTICAST> mtu 16384
        options=1203<RXCSUM,TXCSUM,TXSTATUS,SW_TIMESTAMP>
        inet 127.0.0.1 netmask 0xff000000
        inet6 ::1 prefixlen 128
        inet6 fe80::1%lo0 prefixlen 64 scopeid 0x1
        nd6 options=201<PERFORMNUD,DAD>
中略
en1: flags=8963<UP,BROADCAST,SMART,RUNNING,PROMISC,SIMPLEX,MULTICAST> mtu 1500
        options=460<TSO4,TSO6,CHANNEL_IO>
        ether 36:67:d2:xx:xx:00
        media: autoselect <full-duplex>
        status: inactive
en0: flags=8863<UP,BROADCAST,SMART,RUNNING,SIMPLEX,MULTICAST> mtu 1500
        options=400<CHANNEL_IO>
        ether 74:8f:3c:xx:xx:7b
        inet6 fe80::dd:f2e3:b140:d917%en0 prefixlen 64 secured scopeid 0xb 以下略
```

ipconfigコマンド・getmacコマンド（Windows）

　ipconfig /all で現在使用しているネットワークデバイスの情報が一覧表示されます。MAC アドレスの表示には **/all** の指定が必要で、指定すると MAC アドレスが「物理アドレス」の行で表示されます。

　現在使用していないネットワークデバイスや、VirtualBox などの仮想デバイスなども表示されるため、表示結果がかなり長くなることがあります。MAC アドレスだけ把握したい場合は **getmac /V** コマンドが便利です。**/V** は詳細な情報を表示する指定で、「**Ethernet**」や「**Wi-Fi**」のような接続名を表示する場合に使用します（小文字で **/v** と指定しても同じ）。

```
>ipconfig /all

Windows IP 構成

   ホスト名. . . . . . . . . . . . . .: winpc
   プライマリ DNS サフィックス . . . . .:
   ノード タイプ . . . . . . . . . . .: ハイブリッド
   IP ルーティング有効 . . . . . . . . .: いいえ
   WINS プロキシ有効 . . . . . . . . . .: いいえ
   DNS サフィックス検索一覧. . . . . . .: flets-east.jp
                                        iptvf.jp

イーサネット アダプター vEthernet (WSL):
中略
イーサネット アダプター イーサネット:

   メディアの状態. . . . . . . . . . . .: メディアは接続されていません
   接続固有の DNS サフィックス . . . . .:
   説明. . . . . . . . . . . . . . . .: Realtek PCIe GbE Family Controller
   物理アドレス. . . . . . . . . . . . .: E4-46-B0-xx-xx-75
   DHCP 有効 . . . . . . . . . . . . .: はい
   自動構成有効. . . . . . . . . . . . .: はい
以下略
>getmac /V


接続名              アダプター         物理アドレス          トランスポート名
==============  ============  ==================  ======================= 後略

Wi-Fi            Intel(R) Wi-Fi  30-89-4A-XX-XX-6C  \Device\Tcpip_{AA8AB2B 後略
イーサネット      Realtek PCIe Gb  E4-46-B0-XX-XX-75  メディアが切断されています
Bluetooth ネッ   Bluetooth Devic  30-89-4A-XX-XX-70  メディアが切断されています
イーサネット 2    VirtualBox Host  0A-00-27-XX-XX-09  \Device\Tcpip_{66F05B8 後略
```

1.3

ネットワーク接続の有無による表示の変化を見よう
状態によって表示が変わる

　ネットワークが使えるときと使えないときで、コマンドの表示がどのように変わるのかを試してみましょう。

　ネットワークの切断にもいくつかの種類があり、「つながらない」ということは共通でも、ipコマンドの実行結果が異なる様子を体験します。設定の変更を伴うので、仮想マシンで実行してください。

▌体験の流れ

　VirtualBox/UTM と Ubuntu の初期設定では、Ubuntu は有線ネットワーク（Ethernet、p.64）でインターネットに接続できます。これにはホスト OS 経由でネットワークに接続する NAT 接続というしくみを使ってます。（NAT、p.166）。

　Ⓐまず、ネットワークがオンの状態で**ip l**や**ip a**を実行し、現在のネットワークインターフェースと IP アドレスの情報を確認しましょう。

　Ⓑ次に、ネットワーク接続をオフにして、**ip l**や**ip a**の実行結果がどうなるかを確認します。「ネットワークの接続をオフにする」にはいくつかの方法がありますが、ここでは 2 種類の方法で試しています。これは、実環境で「ネットワークが繋がらない」というときに、原因がどこにあるのかを推測するのに役立ちます。

▌Ⓐネットワーク接続がオンの状態を確認

　ネットワーク接続が可能な状態、つまり、Part 0 で nc コマンドを使って Web サーバーとやりとりできていたときの状態です。もちろん Firefox（Web ブラウザ）で Web ページを表示することも可能です。

　ip lでは「**enp0s3**」というデバイスが「**08:00:27:20:3c:72**」という MAC アドレスであることがわかります。なお、「**brd**」は**ブロードキャスト**（*broadcast*）の略で、このデバイスは「**ff:ff:ff:ff:ff:ff**」宛のブロードキャストを受け取れるということを示しています。「**ff:ff:ff:ff:ff:ff**」は Ethernet や Wi-Fi で定められているブロードキャストアドレス（ネットワーク内のすべての機器に一斉送信できる特殊なアドレス）です。

　ip aでは enp0s3 に「**10.0.2.15**」という IP アドレスが割り振られていることがわかります。

```
$ ip l                        「ネットワーク接続：オン」の状態でリンク情報を表示
1: lo: <LOOPBACK,UP,LOWER_UP> mtu 65536 qdisc noqueue state UNKNOWN mode DEFAULT
group default qlen 1000
    link/loopback 00:00:00:00:00:00 brd 00:00:00:00:00:00            続く◀
```

```
2: enp0s3: <BROADCAST,MULTICAST,UP,LOWER_UP> mtu 1500 qdisc fq_codel state UP
mode DEFAULT group default qlen 1000
    link/ether 08:00:27:20:3c:72 brd ff:ff:ff:ff:ff:ff
$ ip a ·····························「ネットワーク接続：オン」の状態でIPアドレスを確認
1: lo: <LOOPBACK,UP,LOWER_UP> mtu 65536 qdisc noqueue state UNKNOWN group
default qlen 1000
    link/loopback 00:00:00:00:00:00 brd 00:00:00:00:00:00
    inet 127.0.0.1/8 scope host lo
       valid_lft forever preferred_lft forever
    inet6 ::1/128 scope host
       valid_lft forever preferred_lft forever
2: enp0s3: <BROADCAST,MULTICAST,UP,LOWER_UP> mtu 1500 qdisc fq_codel state UP
group default qlen 1000
    link/ether 08:00:27:20:3c:72 brd ff:ff:ff:ff:ff:ff
    inet 10.0.2.15/24 brd 10.0.2.255 scope global dynamic noprefixroute enp0s3
       valid_lft 82647sec preferred_lft 82647sec
    inet6 fe80::514a:53bd:4b6b:ac81/64 scope link noprefixroute
       valid_lft forever preferred_lft forever
```

❸-1 ネットワーク接続がオフの状態
システムメニューで切断した場合

　システムメニューでネットワークを切断してみましょう。日常生活の中でいうと「意図的に
オフラインにした」という状態です。

　Ubuntuデスクトップの右上に表示されている system menu のネットワークアイコンをク
リックするとドロップダウンメニューが表示されるので、「有線 接続済み」をクリックして「オ
フにする」をクリックします　図A　*2。ネットワーク接続がなくなると system menu のネット
ワークアイコンも非表示になりますが、メニューの「有線 オフ」をクリックして再度接続でき
ます。

図A　　　　ネットワークの接続をオフにする（Ubuntuデスクトップ）

---

*2　「設定」→「ネットワーク」はコマンドラインでgnome-control-center network &を実行することでも開けます。

ネットワークをオフにした状態で改めて **ip a** と **ip l** を実行すると、enp0s3のIPアドレス行（inet、inet6の行）が表示されなくなっています。一方で、MACアドレスは接続の有無では変わらないので **ip a** のlink行や **ip l** の結果は変化しません。また、ループバックインターフェースは仮想的なものなのでloの設定も変化していません。

```
$ ip l ·····························································「ネットワーク接続：オフ」の状態でリンク情報を表示
1: lo: <LOOPBACK,UP,LOWER_UP> mtu 65536 qdisc noqueue state UNKNOWN mode
DEFAULT group default qlen 1000
    link/loopback 00:00:00:00:00:00 brd 00:00:00:00:00:00
2: enp0s3: <BROADCAST,MULTICAST,UP,LOWER_UP> mtu 1500 qdisc fq_codel state UP
mode DEFAULT group default qlen 1000
    link/ether 08:00:27:20:3c:72 brd ff:ff:ff:ff:ff:ff
$ ip a ·····························································「ネットワーク接続：オフ」の状態でアドレスを確認
1: lo: <LOOPBACK,UP,LOWER_UP> mtu 65536 qdisc noqueue state UNKNOWN group
default qlen 1000
    link/loopback 00:00:00:00:00:00 brd 00:00:00:00:00:00
    inet 127.0.0.1/8 scope host lo
       valid_lft forever preferred_lft forever
    inet6 ::1/128 scope host
       valid_lft forever preferred_lft forever
2: enp0s3: <BROADCAST,MULTICAST,UP,LOWER_UP> mtu 1500 qdisc fq_codel state UP
group default qlen 1000
    link/ether 08:00:27:20:3c:72 brd ff:ff:ff:ff:ff:ff
    ←inetの情報が表示されない
```

❸-2 ネットワーク接続がオフの状態
デバイスを無効にした場合

続いて、コマンド操作でenp0s3を無効にしてみます。管理者権限が必要となるため、**sudo**（p.14）と組み合わせた上で **ip link set enp0s3 down** とします。表示の際と同様、**link** は **l** と省略できます。**sudo** コマンドがパスワード入力を促したら、ログイン時のパスワードを入力してください。

```
sudo ip link set enp0s3 down·············enp0s3を無効化する
sudo ip link set enp0s3 up···············enp0s3を有効化する
```

※ **ip** コマンドの **link** は **l** と省略可能。

上記コマンドで「down」にした状態で **ip l** や **ip a** を実行すると、一見先ほどと同じような内容に見えますが、「**state**」部分が「**UP**」から「**DOWN**」に変化しています。また、インターフェース名（enp0s3）に続くインターフェースフラグの部分も「**<BROADCAST,MULTICAST,UP,LOWER_UP>**」から「**<BROADCAST,MULTICAST>**」」に変化しており、やはり、DOWNになっていることがわかります。

日常の中でこのようになるのは、デバイスを追加した直後で有効化するための設定や操作をしていない、あるいは適切なドライバー（ハードウェアをOSから操作可能な状態にするためのソフトウェア）がインストールされていない、ケーブルが抜けている、などのケースが考えられます。

```
$ sudo ip l set enp0s3 down
$ ip l
1: lo: <LOOPBACK,UP,LOWER_UP> mtu 65536 qdisc noqueue state UNKNOWN mode 後略
    link/loopback 00:00:00:00:00:00 brd 00:00:00:00:00:00
2: enp0s3: <BROADCAST,MULTICAST> mtu 1500 qdisc fq_codel state DOWN mode 後略
    link/ether 08:00:27:20:3c:72 brd ff:ff:ff:ff:ff:ff
$ ip a
1: lo: <LOOPBACK,UP,LOWER_UP> mtu 65536 qdisc noqueue state UNKNOWN group 後略
    link/loopback 00:00:00:00:00:00 brd 00:00:00:00:00:00
    inet 127.0.0.1/8 scope host lo
       valid_lft forever preferred_lft forever
    inet6 ::1/128 scope host
       valid_lft forever preferred_lft forever
2: enp0s3: <BROADCAST,MULTICAST> mtu 1500 qdisc fq_codel state DOWN group 後略
    link/ether 08:00:27:20:3c:72 brd ff:ff:ff:ff:ff:ff
```
←inetの情報が表示されない

　今回はUbuntuのGUIツールとipコマンドでネットワーク接続の状態変更を試しましたが、このほか、Linuxではネットワーク接続を管理するのにNetworkManagerというソフトウェアが使用されていることがあります。NetworkManager用のコマンドである**nmcli**では、**nmcli networking off**でネットワーク全体を切断することが可能であるほか、複数の設定ファイルを切り替えて使用するという運用も可能です。

　nmcliでネットワークをオフにするとデスクトップの「設定」→「ネットワーク」からはネットワークの制御ができなくなります。**nmcli networking on**で有効な状態に戻せます。

後始末

　テストが終わったら、ネットワークの状態を元に戻してください。以下のように❶**ip l**で**up**にして、❷右上のsystem menuで「有線」で「接続」をクリックします（p.71）。ここでの設定変更はシステムに保存されていないので、Ubuntuの再起動でも元に戻ります。

❶ネットワークデバイスを有効にする

```
$ sudo ip l set enp0s3 up ············ デバイスを有効にする
```

❷ネットワークデバイスを接続する
system menuで「有線」で「接続」をクリックする

1.4

MACアドレスを解決するARPとNDP
IPアドレスからMACアドレスを知る

TCP/IPでは、通常、通信相手を指定する際にIPアドレスを使用しますが、実際に電気信号を届けるにはリンク層のアドレスであるMACアドレスが必要です。

IPアドレスに対応するMACアドレスを見つけることをアドレス解決といい、IPv4ではARP（*Address Resolution Protocol*）というプロトコルが使われています。IPv6ではNDPを使用します。

ARPは一斉送信でアドレスを尋ねる

通信を行いたい機器は、ローカルネットワーク全体へ向けて「このIPアドレスの所有者は誰？」という問い合わせを投げかけます。これを**ARP要求パケット**（*ARP request packet*）と言います。ネットワーク全体への通信は**ブロードキャスト**（*broadcast*）と呼ばれます。

ブロードキャストを受け取った機器は、そのIPアドレスが自分ではなければ無視し[*3]、自分のIPアドレスの場合はIPアドレスとMACアドレスをセットにして送信元に返します。これを**ARP応答パケット**（*ARP reply packet*）と言います　**図A**　。

IPテーブルとMACアドレスの対応は**ARPテーブル**（*ARP table*）としてメモリ内に一時的に保存され、一定時間が経つと破棄されるのが一般的です。

図A　ARP要求パケットとARP応答パケット

問い合わせが全員に送られる
＝ARP要求パケット

15番さんどこー？
15番さんどこー？
15番さんどこー？
15番さんどこー？
…
…

私です！
MACアドレスはXX

該当する機器が返信を送る
＝ARP応答パケット

＊3　ARPテーブルを管理しているルーターが代わりに応えることもあります。これをプロキシARP（*Proxy ARP*、代理ARP）と言います。

NDPはインターネット層の近隣探索機能でアドレスを知る

IPv6では、IPv6アドレスからMACアドレスを取得するのに**NDP**（*Neighbor Discovery Protocol*、近隣探索プロトコル）を使用します。

IPv4のARP要求に相当するのが**近隣者要請**（*Neighbor Solicitation*、NS）で、MACアドレスを知りたい場合にブロードキャストされます。近隣者要請への応答が**近隣者広告**（*Neighbor Advertisement*、NA）で、IPv4のARP応答に相当します。IPv6アドレスとMACアドレスの対応は**近隣キャッシュ**（*Neighbor Cache*）に一次保存されます。

ARPがリンク層のプロトコルであるのに対し、NDP自体はインターネット層のプロトコルで、アドレス解決のほかにルーターの検出やアドレスを設定する機能があります。

ip neigh（ip n）／arp
IPアドレスとMACアドレスの対応を管理する

Linuxでは**ip**コマンド、macOSとWindowsでは**arp**コマンドで、ARPテーブルの表示や変更を行えます。**arp**は古くから使われているコマンドで、以前はLinuxでも使われていましたが、現在は**ip**コマンドへの移行が進んだためUbuntuにはインストールされていません。

```
Linux
ip neigh ······················································ARPテーブル／近隣キャッシュを表示する
Windows
arp -a ·····························································ARPテーブルを表示する
netsh interface ipv6 show neighbors ········近隣キャッシュを表示する
macOS
arp -a ·····························································ARPテーブルを表示する
ndp -a ·····························································近隣キャッシュを表示する
```

※ **ip**コマンドの**neigh**は**n**と省略可能。

ipコマンドでARPテーブルを表示するには**ip n**と実行します。**n**は**neighbor**の略で、**ip neigh**と指定することもできます。好みによって適宜省略してください。

最初にIPアドレスが表示されており、「**dev** `デバイス名`」でそのIPアドレスとの通信に使われるデバイスが示されます。「**lladdr**」（*Link Layer Address*）部分がMACアドレスで、IPアドレスが割り当てられている機器のMACアドレスが表示されます。最後に表示されている「**REACHABLE**」は直近でアクセスされ、現在も使用可能であることを、「**STALE**」は新鮮ではない、つまり、最後に取得してからしばらく時間が経過していることを表しています。

```
$ ip n
10.0.2.1 dev enp0s3 lladdr 52:54:00:12:35:00 REACHABLE
  ↑10.0.2.1に対応するMACアドレス（10.0.2.1はVirtualBoxによるルーター）
  REACHABLEなのでアクセスしたばかりだと思われる
10.0.2.3 dev enp0s3 lladdr 08:00:27:6a:69:02 STALE
fe80::5054:ff:fe12:3500 dev enp0s3 lladdr 52:54:00:12:35:00 router STALE
  ↑IPv6のIPアドレス（Part 2）が割り当てられている。MACアドレスが共通なので10.0.2.1と同じデバイス
```

※ **10.0.2.1**はVirtualBoxのルーター、**10.0.2.3**はDHCPサーバーで、表示されるMACアドレスは実行環境によって異なる。

1.5

2台でやりとりできる仮想マシン環境を作ろう

VirtualBox/UTM

　ここからは2つの仮想マシンを使い、仮想マシン同士での通信を観察します。複数の仮想マシンによる実験はPart 2以降でも使用します。VirtualBox/UTMともに仮想環境のクローン（コピー）を作成することで仮想マシンを増やせます。

［準備］Windows（VirtualBox）

　これまでの仮想マシンで使用していたネットワークアダプター（仮想ネットワークデバイス）は「NAT」でしたが、仮想マシン同士で通信を行う場合は「NATネットワーク」を使用する必要があります*4。

■NATネットワーク用のデバイスを作成する
❶VirtualBoxマネージャーの「ファイル」→「ツール」→「Network Manager」を開き、
❷「NAT Networks」タブで「作成」をクリックする（次ページの **図A**）
❸作成された仮想デバイスをクリックして「Enable IPv6」にチェックマークを入れて、「IPv6プレフィックス:」に「**fd17:625c:f037:2::/64**」を入力、IPv6デフォルトルートのアドバタイズ」にチェックマークを入れる
❹「適用」をクリックする

■仮想マシン（1台目）の設定を「NATネットワーク」に変更する
❶次ページの **図A** を参考に、仮想マシン（1台目）の「ネットワーク」を開き、「アダプター1」の割り当てを「NATネットワーク」にする（次ページの **図B** ）

　これでNATネットワークが使用可能になりました。続いて、仮想マシンを増やすため、以下の手順で仮想環境のクローンを作成します。
　クローン元の仮想マシンは電源オフの状態になっている必要があるため、Ubuntu1が動作中の状態になっている場合はシャットダウンしてください。なおクローンではなく、新規で仮想マシンを作成しても問題ありません。

---

*4　VirtualBoxのネットワーク設定について、VirtualBoxの「NAT」はゲストOSからホストOS、ゲストOSからインターネット接続のみが可能で、ホストOS→ゲストOS、ゲストOS同士の接続ができないようになっています。NATネットワークの場合、ホストOS→ゲストOSやゲストOS同士の通信が可能です。標準で用意されている「ブリッジ」でも可能ですが、ブリッジの場合は実環境と同じネットワークを使用することから、テスト用に変更した設定が実環境に影響する可能性があるため、本書の学習では推奨しません。

図A　　NATネットワーク用のデバイスを作成する（VirtualBox）

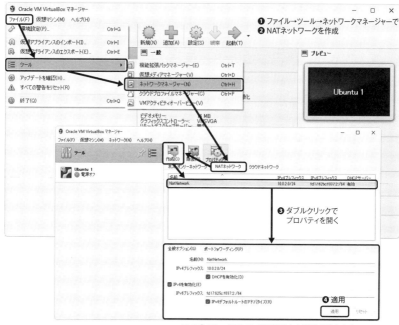

IPv4プレフィックスとIPv6の設定（本文参照）を設定する

※ 詳細はサポートページを参照。

図B　　仮想マシンのネットワークを「NATネットワーク」に変更する（VirtualBox）

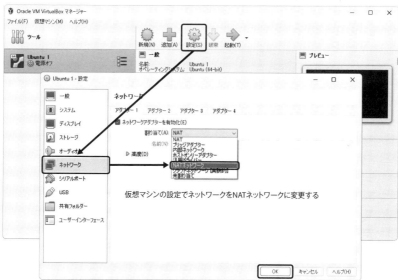

仮想マシンの設定でネットワークをNATネットワークに変更する

※ 詳細はサポートページを参照。

❸仮想マシン（1台目）のクローンを作成する

❶仮想マシンリストでUbuntu1を選択して、「仮想マシン」→「クローン」を選択する　**図C**

❷MACアドレスの重複を避けるため、MAC Address Policyで「すべてのネットワークアダプターでMACアドレスを生成」を選択する

❸クローンのタイプは「リンクしたクローン」を選択する

図C　　仮想マシンのクローンを作成する（VirtualBox）

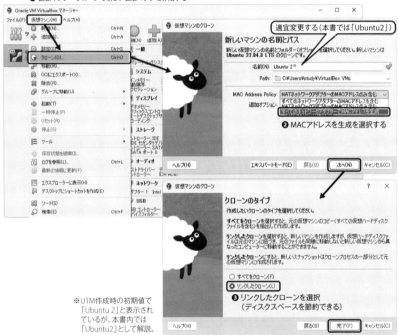

❶ 仮想マシン→クローンで新しい仮想マシンを作成する

※UTM作成時の初期値で「Ubuntu 2」と表示されているが、本書内では「Ubuntu2」として解説。

　クローンの作成は、仮想マシンのファイルをコピーして作成する「すべてをクローン」と、クローン元のファイルを利用する「リンクしたクローン」の2種類がありますが、今回の目的の場合「リンクしたクローン」で問題ありません。これはスナップショット（仮想マシンの状態を保存する機能）のように、新しいマシンが作成元のファイルからの差分という形で作成されるのでディスクスペースの節約となります。ほかは画面の指示に従って作成してください。

　リンクしたクローンを作成すると「Ubuntu1 と Ubuntu2 を基準にリンクする」という名前のスナップショットが作成されます。このスナップショットを削除するとクローンの仮想マシン（Ubuntu2）が使用できなくなるのでそのまま残してください。スナップショットにはその時点での仮想マシンの状態が保存されています。スナップショットは任意のタイミングで追加できます。

❹2台目の仮想マシンを起動してホスト名（コンピューターの名前）を変更する

　今回はまだ使用しませんが、今後、ホスト名を使って**ping**などの操作を行うので、ホスト名を変更します。端末で以下のコマンドを実行して名前を変更してください。なお、プロン

プトの表示は端末を開き直すと反映されます。

```
sudo hostnamectl set-hostname 新しいホスト名
```

本書では、1台目のホスト名をubuntu1、2台目をubuntu2としています。

```
$ sudo hostnamectl set-hostname ubuntu
[sudo] study のパスワード：‥‥‥‥‥Ubuntuのパスワードを入力して Enter
$   実行結果はとくに表示されない
```

※ Ubuntuを起動して端末で実行。端末を開き直すとプロンプトが「 ユーザー名 @ubuntu2」に変わる。

[準備]macOS(UTM)

UTMの複製機能で新しい仮想マシンを作成します。

複製に先立ち、ネットワークアドレスを本文に合わせて変更します。複製や設定変更を行うには仮想マシンをシャットダウンしておく必要があります。

■仮想マシンのネットワークアドレスを変更する

必須の操作ではありませんが、ネットワークアドレスを本書の実行例に合わせて変更します。ここでは、ゲストネットワークのアドレスを「**10.0.2.0/24**」、DHCP割り当て開始アドレスを「**10.0.2.1**」、終了アドレスを「**10.0.2.254**」にしています **図D** 。

図D 　仮想マシンのネットワークアドレスを変更する(UTM)

設定→「ネットワーク」で詳細設定を表示してゲストネットワークのアドレスを設定(任意)

※ DHCP割り当て開始アドレス(ここでは10.0.2.1)がルーター兼DHCPサーバーのアドレスになる。

■仮想マシン(Ubuntu)のクローンを作成する

❶仮想マシンを選択して複製ボタンをクリック→「すべて複製しますか？」の確認メッセージが出るので「はい」で複製(次ページの **図E**)

❷MACアドレスの重複を避けるため、設定アイコンをクリックし「ネットワーク」でMACアドレスの「ランダム」をクリックして「保存」

図E 仮想マシンを複製する（UTM）

❶ 仮想マシンを選択して複製ボタンで仮想マシンを複製する

❷ 複製した仮想マシンを選択して設定ボタンで名前を適宜変更し、
ネットワークでMACアドレスを変更

❸Ubuntuを起動してホスト名（コンピューターの名前）を変更する

今回まだ使用しませんが、今後、ホスト名を使ってpingなどの操作を行うので、ホスト名を変更します。端末で以下のコマンドを実行して名前を変更してください。なお、プロンプトの表示は端末を開き直すと反映されます。

本書では、1台目のUbuntuをubuntu1、2台目をubuntu2としています。

```
$ sudo hostnamectl set-hostname ubuntu2
[sudo] study のパスワード：……………Ubuntuのパスワードを入力してEnter
$   実行結果はとくに表示されない
```

※ Ubuntuを起動して端末で実行。端末を開き直すとプロンプトが「 ユーザー名 @ubuntu2」に変わる。

1.6

WiresharkでARPのやりとりを表示してみよう
IPv4のパケットを観察

WiresharkでARPのやりとりを観察してみましょう。ここでは仮想環境のUbuntuを2つ使い、ping実行前後でARPテーブルがどう変化するかを確認し、続いてWiresharkでパケットを観察します。

これから試す内容の流れ（ARP）

実際にWiresharkでARPのやりとりを観察してみましょう。
先ほど用意した仮想マシン2つで、下記の2つを行います。

> **Ⓐ** pingを実行して、ping実行前後のARPテーブルの内容を確認する
> **Ⓑ** **Ⓐ**を実行している際のパケットをWiresharkで表示する

まず、**ip a**コマンドでIPアドレスとMACアドレスを確認し、**ip n**で現状のARPテーブル／近隣キャッシュを確認します。続いて、**ping**コマンドで通信を行い、**ip n**コマンドでping実行後のARPテーブルを確認します。操作内容と実行結果を把握したら、改めてWiresharkでパケットを確認しながら一連のコマンドを実行します **図A** 。

図A ARP名前解決を観察しよう（**ip, ping**）

本書で使用しているIPアドレス※		テスト環境のIPアドレス （**ip l, ip a**で確認。本文を参照）	
Ubuntu1 IPアドレス MACアドレス	10.0.2.15 08:00:27:20:3c:72	**Ubuntu1** IPアドレス MACアドレス	…… 空欄は読者の方々の 環境のメモに活用可能 （IPアドレス等）
Ubuntu2 IPアドレス MACアドレス	10.0.2.4 08:00:27:82:bf:df	**Ubuntu2** IPアドレス MACアドレス	

※Ubuntu1（1台目のUbuntu）、Ubuntu2（2台目のUbuntu）ともにNATネットワークを使用。

Ubuntu1 で実行するコマンド	Ubuntu2 で実行するコマンド
現在のARPテーブルをクリア `$ sudo ip n flush all` `$ ip n`（現状を表示、Ubuntu2の情報がないことを確認）	
	Ubuntu1へping `$ ping -c 1 10.0.2.15`
改めてARPテーブルを確認 `$ ip n`	

> **Ⓐ** まずコマンドの手順の結果を確認して
> **Ⓑ** Wiresharkを見ながら観察
> Wiresharkは両方で実行して見比べてみよう

なお、本節では**ip**コマンドでIPv6の情報を省略させるため、実行例では**-4**オプションを使いIPv4の結果だけを表示しています。

［準備］IPアドレスとMACアドレスの確認

　まず、**ip l** と **ip a** で Ubuntu1 と Ubuntu2 それぞれの IP アドレスと MAC アドレスを確認しておきます。本書で使用している環境は下記のとおりです。ご自身のテスト環境での結果に合わせて適宜読み替えてください。

● Ubuntu1 のアドレス（**ip a** で確認）

```
IPアドレス  10.0.2.15
MACアドレス  08:00:27:20:3c:72
```

● Ubuntu2 のアドレス（**ip a** で確認）

```
IPアドレス  10.0.2.4
MACアドレス  08:00:27:82:bf:df
```

● Ubuntu1 で実行（Ubuntu2 でも同様に実行して確認しておく）

```
u1$ ip l
1: lo: <LOOPBACK,UP,LOWER_UP> mtu 65536 qdisc noqueue state UNKNOWN mode DEFAULT
group default qlen 1000
    link/loopback 00:00:00:00:00:00 brd 00:00:00:00:00:00
2: enp0s3: <BROADCAST,MULTICAST,UP,LOWER_UP> mtu 1500 qdisc fq_codel state UP
mode DEFAULT group default qlen 1000
    link/ether 08:00:27:20:3c:72 brd ff:ff:ff:ff:ff:ff
u1$ ip -4 a·····················Ubuntu1のIPアドレスを確認する
1: lo: <LOOPBACK,UP,LOWER_UP> mtu 65536 qdisc noqueue state UNKNOWN group
default qlen 1000
    inet 127.0.0.1/8 scope host lo
       valid_lft forever preferred_lft forever
2: enp0s3: <BROADCAST,MULTICAST,UP,LOWER_UP> mtu 1500 qdisc fq_codel state UP
group default qlen 1000
    inet 10.0.2.15/24 brd 10.0.2.255 scope global dynamic noprefixroute enp0s3
       valid_lft 403sec preferred_lft 403sec
·········    ↑Ubuntu1はMACアドレス「08:00:27:20:3c:72」、IPアドレス「10.0.2.15」 ※
```

※ クローンで作成した直後の環境の場合、IPアドレスが振られていないことがある。enp0s3 あるいは enp0s1 に inet の行がない場合は Ubuntu デスクトップ右上のメニューから再起動する。

❹ping実行前後で ip n の実行結果がどう変化するか確認する

　まず、ARP テーブルの変化を確認してみましょう。ここでは、仮想マシンをそれぞれ「Ubuntu1」「Ubuntu2」と記載します。

　Ubuntu1 と Ubuntu2 それぞれで端末を開き、**ip a** と **ip n** を実行します。**n** は **neighbor** の略で、**ip n** で現在の ARP テーブルが表示されます。この時点だと、何も表示されないか、ルーター（Part 2）のアドレスのみが表示されます。VirtualBox の場合、NAT 用のルーターである **10.0.2.1** のほか、DHCP サーバー（p.114）の **10.0.2.3** が表示されます。UTM の場合、ルーターは **10.0.2.15** です。また、IPv6 のルーターの場合、「 アドレス dev デバイス lladdr MACアドレス

router STALE」のように示されます。ほかのアドレスが表示される場合は、いったん **sudo ip n flush all** でクリアすると動作がわかりやすくなります。

```
sudo ip neigh flush all ············ARPテーブルをクリアする
ip neigh··························ARPテーブルを確認する ※
ping -c 1 Ubuntu1のIPアドレス ··········Ubuntu1にping
ip neigh··························ARPテーブルを確認する（ping送信先の情報が追加される）
```

※ **ip** コマンドの **neigh** は **n** と省略可能。ARPテーブルと近隣キャッシュの両方が対象となる。**-4** オプションでIPv4の情報に限定できる。

```
確認用。Ubuntu1、Ubuntu2それぞれで実行する
$ sudo ip n flush all ············状態の変化を確認したいためいったんクリアする
$ ip n·······················現在のARPテーブル／近隣キャッシュを確認
                                 クリアした直後なので何も表示されない ※
```

※ 定期的にルーター（Part 2）やDHCPサーバー（p.114）への問い合わせが行われているため、実行のタイミングによっては **10.0.2.1 dev 〜** や **fe80::〜 router STALE** のような行が表示されることがある。

　次に、IPアドレスで相手を指定して通信するコマンドとして、**ping** を実行してみます。IPアドレスを確認するため、Ubuntu1で **ip a** を実行して表示を確認し、Ubuntu2で **ping -c 1** Ubuntu1のIPアドレス を実行します。**-c 1** はパケットを1回送信して終了させるという意味です。以下の実行例では「**10.0.2.15**」ですが、実際に試すときはUbuntu1での **ip a** で表示されたアドレスを使用してください[5]。

```
Ubuntu2で実行
u2$ ping -c 1 10.0.2.15 ············Ubuntu1へのping
PING 10.0.2.15 (10.0.2.15) 56(84) bytes of data.
64 bytes from 10.0.2.15: icmp_seq=1 ttl=64 time=3.86 ms

--- 10.0.2.15 ping statistics ---
1 packets transmitted, 1 received, 0% packet loss, time 0ms
rtt min/avg/max/mdev = 3.858/3.858/3.858/0.000 ms
```

　改めて **ip n** を実行すると、それぞれ通信相手の情報が追加されています。定期的にルーターへの問い合わせが行われているため、実行のタイミングによっては **10.0.2.1 dev 〜** や **fe80::5054:ff:〜 router STALE** のような行が表示されることがありますが、ここでは、pingの送信元と送信先のアドレスに着目してください。

```
u1$ ip n ·······················現在のARPテーブル／近隣キャッシュを確認
10.0.2.4 dev enp0s3 lladdr 08:00:27:6a:69:02 REACHABLE
↑pingの送信元（ここでは10.0.2.4）の情報が加わっている
```

[5] 注意 IPアドレスやMACアドレスが2台とも同じ値になっている場合、片方のMACアドレスを変更する必要があります。これは、VirtualBoxで仮想マシンのクローンを作成した際に「すべてのネットワークアダプターでMACアドレスを生成」を選択しなかった場合に発生します。片方のUbuntuの電源をオフにして、「仮想マシンの設定」→「ネットワーク」でアダプター1（NATネットワークを選択しているアダプター）の「Advanced」にて、MACアドレスの右側にある更新アイコンをクリックすることで新たなMACアドレスを設定し直せます。UTMの場合も同様に仮想マシンの電源をオフにして「仮想マシンの設定」→「ネットワーク」でMACアドレスの右側にある「ランダム」ボタンをクリックしてください。異なるMACアドレスが設定されていれば異なるIPアドレスが自動的に割り当てられますが（DHCP、p.114）、手動でIPアドレスを設定する場合は重複しないようにする必要があります。

```
u2$ ip n                           現在のARPテーブル／近隣キャッシュを確認
10.0.2.15 dev enp0s3 lladdr 08:00:27:20:3c:72 REACHABLE
```
pingの送信先（ここでは10.0.2.15）の情報が加わっている

❸ARPのパケットをWiresharkで表示する

`ping`前後で`ip n`の結果がどのように変化するか把握したところで、Wiresharkではどのように表示されるか確認しましょう。操作内容を明確にするため、先に`sudo ip n flush all`でキャッシュをクリアしてから、`ip n`および`ping`を実行します。

Ubuntu1、Ubuntu2でWiresharkを起動し、デバイス enp0s3（UTMの場合はenp0s1）を選択します。デバイス選択の基準はp.30を参考にしてください。その状態で下記のコマンドを実行します。

確認用。Ubuntu1、Ubuntu2それぞれで実行する
```
u2$ sudo ip n flush all            状態の変化を確認したいためいったんクリアする
u2$ ip n                           現在のARPテーブル／近隣キャッシュを確認
                                   クリアした直後なので何も表示されない※
```

※ 定期的にルーター（Part 2）やDHCPサーバー（p.114）への問い合わせが行われているため、実行のタイミングによっては10.0.2.1 dev ～やfe80::5054:ff:～ router STALEのような行が表示されることがある。

`ip n`の実行ではパケットが流れないので、Wiresharkには何も表示されません。ただし、バックグラウンドで実行されているほかの通信、たとえばmDNS（ローカル環境用の名前解決、Part 4）、NTP（時刻合わせ）などのやりとりは表示されるかもしれません。画面表示をいったんクリアしたい場合は、Ctrl+Rで再キャプチャ（ツールバー3つめのアイコン）を行うと良いでしょう。キャプチャしたパケットを保存するかを確認するメッセージが表示されるので「保存せずに続ける(w)」をクリックして続行してください。

続いて、先ほどと同じように、Ubuntu2で`ping -c 1` Ubuntu1のIPアドレス を実行します。

```
u2$ ping -c 1 10.0.2.15            Ubuntu2からUbuntu1へ向けてpingを実行
PING 10.0.2.15 (10.0.2.15) 56(84) bytes of data.
64 bytes from 10.0.2.15: icmp_seq=1 ttl=64 time=7.18 ms

--- 10.0.2.15 ping statistics ---
1 packets transmitted, 1 received, 0% packet loss, time 0ms
rtt min/avg/max/mdev = 7.179/7.179/7.179/0.000 ms
```

改めてUbuntu1、Ubuntu2それぞれで`ip n`を実行すると、お互いのIPアドレスが表示されます。

Wiresharkの画面では、ARPプロトコルとICMPプロトコルがキャプチャされています。実行のタイミングによってほかのパケットもキャプチャされているかもしれませんが、Protocol欄の「ARP」と「ICMP」を手がかりにして探してみましょう。次ページの 図B の内容が表示されていることが確認できるはずです。なお、IPアドレスとMACアドレスはご自身の環境の値で読み替えてください。

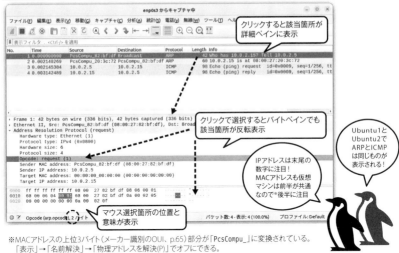

※MACアドレスの上位3バイト（メーカー識別のOUI、p.65）部分が「PcsCompu_」に変換されている。
「表示」→「名前解決」→「物理アドレスを解決(P)」でオフにできる。

パケットの内容はリストペインの右側の「Info」に概要が示されているほか、詳細ペインに詳しい内容が表示されています。実際に送受信されているのはバイトペインに表示されている内容で、通常、1バイト目は何、2バイト目は何、というように内容が決められています。

たとえば **図B** のNo.1「ARP要求パケット」部分は、全体のサイズはリストペインの「Length」欄にある42バイトで、内訳はEthernetヘッダーが14バイト、ARP要求パケット28バイトとなっています。パケットの本体部分、実際に伝えたい内容の部分は**ペイロード**（payload）と呼ばれます。ARP用の枠組みという意味でARPフレーム（ARP frame）と呼ばれることもあります。**図B** のARP要求パケットを図にすると次のようになります **図C** 。

図C　ARP要求パケット

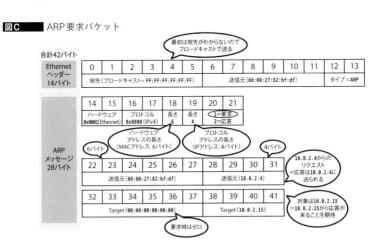

Wiresharkでは、詳細ペインの各行にマウスポインタを合わせると、バイトペインの該当箇所がハイライト表示になります。

ARPパケットは、Ethernetフレーム（Ethernetのパケット、p.93）の最小サイズ（64バイト）に満たないため、ダミーのデータが追加されます。これをパディング（*padding*）と言います。パディングが追加されるタイミングとWiresharkがキャプチャするタイミングの影響で、実行例ではARP要求パケットの方にはパディングが表示されていません。また、パケットの末尾には通信中のデータ誤りをチェックするためのFCSフィールド（フレームチェックシーケンス、パケットの末尾に付く4バイト）も存在しますが、こちらも表示されないため、本書の実行例では「Ethernetヘッダー14バイト＋ARPパケット24バイト＋パディング22バイト＋FCSフィールド4バイト」計64バイトのうち、42バイトまたはパディングを含めた60バイトが表示されている、ということになります。

図B のWiresharkの画面でARP要求パケットに続いて表示されているARP応答パケットの内容は **図D** のようになっています。

図D ARP応答パケット

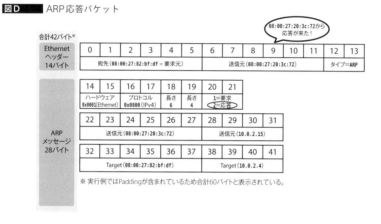

※ 実行例ではPaddingが含まれているため合計60バイトと表示されている。

ARP要求パケットとARP応答パケットをまとめると **表A** のようになります。

表A ARPパケット（28バイト）

意味	サイズ	ARP要求パケット 実行例での内容	ARP応答パケット 実行例での内容
ハードウェアタイプ	2バイト	Ethernet	Ethernet
プロトコルタイプ	2バイト	IPv4	IPv4
ハードウェアアドレスの長さ	1バイト	6（MACアドレスの長さ）	6（MACアドレスの長さ）
プロトコルアドレスの長さ	1バイト	4（IPv4アドレスの長さ）	4（IPv4アドレスの長さ）
操作コード（要求=1、応答=2）	2バイト	1（要求）	2（応答）
送信元MACアドレス	6バイト	Ubuntu2のMACアドレス	Ubuntu1のMACアドレス
送信元IPアドレス	4バイト	Ubuntu2のIPアドレス	Ubuntu1のIPアドレス
宛先MACアドレス（要求時は0）	6バイト	ブロードキャスト	Ubuntu2のMACアドレス
宛先IPアドレス	4バイト	Ubuntu1のIPアドレス（このIPアドレスに対応するMACアドレスを知りたい）	Ubuntu2のIPアドレス

Wiresharkでパケットダイアグラムを表示する

パケットの構造を表した図を**パケットダイアグラム**(*packet diagram*)と言います。RFC文書でも、一部のプロトコルはパケットダイアグラムでプロトコルの仕様を説明しています **図a** 。

図a パケットダイアグラムで仕様を説明しているRFC

「RFC 792 INTERNET CONTROL MESSAGE PROTOCOL (ICMP) の Echo or Echo Reply Message」
URL https://datatracker.ietf.org/doc/html/rfc792

Wiresharkでもパケットダイアグラムを表示できます **図b** 。画面表示は「編集」→「設定」の「外観」セクションで▶をクリックすると表示される「レイアウト」で設定します。パケット一覧とパケット詳細とパケットダイアグラムを組み合わせると次のような表示になります。パケットバイト列はダブルクリックで表示する詳細画面で確認できます。

図b Wiresharkでパケットダイアグラムを表示

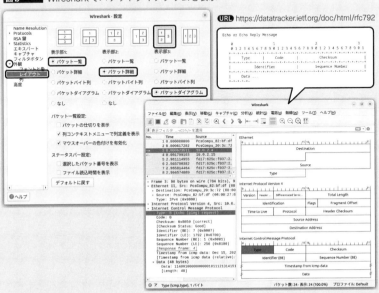

1.7

WiresharkでNDPのやりとりを表示してみよう
IPv6のパケットを観察

同様に、NDPのパケットもWiresharkで表示してみましょう。

コマンド操作は共通ですが、途中のpingコマンドでIPv6を使用する点が異なります。ARPと対比するためPart1で取り上げましたが、NDPはインターネット層のパケットです。どのように違うのかも観察してみてください。

これから試す内容について
NDP

試す内容は1.6節と同じです。先ほど用意した仮想マシン2つで、**Ⓐ**「pingを実行して、ping実行前後のNDPテーブルの内容を確認する、**Ⓑ**「**Ⓐ**を実行している際のパケットをWiresharkで表示する」の2つを行います。操作の流れは1.6節とまったく同じで、ping実行の際にIPv6アドレスを指定する点だけが異なります。

まず、**ip a**コマンドでIPアドレスとMACアドレスを確認し、**ip n**で現状のARPテーブル/近隣キャッシュを確認します。続いて、**ping**コマンドで通信を行い、**ip n**コマンドで**ping**実行後のARPテーブルを確認します。操作内容と実行結果を把握したら、改めてWiresharkでパケットを確認しながら一連のコマンドを実行します。

なお、**ip**コマンドでIPv6の情報だけを表示したい場合は**-6**オプションを使い**ip -6 n**や**ip -6 a**のように指定します。本節ではIPv4もある方が実行環境がわかりやすくなるため**-6**を指定せずに実行しています。

［準備］IPアドレスとMACアドレスの確認

まず、**ip l**と**ip a**でUbuntu1とUbuntu2それぞれのIPアドレスとMACアドレスを確認しておきます。本書で使用している環境は下記のとおりです。ご自身のテスト環境での結果に合わせて適宜読み替えてください。

実行例で使用するIPv6のアドレスは以下のとおりです。テスト環境で実行する際は、IPv6のアドレスはコピー＆ペーストで入力します。

●Ubuntu1のアドレス（**ip a**で確認）

```
IPv6アドレス※···································fd17:625c:f037:2:4297:d80:544:957a
MACアドレス·········································08:00:27:20:3c:72
```

※ **ip a**の**inet6**で表示される値で、複数表示されている場合は**fd**で始まる値であればどれでも使用可能。本書では一つめの値を使用。**ping**で指定する際には画面からのコピー＆ペーストで入力可能（本文参照）。

● Ubuntu2のアドレス（**ip a**で確認）

IPv6アドレス	⋯⋯⋯⋯⋯⋯⋯⋯⋯⋯⋯⋯⋯fd17:625c:f037:2:21bb:14c1:3a83:731c
MACアドレス	⋯⋯⋯⋯⋯⋯⋯⋯⋯⋯⋯⋯⋯⋯⋯⋯⋯⋯08:00:27:82:bf:df

❹ping実行前後で**ip -n**の実行結果がどう変化するか確認する

まずは先ほどと同じ内容を実行してみましょう。

Ubuntu1、Ubuntu2それぞれで**ip n**を実行します。今回着目するのはIPv6の情報が表示されている「**inet6**」の行です。ここで「**fd17:625c:f037:2～**」のように書かれているのがIPv6のアドレスです。

ip nの方は、実行タイミングによって変化しますが、「**10.0.2.1**」や「**fe80::**」で始まるrouterの行が追加されているかもしれません。

```
sudo ip neigh flush all ⋯⋯⋯⋯⋯⋯⋯⋯近隣キャッシュをクリアする※
ip neigh ⋯⋯⋯⋯⋯⋯⋯⋯⋯⋯⋯⋯⋯⋯近隣キャッシュを確認する
ping -c 1 ┃Ubuntu1のIPv6アドレス┃ ⋯⋯⋯⋯⋯⋯⋯Ubuntu1にping
ip neigh ⋯⋯⋯⋯⋯⋯⋯⋯⋯近隣キャッシュを確認する（ping送信先の情報が追加される）
```

※ **ip**コマンドの**neigh**は**n**と省略可能。ARPテーブルと近隣キャッシュの両方が対象となる。

まず、近隣キャッシュをクリアして、**ping**前の状態を確認しておきます。

```
$ sudo ip n flush all ⋯⋯⋯⋯⋯⋯⋯⋯近隣キャッシュをクリアする
$ ip n ⋯⋯⋯⋯⋯⋯⋯⋯⋯⋯⋯現在のARPテーブル／近隣キャッシュを確認
                             何も表示されない※
```

※ 定期的にルーター（Part 2）やDHCPサーバー（p.114）への問い合わせが行われているため、実行のタイミングによっては**10.0.2.1 dev ～**や**fe80::～ router STALE**のような行が表示されることがある。

続いて**ping**を実行します。

pingに限らず、IPv6で通信相手を指定したい場合にはホスト名（たとえばubuntu2）で指定するのが一般的ですが、現時点ではまだ名前からIPv6アドレスを調べる「名前解決」ができない状態なので、**ping**コマンド実行時にIPv6のアドレスを直接指定することにします。IPv6のアドレスを指定することで、pingも自動的にIPv6を使用することになります[6]。

IPv6のアドレスは長くて入力しにくいので、ここでは仮想マシンの利点を活かしてコピー＆ペーストで入力してみましょう。VirtualBoxでは、仮想マシンの「デバイス」→「クリップボードの共有」を「双方向」に変更することで仮想マシン同士、および仮想マシンとホストOS間でのコピー＆ペーストが可能になります（次ページの**図A**、**図B**）。UTMの場合、デフォルトで有効になっているため設定変更は不要です[7]。

---

[6] IPv6を明示してpingを実行したい場合、**ping -6**のように**-6**を指定するか（Linux/Windows）、**ping6**という名前のコマンド（macOS）を実行します。

[7] 設定の「共有」にある「クリップボード共有を有効にする」で設定します。ゲストOS同士のコピー＆ペーストが効かない場合は、ゲストOSでコピーしたらいったんホストOSのテキストエディットなどに貼り付けて再度コピーし、ゲストOSに貼り付けてください。環境によってはguest toolsの導入で改善される可能性があります。
URL https://docs.getutm.app/guest-support/sharing/clipboard/

図A　クリップボード共有の活用：Ubuntu1 で IPv6 のアドレスをコピー

Ubuntu1（1台目のUbuntu、NATネットワーク使用）
Ubuntu1、Ubuntu2でデバイス→クリップボードの共有を「双方向」にしてから実行、Guest Additions
（p.41）のインストールが必要。

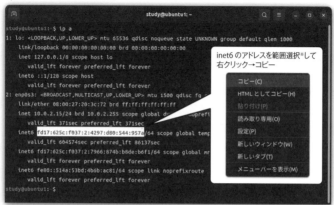

※**ip a**を実行してinet6の行で **fd** から **/64**の前まで範囲選択。

図B　クリップボード共有の活用：Ubuntu2 で IPv6 のアドレスを貼り付け

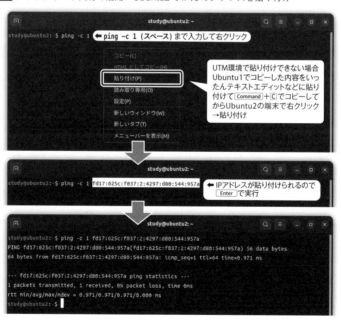

Ubuntu2で **ping -c 1** まで入力しておき、Ubuntu1 の端末に出力されている IPv6 のアド
レスを貼り付けます。ペーストする際にはカーソルの位置に文字列がそのまま入力されるこ
とになるため、**-c 1**の後に半角スペースを入れておくのを忘れないようにしてください。

Ubuntu1で、**ip a**の実行結果にある**inet6**の行に書かれている **fd**で始まる IPv6 アドレスの

部分を **fd** から **/64** の前までマウスでドラッグして右クリック→「コピー」でコピーして、Ubuntu2の端末で右クリック→「貼り付け」で貼り付けます。

```
u2$ sudo ip n flush all ·············近隣キャッシュをクリアする
u2$ ip n ····························キャッシュの内容を確認（何も表示されない）
u2$ ping -c 1 fd17:625c:f037:2:4297:d80:544:957a ·····Ubuntu1へping
PING fd17:625c:f037:2:4297:d80:544:957a(fd17:625c:f037:2:4297:d80:544:957a) 56
data bytes
64 bytes from fd17:625c:f037:2:4297:d80:544:957a: icmp_seq=1 ttl=64 time=1.69 ms

--- fd17:625c:f037:2:4297:d80:544:957a ping statistics ---
1 packets transmitted, 1 received, 0% packet loss, time 0ms
rtt min/avg/max/mdev = 1.686/1.686/1.686/0.000 ms

$ ip n ······························近隣キャッシュの内容を確認※
fd17:625c:f037:2:4297:d80:544:957a dev enp0s3 lladdr 08:00:27:20:3c:72 REACHABLE
```
↑Ubuntu1の情報がキャッシュに登録された

※ 定期的にルーター（Part 2）やDHCPサーバー（p.114）への問い合わせが行われているため、実行のタイミングによっては **10.0.2.1 dev 〜** や **fe80::〜 router STALE** のような行が表示されることがある。

❸NDPのパケットをWiresharkで表示する

ping でIPv6のアドレスを指定した場合、**ping** 前後で **ip n** の結果がどのように変化するか把握しました。次にWiresharkではどのように表示されるか確認しましょう（次ページの **図C**）。

操作内容を明確にするため、今回も先に **sudo ip n flush all** でキャッシュをクリアしてから、**ip n** および **ping** を実行します。

Ubuntu1、Ubuntu2でWiresharkを起動し、デバイスenp0s3（UTMではenp0s1）を選択します。デバイス選択の基準はp.30を参考にしてください。その状態で下記のコマンドを実行します。

```
sudo ip neigh flush all ·············近隣キャッシュをクリアする※
ip neigh ····························近隣キャッシュを確認する
ping -c 1 IPv6アドレス
ip neigh ····························近隣キャッシュを確認する（ping送信先の情報が追加される）
```

※ **ip** コマンドの **neigh** は **n** と省略可能。

IPv4同様、先にアドレス解決を行ってからpingのパケットが送信されています。プロトコルは、IPv4ではARPとICMPが使用されていましたが、IPv6ではアドレス解決とpingともにICMPv2プロトコルが使用されています。

図C Ubuntu2で実行している Wiresharkの画面（NDP）

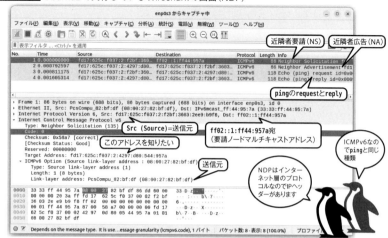

No.1 **fd17:625c:f037:2:21bb:14c1:3a83:731c**（Ubuntu2）から**ff02::1:ff6a:6621**（要請ノードマルチキャストアド
レス、p.116）へ向けての近隣者要請（NS）。
No.2 **fd17:625c:f037:2:266e:c8bf:fd7a:389e**（Ubuntu1）からの近隣者広告（NA＝応答）。
No.3 Ubuntu2から Ubuntu1のアドレスへの Echo request（pingコマンド＝ICMPv6プロトコルのリクエスト）。
No.4 Ubuntu1から Ubuntu2への Echo reply（pingの応答）。

Wiresharkでパケットをダブルクリックすると、そのパケットだけを別のウィンドウで詳
細に表示できます。ARPパケットと NDPパケットを比較すると、NDPに IPヘッダーが入っ
ている様子などを具体的に確認できます **図D**。

図D ARPパケットと NDPパケットの比較

1.8

Ethernetフレーム
パケットのさまざまな呼び名

ARPパケットとNDPパケットでは先頭のEthernetヘッダー部分が共通していました。
Ethernetにおけるデータの単位はEthernetフレームと呼ばれます。

パケットの呼び方について

これまで何度か出ているとおり、ネットワーク通信では**パケット**という単位やりとりを行い
ますが、データリンク層ではこの単位が**フレーム**（*frame*）と呼ばれることがあります **図A**。

一方、上の層になると、複数のパケットがまとまって特定の意味や機能を持つデータの単
位として扱われることが増えてきます。例として、トランスポート層ではその単位を**セグメ
ント**（例：TCPセグメント）と呼び、アプリケーション層では**メッセージ**（例：HTTPメッセー
ジ）と称します。

このほか、**データグラム**（*datagram*）という単位が使われることもあります。データグラム
は、配送が成功したかどうかや到達の順序などが保証されて**いない**場合に使われることが多
い呼び方で、IPやUDPのパケットが該当します。

図A　　　パケットとフレーム

Ethernetフレームの構造

Ethernetフレームは次ページの **図B** のような構成になっています。なお、フレームの始
まりを示す64ビット（8バイト）の制御信号と末尾にあるエラーチェック用の32ビット
（4バイト）のブロックはWiresharkでは表示されません。

データ部分はペイロード（*payload*）と呼ばれます。ペイロードは輸送業界では乗客や貨物

などの重量を表す言葉で、ネットワーク通信ではヘッダーなどの情報を取り除いた正味のデータ部分を表しています。Ethernetのペイロードは最大1500バイトです。

　ARPのパケットの場合、ペイロード部分にARPメッセージが入るのに対し、NDPやpingのパケットではIPヘッダーとペイロード（IPペイロード）が入り、Part 3で学習するTCPパケットの場合はさらにTCPヘッダーが入ることになります。リンク層での伝送にはこれらの情報は使用されず、Ethernetヘッダーの情報に基づいて、つまりMACアドレスのみを参照して送信されます。

図B Ethernetフレームの構造

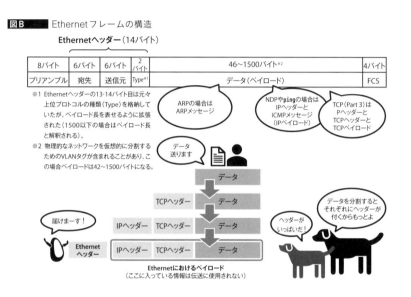

Ethernetヘッダー（14バイト）

8バイト	6バイト	6バイト	2バイト	46～1500バイト※2	4バイト
プリアンブル	宛先	送信元	Type※1	データ（ペイロード）	FCS

※1 Ethernetヘッダーの13・14バイト目は元々上位プロトコルの種類（Type）を格納していたが、ペイロード長を表せるように拡張された（1500以下の場合はペイロード長と解釈される）。

※2 物理的なネットワークを仮想的に分割するためのVLANタグが含まれることがあり、この場合ペイロードは42～1500バイトになる。

ARPの場合はARPメッセージ

NDPやpingの場合はIPヘッダーとICMPメッセージ（IPペイロード）

TCP（Part 3）はPヘッダーとTCPヘッダーとTCPペイロード

データ送ります

データ分割するとそれぞれにヘッダーが付くからもっとよ

ヘッダーがいっぱいだ！

届けまーす！

Ethernet
ヘッダー

TCPヘッダー　データ

IPヘッダー　TCPヘッダー　データ

IPヘッダー　TCPヘッダー　データ

Ethernetにおけるペイロード
（ここに入っている情報は伝送に使用されない）

Ethernetフレームはリンク層すべてに流れる?

　Ethernetフレームは、基本的に、リンク層で接続されているすべてのデバイスに転送され、各デバイスは自分宛のものだけを受け取ります。しかし、接続されている機器が多いとコリジョン（collision、衝突）が発生しやすくなり効率が落ちるので、「交通整理」ができる装置を使います。

　家庭用のブロードバンドルーターには1～4台程度の機器が接続できるようになっていますが、これより多い機器を接続したい場合はハブ（hub）という装置を追加したり、Wi-Fiルーターを追加して無線で接続できるようにするのが一般的です。

　ネットワークハブは、電源タップでいわゆる「タコ足配線」を行うときのように、ネットワークケーブルをたくさん接続できるようにする装置ですが、すべての信号をそのまま流すリピーターハブと、各ポートに必要なパケットだけを流すスイッチングハブの2種類があります。スイッチングハブはMACアドレスを参照して適切なポートにのみパケットを流します。Wi-Fiルーターも、通常はこのスイッチ機能を持っており、データの衝突が軽減されるようになっています（次ページの **図C** ）。

図C ■■■■■ ハブの役割

図C　ハブの役割

自分宛は受け取り
それ以外はスルー

←インターネット

ルーター

スイッチングハブ
MACアドレスを見て
必要なパケットを
必要な場所へ

リピーターハブ
全パケットを
全員へ

ブロードキャストは
常に全員へ

ハブ

自分宛は受け取り
それ以外はスルー

スイッチングで
混雑を緩和してるのね

自分宛ではないパケットも取り込むプロミスキャスモード

　自分宛ではないパケットは、通常、ネットワークデバイスの段階で無視されます。ただし、プロミスキャスモード（*promiscuous mode*、無差別モード）と呼ばれる設定に対応しているデバイスの場合は、自分のところに到達した自分宛以外のパケットも取り込めます。ほかのデバイス宛のパケットもキャプチャしたい場合は、このプロミスキャスモードを有効にする必要があります。

　VirtualBoxの場合、仮想マシン（Ubuntu）の「設定」→「ネットワーク」でネットワークアダプターの「高度」をクリックすると表示される「プロミスキャスモード」で設定を変更できます（使用例はp.256を参照）。デフォルトは「拒否」で、本書もこの設定を前提としています。また、Wiresharkでは、「編集」→「設定」の「キャプチャ」で「プロミスキャスモードでパケットをキャプチャ」がデフォルトで有効になっています。

　なお、実務で管理下のパケットを監視したいような場合、すべてのパケットが通過するような場所で動かす必要があるため、監視用の装置が別途必要になることがあります。

Part 2

インターネット層

インターネット層（*Internet layer*）は、TCP/IP
の階層モデルの下から2番目の層で、IPプロト
コルの層です。ネットワーク間の通信、つまり、
ネットワークどうしのネットワーク（inter-
network）を可能にする、とても重要な層です。

このパートでは、IPアドレスの構造、IPv4と
IPv6の違いを学習し、ping応答を拒否した場合
の動作や異なるネットワーク間での通信設定、
そしてtracerouteコマンドを使用した経路探索
を試します

OSI参照モデル		TCP/IP
第7層	アプリケーション層	アプリケーション層
第6層	プレゼンテーション層	
第5層	セッション層	
第4層	トランスポート層	トランスポート層
第3層	ネットワーク層	インターネット層 ←Part 2はココ！
第2層	データリンク層	リンク層
第1層	物理層	

本書で想定するネットワークのパターン

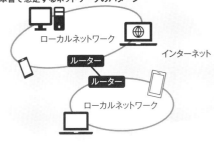

ローカルネットワーク
ルーター
ルーター
ローカルネットワーク
インターネット

テスト環境※

ゲストOS Ubuntu1　ゲストOS Ubuntu2
LAN1　ゲストOS Ubuntu3　LAN2

※Ubuntu3環境の作成はp.130で行う。

2.1

ネットワークとIPアドレス

ネットワークを超えて通信相手を特定できるアドレス

これまでも使用してきたIPアドレスを通じて、インターネット層とIP(*Internet Protocol*)
の概要を掴みましょう。また、後半ではIPv4とIPv6という2つのIPプロトコルについて学
習します。

■ IPアドレスはネットワークアドレス+ホストアドレス

MACアドレスはローカルネットワーク内で相手を特定するのに使われていましたが、厳密
には、ローカルネットワークの中でも「同じネットワーク」に属する機器どうしの通信に使わ
れます。同じネットワークかどうかの識別には、IPアドレスが使われます。

IPアドレスは、**ネットワークアドレス**(*network address*)と**ホストアドレス**(*host address*)
に分かれています。ネットワークアドレスが同じであるグループ内では直接やりとりができ
るのに対し、ネットワークアドレスが異なる相手と通信をする際には、**ルーター**(*router*)、ま
たは**ゲートウェイ**(*gateway*)と呼ばれる装置やソフトウェアが必要です[*1]　**図A**。

図A ルーターの役割

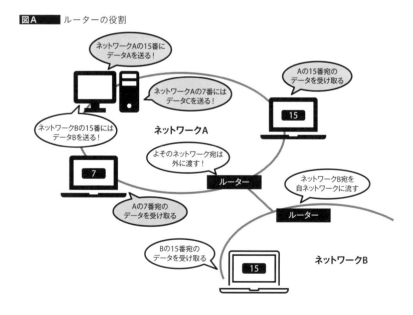

[*1]　ルーターは規格が同じネットワークどうしの経路を制御するのに対し、ゲートウェイは異なる規格のネットワー
クどうしの窓口としての役割を果たすという意味があります。ネットワークコマンドでの表示ではrouterと
gatewayの両方が使われていますが、TCP/IPという範囲内において両者の意味は同じです。

ネットワークを分割するメリット

家庭内のような狭い範囲で使用し、機器も少ないネットワークの場合、全体で一つのネットワークとして運用するのが一般的です。これに対し、会社などでローカルエリア内に多くの機器があったり、複数の部門に分かれて業務を行う場合は、ローカルネットワークをいくつかに分割して管理することがあります。分割されたネットワークのことを**サブネット**（subnet）と呼びます。

大きなネットワークを複数の小さなネットワークに分割する＝サブネット化することには、ネットワーク内のパケットを減らしたり機器を管理しやすくする効果がある一方で、ネットワークどうしをつなげるための設定が必要となります。

ルーティングテーブルには経路の情報が書かれている

「ネットワークどうしのネットワーク」で、異なるネットワークに属する機器とやりとりを行うには**経路**（route）の情報が必要になります。

経路の情報をまとめたものを**ルーティングテーブル**（routing table）といい、Windowsでは**route PRINT**または**netstat -nr**、Linuxでは**route**または**route -n**または**ip r**、macOSでは**netstat -nr**で表示できます。

表示スタイルはそれぞれ異なりますが、メインの情報としては「宛先」と、その宛先に対応する行き先が「ゲートウェイ（gateway）」という項目で出力されます。定義されていない宛先については0.0.0.0やdefaultの行に従います。これを**デフォルトルート**（default route）または**デフォルトゲートウェイ**（default gateway）といいます。

Windows

`route PRINT`‥‥‥‥‥ルーティングテーブルを表示する（PRINTは小文字でも可）

`netstat -nr`‥‥‥‥‥ルーティングテーブルを表示する（netstatはネットワークの状態を表示するコマンドで-nはIPアドレスを数字で表示するオプション[1]、-rはルーティングテーブルを表示するオプション）

Linux(Ubuntu, WSL)

`ip route show`‥‥‥‥‥ルーティングテーブルを表示する（省略表記ip rで実行可能）

`route -n`‥‥‥‥‥ルーティングテーブルを表示する[2]

`netstat -nr`‥‥‥‥‥ルーティングテーブルを表示する[2]

macOS

`netstat -nr`‥‥‥‥‥ルーティングテーブルを表示する

[1] netstat および route コマンドの-nは各OS共通で「名前解決」（IPアドレスに対応するドメイン名を調べる処理、p.198）を行わないオプション。表示が高速になるため使用。

[2] Linuxの route および netstat は古くから使われているコマンドで、Ubuntu 22.04.3は ip コマンドに移行済みのためインストールされていない。使用するには sudo apt install net-tools でインストールする必要がある。

```
>route PRINT
===============================================================
インターフェイス一覧
 12...e4 46 b0 32 ef 75 ......Realtek PCIe GbE Family Controller
 10...0a 00 27 00 00 0a ......VirtualBox Host-Only Ethernet Adapter    続く◀
```

```
中略
IPv4 ルート テーブル
===============================================================
アクティブ ルート:
ネットワーク宛先        ネットマスク      ゲートウェイ    インターフェイス  メトリ
ック
        0.0.0.0        0.0.0.0     192.168.1.1   192.168.1.104    30
                  ┈┈┈┈┈ 宛先0.0.0.0/0…リストにない行き先はすべて192.168.1.1へ
                  ┈┈┈┈┈ 使用するインターフェースは192.168.1.104、距離は30
                          （到達しやすさの値で小さい方が到達しやすく、優先度が高い）
      127.0.0.0      255.0.0.0     リンク上        127.0.0.1       331
      127.0.0.1  255.255.255.255   リンク上        127.0.0.1       331
中略
    192.168.1.0   255.255.255.0    リンク上      192.168.1.104     286
                  ┈┈┈┈┈ 宛先192.168.1.0/24は同一ネットワーク内
                  ┈┈┈┈┈ 使用するインターフェースは192.168.1.104、距離は286
中略
IPv6 ルート テーブル
===============================================================
アクティブ ルート:
 If メトリック ネットワーク宛先        ゲートウェイ
 16   286 ::/0                     fe80::10ff:fe02:208a
  1   331 ::1/128                  リンク上
 16   286 2400:4050:9502:e400::/64 リンク上
以下略
```

```
% netstat -nr
Routing tables

Internet:
Destination        Gateway          Flags            Netif Expire
default            192.168.1.1      UGScg              en0
default            link#28          UCSIg          bridge100     !
10.0.2/24          link#28          UC             bridge100     !
10.0.2.16          2a.8e.9f.2.5c.f7 UHLWIi         bridge100   1200
中略
192.168.1           link#11          UCS               en0     !
192.168.1.1/32      link#11          UCS               en0     !
192.168.1.1         90:96:f3:34:8f:20 UHLWIir           en0   1200
中略
Internet6:
Destination        Gateway                Flags      Netif Expire
default            fe80::10ff:fe02:208a%en0 UGcg      en0
default            fe80::%utun0             UGcIg     utun0
以下略
```

ローカルIPアドレスとグローバルIPアドレス

「ネットワークどうしのネットワーク」が接続される範囲はローカルネットワーク内だけではありません。インターネット（the Internet）に接続する場合は、全世界でお互いに識別できるようなIPアドレスが必要になります。ここで使われているアドレスを**グローバルIPアドレス**（global IP address）または**パブリックIPアドレス**（public IP address）と言います。

これに対し、企業内や家庭内などの限られたネットワーク環境で使用されるアドレスを**ローカルIPアドレス**（local IP address）または**プライベートIPアドレス**（private IP address）と言います。

ローカルIPアドレスとグローバルIPアドレスはそれぞれ範囲が決まっており、ローカルIPアドレスは企業内や家庭内で自由に使えるようになっています。また、インターネットに接続しているルーターは、ローカルIPアドレスを「外」に流さないというルールで運用されています。

グローバルIPアドレスは誰が管理しているのか

グローバルIPアドレスは、現在、ICANN（アイキャン）（Internet Corporation for Assigned Names and Numbers）という団体によって管理されています[*2]。

ICANNは、グローバルIPアドレスのほか「〜.com」や「〜.jp」のようなドメイン名（Part 4参照）の管理を行いますが、個々のアドレスの割り振りは **RIR**（アールアイアール）（Regional Internet Registry、地域インターネットレジストリ）と呼ばれる組織が分担しています **表A**。また、地域によっては、RIRの下に **NIR**（エヌアイアール）（National Internet Registry、国別インターネットレジストリ）と呼ばれる団体が組織されていることもあります。たとえば、アジア太平洋地域は **APNIC**（エーピーニック）（Asia Pacific Network Information Centre）が管理しており、日本においては **JPNIC**（ジェーピーニック）（Japan Network Information Center、次ページの **表B**）がAPNICと連携して、日本国内でのIPアドレスやドメイン名の管理・割り振りを行っています。

表A　RIR（地域インターネットレジストリ）一覧

APNIC（*Asia Pacific Network Information Centre*）
アジア太平洋地域　**URL** https://www.apnic.net

エーリン
ARIN（*American Registry for Internet Numbers*）
北米・カリブ海地域　**URL** https://www.arin.net

ライプ エヌシーシー
RIPE NCC（*Réseaux IP Européens Network Coordination Centre*）
ヨーロッパ・中東・中央アジア地域　**URL** https://www.ripe.net

ラックニック
LACNIC（*Latin American and Caribbean Internet Address Registry*）
南米地域　**URL** https://lacnic.net

AfriNIC（*African Network Information Centre*）
アフリカ地域　**URL** https://afrinic.net

[*2]　かつてはIANA（Internet Assigned Numbers Authority、アイアナ）と呼ばれる団体が管理していました。IANAは技術者や研究者のボランティアから構成されていた団体で、ICANN設立に伴い、IANAはICANNにおける資源管理・調整機能の名称として使われています。**URL** https://www.soumu.go.jp/g-ict/international_organization/icann/

| 表B | 日本のNIR（国別インターネットレジストリ） |

JPNIC (Japan Network Information Center)
一般社団法人日本ネットワークインフォメーションセンター　**URL** https://www.nic.ad.jp

プロバイダーの役割

　大規模な企業の場合、グローバルIPアドレスをJPNICから直接取得することがありますが、多くの企業や一般家庭では**ISP**（*Internet Service Provider*、プロバイダー）を通じてグローバルIPアドレスを取得します。ISPはあらかじめグローバルIPアドレスをJPNICやRIRから取得しており、契約する顧客に対して自社が管理するIPアドレスを割り当てます **図B**。

| 図B | ISPにグローバルIPアドレス割り当ててもらう |

IPv4とIPv6

　Part 1でも簡単に触れましたが、IPアドレスは、現在、IPv4とIPv6の2種類が使われています。

　古くから使われているのがIPv4（*Internet Protocol Version 4*）で、32ビットのアドレスを「.」で区切った4つの数値で表記します。「**192.168.0.1**」や「**10.0.2.1**」のようなアドレスがIPv4のアドレスです。

　32ビットで識別できる数は2の32乗、すなわち約43億です。実際には用途が決まっているため自由に使えないアドレスがあったり、逆に、1つのIPアドレスで複数の装置を接続するための技術（NAPT、p.166）などが発展したなどの事情がありますが、いずれにせよ、世界中をカバーするインターネットで使用するには少なすぎます。これがいわゆる「IPアドレス枯渇問題」です。

　そこで新たに誕生した規格がIPv6（*Internet Protocol Version 6*）です。IPv6のアドレスは128ビットで、2の128乗＝約340兆×1兆×1兆台まで識別が可能となります。16進数で「**fe80::a530:6a78:a968:b931**」や「**2404:6800:400a:804::2003**」、時には「**::1**」のように表記されているのがIPv6のアドレスです。

　なお、IPv4がIPv6に進化したわけではなくそれぞれが別の規格です。ただし、後発である IPv6はすでに普及していたIPv4のネットワークとの共存を考慮して設計されています。

IPv6に対応しているか知るには

　`ip a`コマンド（Linux）や`ifconfig`（Linux/macOS）では「inet6」、`ipconfig`（Windows）では 「IPv6 Address」という表示の箇所があり、そこにIPアドレスが割り当てられていればIPv6に 対応しています。

　インターネット上でIPv6アドレスが使えているかどうかは、契約しているISPや使用している機器・OSの設定次第ですが、IPv6のテストサイト[*3]にアクセスすることで確認できます 図C。

　なお、IPv6のテストサイトではIPv6とともにIPv4のグローバルIPアドレスも確認できます。

図C　　IPv6のテストサイト実行結果（図中左が成功例、右がNG例）

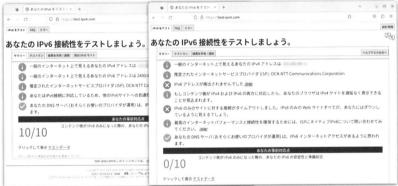

※VirtualBoxの場合は「ブリッジアダプター （p.76）」を使用すると10/10になる。

※VirtualBoxでNATネットワーク（p.76）を使用、IPv6は使用できるが 外部接続には使用できないためエラーになっている。

Windowsでの実行例
```
>ipconfig
中略
Wireless LAN adapter Wi-Fi:

    接続固有の DNS サフィックス . . . . . : flets-east.jp
    IPv6 アドレス . . . . . . . . . . . : 2400:4050:9502:xxxxxxxx
    一時 IPv6 アドレス. . . . . . . . . : 2400:4050:9502:xxxxxxxx
    リンクローカル IPv6 アドレス. . . . : fe80::d55f:9fbb:cd50:9ce9%16 ※
    IPv4 アドレス . . . . . . . . . . . : 192.168.1.104
    サブネット マスク . . . . . . . . . : 255.255.255.0
    デフォルト ゲートウェイ . . . . . . : fe80::10ff:fe02:208a%16
```
続く

*3　**URL** https://test-ipv6.com

```
                        192.168.1.1
以下略
```

※ 末尾の%16はネットワークインターフェースを示す番号。

IPv4を使うかIPv6を使うか

IPv4とIPv6が使える場合、どちらを使うかは使用するアプリケーションおよび通信相手によって異なります。昨今では、IPv6が使用できる場合はIPv6を優先的に使用していることが多いでしょう[*4]。

たとえば、これまで使用してきた**ping**コマンドや**ip**コマンドは**-4**と**-6**で切り替えられるようになっています。指定しない場合、かつ、IPv6が使用可能な場合はIPv6が使用されます。macOSでは**ping**コマンドはIPv4用で、IPv6を明示したい場合は**ping6**コマンドを使用します。

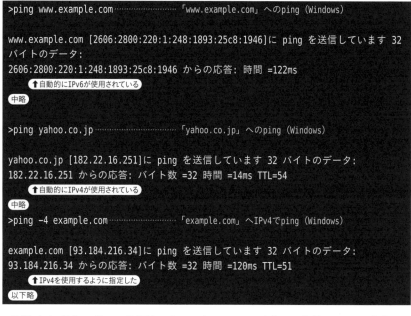

```
>ping www.example.com ················ 「www.example.com」へのping (Windows)

www.example.com [2606:2800:220:1:248:1893:25c8:1946]に ping を送信しています 32
バイトのデータ:
2606:2800:220:1:248:1893:25c8:1946 からの応答: 時間 =122ms
    ↑自動的にIPv6が使用されている
中略

>ping yahoo.co.jp ················ 「yahoo.co.jp」へのping (Windows)

yahoo.co.jp [182.22.16.251]に ping を送信しています 32 バイトのデータ:
182.22.16.251 からの応答: バイト数 =32 時間 =14ms TTL=54
    ↑自動的にIPv4が使用されている
中略
>ping -4 example.com ················ 「example.com」へIPv4でping (Windows)

example.com [93.184.216.34]に ping を送信しています 32 バイトのデータ:
93.184.216.34 からの応答: バイト数 =32 時間 =120ms TTL=51
    ↑IPv4を使用するように指定した
以下略
```

WSLおよびVirtualBoxのNATネットワークでは、IPv6を使って外部のサイトに接続することはできません。**ping www.example.com**でIPv6を使った接続を試したい場合はホストOS側で実行してください。

[*4] 「Happy Eyeballs Version 2: Better Connectivity Using Concurrency」 **URL** https://datatracker.ietf.org/doc/html/rfc8305（IPv4とIPv6両方をサポートするデュアルスタックでは早く接続できた方を使用する）

2.2

IPv4
昔から使われている32ビットのアドレス

　IPv4はインターネットの黎明期から使われてきたプロトコルです。32ビットの長さでは、今となっては表せる数が少なすぎる一方、10進数で表記されるため、値が直感的に把握しやすいという利点もあります。また、古い機器が混在しているなどの理由でIPv4のみで運用されているネットワークもあるでしょう。

　歴史的経緯から残されている設定や表記方法があり、統一感に欠けると感じる場面があるかもしれませんが、どのような形で書かれていても理解できるようにしておく必要があります。

32ビットのIPアドレスを0～255×4組で表す

　IPv4は32ビットの値を8ビット（0～255）×4組の数値で表記します。たとえば**192.168.1.1**、**10.0.2.15**のような表記です。8ビットの最大の数値はすべてのビットが1である**255**なので**10.0.2.999**のような値は存在しません。また、すべてが1であるということから、**255**という値が特別な値として利用されることがよくあります。

　ローカルで使用しているIPアドレスは、Windowsの場合、「設定」→「ネットワークとインターネット」の「イーサネット」（有線接続の場合）、または「Wi-Fi」で接続中のSSIDをクリックすると確認できます。コマンドはこれまでも使っていた**ipconfig**です。

　macOSの場合は「設定」→「ネットワーク」の「イーサネット」（有線接続の場合）、または「Wi-Fi」で接続中のSSIDで「詳細」をクリックしてください。コマンドは**ifconfig**です（次ページの **図A** ）。

　ipコマンドでは**-4**オプションを付けて**ip -4 a**のように実行すると、IPv4の情報に絞った表示が可能です。

```
$ ip -4 a
1: lo: <LOOPBACK,UP,LOWER_UP> mtu 65536 qdisc noqueue state UNKNOWN group
default qlen 1000
    inet 127.0.0.1/8 scope host lo
      valid_lft forever preferred_lft forever
2: enp0s3: <BROADCAST,MULTICAST,UP,LOWER_UP> mtu 1500 qdisc fq_codel state UP
group default qlen 1000
    inet 10.0.2.15/24 brd 10.0.2.255 scope global dynamic noprefixroute enp0s3
                ↑IPv4の情報が表示されている
      valid_lft 491sec preferred_lft 491sec
```

　なお、UbuntuのGUI画面では、設定の「ネットワーク」で「接続済」と表示されているネットワークの右側にある歯車アイコンから各種設定を確認できます。ここではNetplanというツールが使用されています。

図A IPアドレスの表示（Windows/macOSの設定画面）

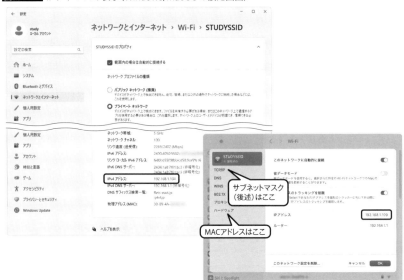

サブネットマスクでネットワーク部とホスト部を分ける

IPv4の場合、**サブネットマスク**（*subnet mask*）という値を使って、先頭から何ビットまでがネットワークアドレスなのかを示します。基本的にはIPアドレスとサブネットマスクでAND演算[5]をした結果がネットワークアドレス、という考え方です。たとえば先頭から16ビットがネットワークアドレスなら、16ビットが**1**で残りが**0**の**255.255.0.0**がサブネットマスク値になります。

なお、古い規定ではサブネットマスクの**1**は必ずしも連続していなくてよかったのですが、現在では連続するように規定が変更されています。このことから、「先頭から24bitまでがネットワークアドレス」であることを示すのに、**192.168.1.1/24**や**10.0.2.15/24**のように、末尾にスラッシュ記号とビット数を付ける形でサブネットマスクを表現できるようになりました。この書き方をCIDR表記（サイダー表記）と言います。**/24**は先頭から24ビット、つまり、8ビット×3組目までがすべて**1**という意味なので、**11111111 11111111 11111111 00000000**すなわち**255.255.255.0**がサブネットマスク値です。**/24**の部分はプレフィックス長（*prefix length*）とも呼ばれています。

Linuxの**ip a**コマンドでは前ページの実行例のようにCIDR表記が使われていますが、Windowsで使用するipconfigコマンドの実行結果やネットワークアダプターのプロパティ画面でIPアドレスを手動設定[6]する際の画面表示、macOSのネットワーク設定画面では

---

[5]　AND演算をすると、サブネットマスクとIPアドレスの両方が**1**の桁だけが結果は**1**に、どちらか一方が**0**の桁は結果は**0**になります。

[6]　IPアドレスは同じネットワークの中で重複しないように設定する必要がありますが、これを自動で行うのが**DHCP**（*Dynamic Host Configuration Protocol*）です（p.114）。IPv4のネットワークではIPアドレスを固定した方が運用しやすいケースがあり、各OSで自動設定と手動設定が選択できるようになっています。

255.255.255.0の書式で値を確認できます 図B 。

サブネットマスクの表示

※ コントロールパネルで「ネットワーク接続の表示」を検索し
（ネットワークとインターネット > ネットワークと共有センター > アダプター設定の変更）、
ネットワークアダプターを右クリック→プロパティで
「インターネットプロトコルバージョン4 (TCP/IPv4)」を選択して「プロパティ」をクリック。

「10.0.2.15/24」と「10.0.2.15/28」は意味が異なる

「サブネットマスクが異なる」ということは「ネットワークアドレスが異なる」ということなので、10.0.2.15/16、10.0.2.15/24、10.0.2.15/28 はそれぞれ異なるネットワークに属する機器のIPアドレス、ということになります（次ページの 図C ）。

使用できるネットワークアドレスに制限がない場合や、ネットワークに接続する機器が少ない場合は、8ビット刻みでの設定が、人間にとって読みやすく理解しやすいでしょう。一方で、管理する機器の数が多い環境や、フロア編成が変わったため「IPアドレスはなるべく維持したままでネットワーク構成を変えたい」というケースでは、サブネットマスクの範囲を変えることでネットワークを分割する（サブネット化する）ことがあります（次ページの 図D ）。

ホスト部で特別扱いされるアドレス

ホスト部がすべて0であるアドレスはネットワークアドレス、すべて1であるアドレスはブロードキャストアドレスとして扱われます。したがって、10.0.2.0/24のネットワークの場合、10.0.2.0と10.0.2.255はネットワークデバイスには割り当てません。

また、これはルールではなく慣例ですが、ルーターはホスト1に割り当てられることが多く、たとえば家庭用のブロードバンドルーターは初期値として192.168.1.1/255や192.168.0.1/255などのアドレスが割り当てられていることが多いようです。

図C 「10.0.2.15/16」と「10.0.2.15/24」と「10.0.2.15/28」は意味が異なる

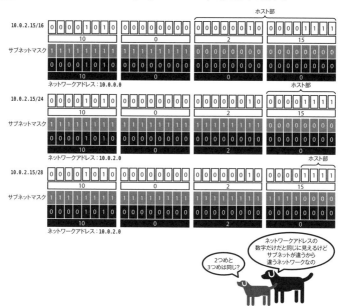

図D サブネット化

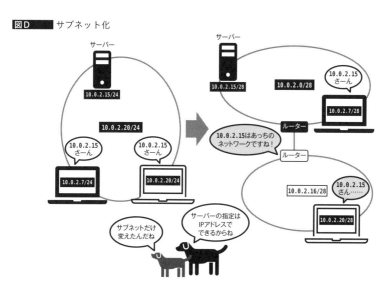

ローカルIPアドレスとして使用できるアドレス

IPv4では、ローカルIPアドレスとして使用できるアドレスは、先頭が10で始まる「10.0.0.0 ～10.255.255.255」と、172で始まる「172.16.0.0～172.31.255.255」、192で始まる

「**192.168.0.0～192.168.255.255**」と定められています。

　ローカルIPアドレスの範囲が3種類あるのは、かつてIPアドレスが**クラス**（class）で管理されていたことに由来します。IPアドレスのクラス分けは概ね　**表A**　のようになっていました。なお、特別な用途に定められているアドレスがあるため、使用可能なネットワーク数や各ネットワークで使用できるホスト数は以下で示しているものよりも少なくなっています。

表A　IPアドレスのクラスとプライベートアドレスの範囲

	クラスA	クラスB	クラスC
開始ビット	**0xxxxxxx**	**10xxxxxx**	**110xxxxx**
アドレス範囲	**1.0.0.0** から **126.0.0.0**※	**128.0.0.0** から **191.255.0.0**	**192.0.0.0** から **223.255.255.0**
使用可能なネットワーク数	128	16,384	約200万
各ネットワークでのホスト数	約1600万	約6万5000	254
プライベートアドレス（サブネットマスク）	**10.0.0.0～10.255.255.255** **255.0.0.0**	**172.16.0.0～172.31.255.255** **255.255.0.0**	**192.168.0.0～192.168.255.255** **255.255.255.0**

※ **127.**～はループバックアドレス（p.110）。

　クラスAは、おもに非常に大きな組織やISP（プロバイダー、p.102）に、クラスBは大規模な組織や学術機関などに割り当てられており、中小規模の組織などの小さなネットワークはクラスCを割り当てられています。

　このほか、特殊な用途として**1110xxxx**から始まるクラスD、**1111xxxx**で始まるクラスEも定義されています。

ローカルIPアドレスはインターネットでの使用が禁止されている

　ローカルIPアドレスが付けられたパケットは、インターネットでは使用できません。

　たとえば一般家庭からインターネットに接続する際は、多くの場合ブロードバンドルーターと呼ばれる機器を経由しますが、ブロードバンドルーターはローカルIPアドレスを「外」に出さないように設定されていますし、インターネット上のルーターはローカルIPアドレスが付けられたパケットをほかのネットワークに流さないよう設定されています。

インターネットへの接続にはNAT（NAPT）という技術が使われている

　一般に、1回線の接続用にISPから割り当てられるグローバルIPアドレスは1つです。インターネットに接続するのが1つの機器だけであれば、ISPから割り当てられたグローバルIPアドレスをそのまま使えばよく、かつてモデムと呼ばれる装置を使ってインターネットに接続する際には、多くの場合この方法が使われていました。しかし、家庭で使用するコンピューターやスマートフォンがネットワークに対応しており、多くの機器がインターネット接続する現在では、ルーターを介して一つのグローバルIPアドレスで複数の機器がネットワークにアクセスする方法が求められてきました。

　このニーズに応える技術として、**NAT**（Network Address Translation）が開発されました。

NATは、ローカルIPアドレスとグローバルIPアドレスの間でIPアドレスを変換する技術です。とくに、複数のローカルIPアドレスからの通信を、1つのグローバルIPアドレスに変換する場合には**NAPT**(*Network Address Port Translation*)が使われています。NAT、NAPTについて、具体的な内容についてはPart 3で取り上げます。

▌自分自身は127.0.0.1で表す

ネットワークのテストや、デバッグ、アプリケーションのローカル動作確認のために、自分自身への接続をすることがあります。このとき、一般的に使用されるIPアドレスが**127.0.0.1**で*[7]、**ループバックアドレス**(*loopback address*)と呼ばれています。たとえば**ping 127.0.0.1**で応答があるのだとすれば、少なくとも、OSがIPv4による通信をサポートしている状態にあることがわかります。

```
>ping 127.0.0.1 ·······························自分自身へのping（Windowsで実行）

127.0.0.1 に ping を送信しています 32 バイトのデータ:
127.0.0.1 からの応答: バイト数 =32 時間 <1ms TTL=128
127.0.0.1 からの応答: バイト数 =32 時間 <1ms TTL=128
127.0.0.1 からの応答: バイト数 =32 時間 <1ms TTL=128
127.0.0.1 からの応答: バイト数 =32 時間 <1ms TTL=128


127.0.0.1 の ping 統計:
    パケット数: 送信 = 4、受信 = 4、損失 = 0 (0% の損失)、
ラウンド トリップの概算時間 (ミリ秒):
    最小 = 0ms、最大 = 0ms、平均 = 0ms
```

ループバックアドレスは、**ip a**では「**lo**」、macOSの**ifconfig**では「**lo0**」で示されています。Windowsの**ipconfig**コマンドでは表示されませんが、同じように使用可能です。

なお、**127.0.0.1**ではなく名前を使ってアクセスしたい場合は**localhost**が使われます。

---

*[7]　ループバックアドレスの範囲は**127.0.0.0/8**（**127.0.0.0〜127.255.255.255**）と定められていますが、localhost、自分自身、という意味で使われるのは**127.0.0.1**が一般的です。localhost＝**127.0.0.1**という前提で設計されているソフトウェアもあり混乱の元になるので変更しないことをお勧めします。
・RFC 1122「Requirements for Internet Hosts – Communication Layers」
　URL https://datatracker.ietf.org/doc/html/rfc1122
　URL https://jprs.jp/tech/material/rfc/RFC1122-ja.txt

2.3

IPアドレスの削除と再割当を試してみよう
ipコマンドによる手動割り当て

ネットワークデバイスにIPアドレスが割り当てられていないと、どのように表示されるか試してみましょう。

設定の変更には`ip`コマンドを使用し、`ping`の実行結果がどう変化するかを観察します。

これから試す内容の流れ

Ubuntu1でIPアドレスの削除→追加を行い、それぞれの実行前後にUbuntu2からUbuntu1に対して`ping`を実行して実行結果がどのように変化するか確認します **図A**。具体的なIPアドレスは使用している仮想環境によって異なるので、適宜読み替えて実行してください。最初はメモをしながらの確認をおすすめします。

図A IPアドレスの削除と再割当を試してみよう（Ubuntu環境）

本書で使用しているIPアドレスとデバイス名 （Ubuntu1）		テスト環境のIPアドレスとデバイス名 （Ubuntu1、`ip a`で確認）	
デバイス名 MACアドレス IPアドレス 新しいIPアドレス（任意）	enp0s3 08:00:27:20:3c:72 10.0.2.15/24 10.0.2.20/24※	デバイス名 MACアドレス IPアドレス 新しいIPアドレス（任意）	

※「`20`」部分は任意、元のIPアドレスと同じネットワークアドレスを使用すること。

Ubuntu1 で実行するコマンド	Ubuntu2 で実行するコマンド
❶ 現在のアドレスを確認 　$ `ip a`	
	Ubuntu1へping $ `ping -c 1 10.0.2.15`
❷ IPアドレスを削除 　$ `sudo ip a del 10.0.2.15/24 dev enp0s3`	
	Ubuntu1へping $ `ping -c 1 10.0.2.15` ◀ エラーになる
❸ 元のIPアドレスを追加 　$ `sudo ip a add 10.0.2.15/24 dev enp0s3`	
	Ubuntu1へping $ `ping -c 1 10.0.2.15`
❹ 同じデバイスに別のIPアドレスを追加 　$ `sudo ip a add 10.0.2.20/24 dev enp0s3`	
	Ubuntu1へping $ `ping -c 1 10.0.2.15` $ `ping -c 1 10.0.2.20` $ `ip n`（ARPテーブルの確認）
（後始末） ❺ ❹で追加したIPアドレスを削除 　$ `sudo ip a del 10.0.2.20/24 dev enp0s3`	
	Ubuntu1へping $ `ping -c 1 10.0.2.15` $ `ping -c 1 10.0.2.20` ◀ エラーになる

ipコマンドによるIPアドレスの表示と変更（Linux）

　これまでも使ってきた**ip a**コマンドでIPアドレスを変更できます。ここで試している内容はネットワークの設定を変更するものなので、仮想環境内で行うようにしてください。設定ファイル等には保存しないので再起動すると元の状態に戻る操作ではありますが、ほかに動作中のプログラムがある場合、思いがけない影響を与える可能性があるためです。

```
sudo ip addr del (IPアドレス) dev (デバイス名) ················IPアドレスの削除
sudo ip addr add (IPアドレス) dev (デバイス名) ················IPアドレスの設定（追加）
```

※ IPアドレスにはサブネットマスクも指定する（例：**10.0.2.15/24**）。

※ **addr**は**a**と省略可能。

IPアドレスを削除してみよう

　Ubuntu1で、❶現在のIPアドレスを確認し、❷そのアドレスを削除してみましょう。❶❷のタイミングでUbuntu2から**ping -c 1** (Ubuntu1のIPアドレス) を実行し、❷で通信できなくなっていることを確認しましょう。

```
u1$ ip a·······························現在のIPアドレスを確認する❶
1: lo: <BACK,UP,LOWER_UP> mtu 65536 qdisc noqueue state UNKNOWN group default
qlen 1000
中略
2: enp0s3: <BROADCAST,MULTICAST,UP,LOWER_UP> mtu 1500 qdisc fq_codel state UP
group default qlen 1000
    link/ether 08:00:27:2d:68:8a brd ff:ff:ff:ff:ff:ff
    inet 10.0.2.15/24 scope global dynamic enp0s3
       valid_lft 494sec preferred_lft 494sec
    inet6 fe80::138:6b01:842d:f911/64 scope link noprefixroute
       valid_lft forever preferred_lft forever

u1$ sudo ip a del 10.0.2.15/24 dev enp0s3········ デバイス「enp0s3」に割り当てられてい
                              るIPアドレスを削除する（指定するアドレスはip aの実行結果
                              を参照、/24のようなサブネットマスクの指定も入れる）
◀·····································(エラーがない場合メッセージは表示されない❷)
u1$ ip a·······························現在のIPアドレスを確認する
1: lo: <BACK,UP,LOWER_UP> mtu 65536 qdisc noqueue state UNKNOWN group default
qlen 1000
中略
2: enp0s3: <BROADCAST,MULTICAST,UP,LOWER_UP> mtu 1500 qdisc fq_codel state UP
group default qlen 1000
    link/ether 08:00:27:2d:68:8a brd ff:ff:ff:ff:ff:ff
    inet6 fe80::138:6b01:842d:f911/64 scope link noprefixroute
       valid_lft forever preferred_lft forever
(IPアドレスの設定がなくなっている)
```

●❶のタイミング（**ip a del**前）で実行、指定するIPアドレスは❶で表示されているinet行のアドレスを使用

```
u2$ ping -c 1 10.0.2.15
PING 10.0.2.15 (10.0.2.15) 56(84) bytes of data.
64 bytes from 10.0.2.15: icmp_seq=1 ttl=64 time=3.83 ms

--- 10.0.2.15 ping statistics ---
1 packets transmitted, 1 received, 0% packet loss, time 0ms
rtt min/avg/max/mdev = 3.828/3.828/3.828/0.000 ms
```

●❷のタイミング（**ip a del**後）で実行

```
u2$ ping -c 1 10.0.2.15
PING 10.0.2.15 (10.0.2.15) 56(84) bytes of data.

--- 10.0.2.15 ping statistics ---
1 packets transmitted, 0 received, 100% packet loss, time 0ms
```
pingが通らなくなっている
```
u2$
```

新しいIPアドレスを付けてみよう

　Ubuntu1 に新しいIPアドレスをつけて、Ubuntu2からの**ping**が通るようになるか試してみましょう。

　新しく付けるIPアドレスは元のネットワークアドレスの範囲内になるよう注意してください。たとえば、元のアドレスが **10.0.2.15/24** であれば **10.0.2.2** から **10.0.2.254**、**192.168.64.5/24** であれば **192.168.64.2** から **192.168.64.254** です。いずれの場合も、**〜.1** は通常はルーターに割り当てられているため、2〜254の範囲で試しましょう。

　同じネットワークデバイスに対して複数のIPアドレスを割り当てることも可能です。IPアドレス変更時の移行措置で新旧のIPアドレスを使用可能にしておきたかったり、複数のIPアドレスを使ったサービスをインターネットに接続したいが、インターネット接続側のネットワークデバイスが1つしかないサーバーで運用したいなどのケースに使用します。

```
u1$ sudo ip a add 10.0.2.15/24 dev enp0s3 ……❸元のIPアドレスを追加する
u1$ sudo ip a add 10.0.2.20/24 dev enp0s3 ……❹新たにIPアドレス「20」を追加する
u1$ ip a
1: lo: <LOOPBACK,UP,LOWER_UP> mtu 65536 qdisc noqueue state UNKNOWN group
default qlen 1000
中略
2: enp0s3: <BROADCAST,MULTICAST,UP,LOWER_UP> mtu 1500 qdisc fq_codel state UP
group default qlen 1000
    link/ether 08:00:27:2d:68:8a brd ff:ff:ff:ff:ff:ff
    inet 10.0.2.15/24 scope global dynamic enp0s3
       valid_lft 86sec preferred_lft 86sec
    inet 10.0.2.20/24 scope global secondary enp0s3
       valid_lft forever preferred_lft forever
```
続く

```
    inet6 fe80::138:6b01:842d:f911/64 scope link noprefixroute
       valid_lft forever preferred_lft forever
```
「10.0.2.15/24」と「10.0.2.20/24」が割り当てられた

```
u2$ ping -c 1 10.0.2.15          再設定したIPアドレスにping
中略
u2$ ping -c 1 10.0.2.20          追加した方のIPアドレスでも試してみる
中略
u2$ ip n                         ARPテーブル（近隣キャッシュ）を確認
10.0.2.20 dev enp0s3 lladdr 08:00:27:2d:68:8a DELAY    ✪
10.0.2.3 dev enp0s3 lladdr 08:00:27:1e:7d:8f STALE
10.0.2.1 dev enp0s3 lladdr 52:54:00:12:35:00 STALE
10.0.2.15 dev enp0s3 lladdr 08:00:27:2d:68:8a REACHABLE ✪
```
✪ 同じMACアドレスに2つのIPアドレスが割り当てられている

Column

DHCPによる自動割り当て

IPアドレスは同じネットワークの中で重複しないように設定する必要がありますが、これを自動で行うのが **DHCP** (*Dynamic Host Configuration Protocol*) です。クライアントの設定が「IPアドレスをDHCPで取得」である場合、自動的にDHCPサーバーに接続してIPアドレスを取得します。WindowsやmacOSの初期値はDHCPで取得する設定となっています。

DHCPサーバーはリクエストを受けるとIPアドレス、サブネットマスク、デフォルトゲートウェイ(p.99)などのネットワーク設定をクライアントに提供します。IPアドレスを割り当てるためのプロトコルですが、UDPを使用しています。

DHCPを使用するクライアントは、まず、DHCPサーバーがどこにあるかの問い合わせをネットワーク全体へ投げかけます。これをDHCP Discoverメッセージといいます。DHCPサーバーがこれに応えて、送信元のMACアドレス宛に使用すべきIPアドレスなどを送ります。

Ubuntuでは **dhclient** コマンドでDHCPによる割り当ての削除と再割り当てができます。Wiresharkで観察する際はdhcpでフィルターをかけるとわかりやすいでしょう。

```
sudo dhclient -r デバイス            DHCPによる割り当てを削除する
sudo dhclient デバイス               DHCPによるIPアドレスの割り当てを行う
```

```
$ ip a                           現在のIPアドレスとデバイス名（enp0s3など）を確認
$ sudo dhclient -r enp0s3         DHCPによる割り当てを削除
$ ip a                           設定がどのように変化したかを確認
$ sudo dhclient enp0s3            DHCPによる割り当て
$ ip a                           設定がどのように変化したかを確認
```

2.4

IPv6
アドレス枯渇を解消する128ビットのアドレス

　IPv6は、IPv4のアドレスが枯渇する問題を解決するべく開発されたプロトコルです。割り当て可能なIPアドレスの総数だけではなく、セキュリティや拡張性も考慮された設計となっています。1990年代から策定が始まり、2000年代には各種OSで利用可能になりましたが、古い機器が対応していなかったり、当初はあまり速度が出ず、接続相手によっては通信が不安定になるなどの問題があり、「IPv6機能は設定で無効にする方が良い」と言われる時期がありました。

　その後、十分な速度が出るようになり、一般ユーザーはIPv4とIPv6をあまり意識せず、両方使える状態でインターネットにアクセスしていることが多くなっていると思われます。

128ビットのIPアドレスを16進4桁×8組で表す

　先述のとおり、IPv6アドレスは128ビットあり、**fe80::a530:6a78:a968:b931**や**2404:6800:400a:804::2003**のように4桁の16進数（16ビット）×8組を**:**記号で区切って表記します。途中**::**となっている箇所はゼロが省略されており、省略せずに書くと **図A** のようになります。

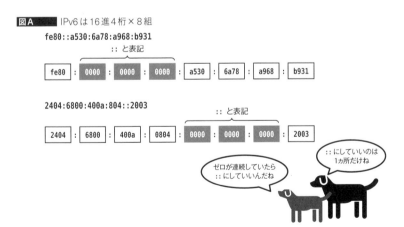

図A　IPv6は16進4桁×8組

fe80::a530:6a78:a968:b931

| | :: と表記 | | |
| fe80 | 0000 : 0000 : 0000 | a530 : 6a78 : a968 : b931 |

2404:6800:400a:804::2003

| | | :: と表記 | |
| 2404 : 6800 : 400a : 0804 | 0000 : 0000 : 0000 : 2003 |

ゼロが連続していたら
::にしていいんだね

::にしていいのは
1ヵ所だけね

IPv6アドレスの省略表記

　IPv6アドレスゼロの表記ルールは次のようになっています。

　まず、4桁のうち先頭のゼロは省略可能なので、たとえば**0804**は**804**、**0001**は**1**と書けます。4つともゼロの場合は**0**とします。

　4つともゼロのフィールドが連続している場合、1ヵ所だけ**::**と省略できます。ループバックアドレス（localhost、p.110）は**0000:0000:0000:0000:0000:0000:0000:0001**ですが**::1**と書くことができます。アドレスが未指定の場合はすべてゼロなので**::**と書けます 図B 。

　規則はこの2つですが（RFC 4291）、表記揺れをなくすために、以下のルールが推奨されています（RFC 5952）。

- 各フィールドの先頭にあるゼロは省略する（**0db8**は**db8**、**0001**は**1**とする）
- 16進数のアルファベットは小文字とする
- **::**は**0**のフィールドが連続している場合のみとし、**0**のフィールドが1つの場合は**:0:**とする
- **::**は表記が一番短くなるような場所で使い、同じ長さが複数ある場合は左側で使用する

図B　IPv6アドレスの省略表記

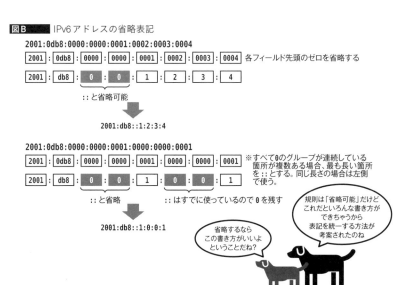

2001:0db8:0000:0000:0001:0002:0003:0004

| 2001 | : | 0db8 | : | 0000 | : | 0000 | : | 0001 | : | 0002 | : | 0003 | : | 0004 | 各フィールド先頭のゼロを省略する |

| 2001 | : | db8 | : | 0 | : | 0 | : | 1 | : | 2 | : | 3 | : | 4 |

::と省略可能

2001:db8::1:2:3:4

2001:0db8:0000:0000:0001:0000:0000:0001

| 2001 | : | 0db8 | : | 0000 | : | 0000 | : | 0001 | : | 0000 | : | 0000 | : | 0001 |

| 2001 | : | db8 | : | 0 | : | 0 | : | 1 | : | 0 | : | 0 | : | 1 |

::と省略　　　　　::はすでに使っているので0を残す

※すべて0のグループが連続している箇所が複数ある場合、最も長い箇所を::とする。同じ長さの場合は左側で使う。

2001:db8::1:0:0:1

省略するならこの書き方がいいよということだね？

規則は「省略可能」だけどこれだといろんな書き方ができちゃうから表記を統一する方法が考案されたのね

ネットワーク部分はプレフィックス長で表す

　ネットワーク部分は**/64**のようにプレフィックス長で表します。プレフィックス長部分は10進数で、一般的には64ビットで区切ります。プレフィックス部分はネットワークプレフィックス（*network prefix*）、残りの部分は**インターフェースID**（*interface ID*）と呼ばれています。インターフェースIDはMACアドレスを元に、またはランダムに自動生成することでほかと重複しないようになっています。

ユニキャストアドレスとマルチキャストアドレス

　IPv6では、IPv4のような同一ネットワークのすべての機器を対象とするブロードキャストアドレスがなく、代わりに**マルチキャストアドレス**（*multicast address*）を使用します。**ff00::/8**、つまり**11111111**で始まるアドレスはマルチキャストアドレスです。

1対1でやりとりする際のアドレスは**ユニキャストアドレス**（*unicast address*）と呼びます。**ff00::/8** と、未定義の **::/128**（すべてゼロ）および **::1/128**（末尾のみ**1**）を除くアドレスはユニキャストアドレスです[*8]。

3種類のユニキャストアドレス

ユニキャストアドレスには、グローバルユニキャストアドレス、リンクローカルユニキャストアドレス、ユニークローカルアドレスという3種類があります**図C**。

グローバルユニキャストアドレス（*Global Unicast Address*、*GUA*）はインターネット上で利用するためのアドレスで、インターネット全体でユニーク、つまり、ほかと重複しないアドレスです。

リンクローカルユニキャストアドレスとユニークローカルアドレスはどちらもローカルネットワーク用ですが、パケットが届く範囲（*scope*）が異なります。**リンクローカルユニキャストアドレス**（*Link-Local Unicast Address*）は同一リンク内、つまり、物理的に直接やりとりできる範囲で通信できるアドレスで、ルーターで接続されている別の機器には届きません。**fe80::/10** の範囲で自動的に割り当てられます[*9]。

ユニークローカルアドレス（*Unique Local Address*、*ULA*）はローカルネットワーク全体を対象とするアドレスで、IPv4のローカルアドレスに相当します。**fd00::/8** の範囲が使用されます。

図C IPv6アドレスの種別

種別	アドレス（16進表記）	プレフィックス（先頭部分の2進数表記）
未指定	::/128	（128桁すべてゼロ）
ループバックアドレス	::1/128	（128桁目のみ1）
マルチキャストアドレス	ff00::/8	11111111
リンクローカルユニキャストアドレス	fe80::/10	11111110 10
グローバルユニキャストアドレス	残りすべて※	
ユニークローカルアドレス	fd00::/8（fc00::/7）	11111101

※グローバルユニキャストアドレス（RFC 4291）のうち、fc00::/7はユニークローカルアドレスとして扱われる。ただし8ビット目が0の値については将来のために予約されており、現在はfd00::/8をURLとして使用（RFC 4193）。

グローバルユニキャストアドレス（GUA）

48	16	64
グローバルルーティングプレフィックス（ISP等から割り当て）	サブネット（任意）	インターフェースID（自動生成）

ネットワークプレフィックス（64ビット）

ユニークローカルアドレス（ULA）

8	40	16	64
ID（fd00）	グローバル（乱数）	サブネット（任意）	インターフェースID（自動生成）

ネットワークプレフィックス（64ビット）　ULAもこの3つの組み合わせで他サイトと重複しないようなプレフィックスを作る

[*8] このほか、特殊なアドレスとして **2001:db8::/32**（**2001:db8** で始まるアドレスすべて）があります。これはDOCUMENTATIONタイプと定義されており、説明などで使うのみで実際の通信には使用しません。

[*9] IPv4の場合、DHCP（p.114）でIPアドレスが割り当てできないとリンクローカルアドレスとして **169.254.0.0/16** の範囲から自動割り当てされることがあります。

誰かが応えるエニーキャストアドレス

　同じ役割を持つサーバーが複数あり、「どれか1台が応えれば良い」という場合に使われるのが**エニーキャストアドレス**（*anycast address*）です 図D 。インターネットでは、とくに、DNSサーバー（Part 4、p.198）から実用化が始まり、現在は大規模なWebサービスなどにも普及しました。IPv4・IPv6ともに利用されていますが、IPv6には最初から組み込まれています＊10。

図D　　　誰かが応えるエニーキャストアドレス

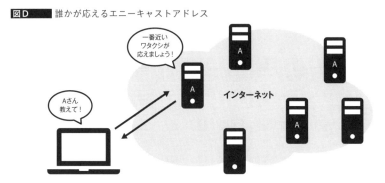

＊10　RFC 4291「IP Version 6 Addressing Architecture」
　　　RFC 4786「Operation of Anycast Services」（IPv4・IPv6共通）

2.5

ICMP/ICMPv6パケットを観察してみよう
IPv4とIPv6を見比べる

　ICMPパケットをWiresharkで少し詳しく観察してみましょう。ICMP（*Internet Control Message Protocol*）は、おもにIPネットワーク上の通信状態を調査する際に使用するプロトコルで、これまで何度か登場したpingコマンドで使われているプロトコルです。

　なお、ここでの主眼は「読み方を把握すること」としています。読み取り方や調べ方を知っておくことが、今後の学習や実務での力になります。

pingはICMP Echo Requestを送りEcho Replyを受け取る

　pingコマンドは、指定した宛先にまず`ICMP Echo Request`を送ります。これを「pingを送る」と表現することがあります。潜水艦が対象物との距離を測るソナー音に由来すると言われており、発音はピンですが、綴りからピングと呼ばれることもあります。

　送信先が`Echo Request`を受け取り、かつ、応答が可能であれば`Echo Reply`を返送してくれるので、pingコマンドはその結果を表示します。「応答が可能ではない」ケースには、ネットワーク上のトラブルのほかに、「応答を許可しない設定」の場合も含まれるので、pingが返って来ないイコール通信エラーとは限りません。その一方で、応答があれば少なくとも通信が可能な状態である、ということはわかります。pingから応答がある状態のことを「pingが通る」と表現することがあります **図A**。

図A ─── pingが通る＝通信できる

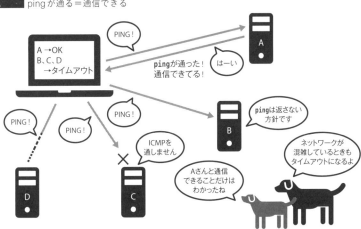

ICMPパケットを見てみよう

観察用のコマンドは以下のとおりです。Ubuntu1でIPアドレスを確認し、Ubuntu2で
Ubuntu1宛の**ping**を送っています。Wiresharkはどちらで実行してもかまいません。表示さ
れる内容は、ICMPパケット部分についてはUbuntu1／2どちらで実行しても同じ内容とな
ります。

```
u1$ ip -4 a ·······························Ubuntu1のIPアドレスを確認（-4でIPv4の情報のみを表示）
1: lo: <LOOPBACK,UP,LOWER_UP> mtu 65536 qdisc noqueue state UNKNOWN group
default qlen 1000
    inet 127.0.0.1/8 scope host lo
        valid_lft forever preferred_lft forever
2: enp0s3: <BROADCAST,MULTICAST,UP,LOWER_UP> mtu 1500 qdisc fq_codel state UP
group default qlen 1000
    inet 10.0.2.15/24 brd 10.0.2.255 scope global dynamic noprefixroute enp0s3
        valid_lft 417sec preferred_lft 417sec
```

```
u2$ ping -c 1 10.0.2.15 ··········Ubuntu1宛にpingを実行（-c 1でパケットを1回送って終了）
PING 10.0.2.15 (10.0.2.15) 56(84) bytes of data.
64 bytes from 10.0.2.15: icmp_seq=1 ttl=64 time=1.21 ms

--- 10.0.2.15 ping statistics ---
1 packets transmitted, 1 received, 0% packet loss, time 0ms
rtt min/avg/max/mdev = 1.209/1.209/1.209/0.000 ms
```

上記のやりとりをWiresharkで表示すると、次のように、Ubuntu2からUbuntu1への送信と、
Ubuntu1からUbuntu2への応答、という2つのパケットが表示されます（次ページの **図B** ）。
ほかのパケットが混ざってわかりにくい場合、まず、再スタート（Wireshark画面の3つめの
ボタン）で画面をクリアしてから**ping -c 1** **IPアドレス** を再実行すると良いでしょう。また、フィ
ルターで「icmp」を選択することでICMPパケットで絞り込めます（フィルターの使い方、
p.31）。

ICMPパケットの構造

ICMPのパケットを通じて、インターネット層のパケットがどのようになっているか、
Wiresharkではどのように表示されているかを確認しましょう。

pingを1回送信することで全体が98バイトのパケットが2つ表示されました。1つめが**ICMP**
Echo Request、2つめが応答である**ICMP Echo Reply**です。

パケットの構造はどちらも同じで、まず❶Ethernetフレームヘッダーが表示されていま
す。これはEthernetでのデータ送受信用の情報で、Wiresharkではフレームの種類である
「Ethernet II」で始まるブロックで表示されています。ARPで見たように（p.85）、送信元と送
信先のMACアドレスが含まれており、タイプとして「IPv4」が入っており、この後にIPv4の
データが続いていることがわかります。

図B ICMPパケットを見てみよう（Wireshark）

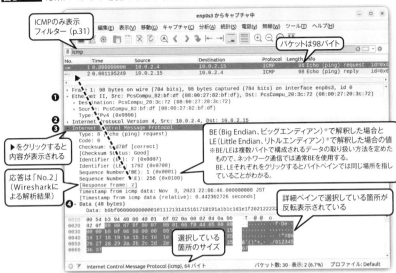

ICMPのみ表示
フィルター（p.31）

パケットは98バイト

❶

❷
❸

▶をクリックすると
内容が表示される

応答は「No.2」
（Wiresharkに
よる解析結果）

❹

BE（Big Endian、ビッグエンディアン）※で解釈した場合と
LE（Little Endian、リトルエンディアン）※で解釈した場合の値
※BE/LEは複数バイトで構成されるデータの取り扱い方法を定めた
ものて、ネットワーク通信では通常BEを使用する。
BE、LEそれぞれをクリックするとバイトペインでは同じ場所を指し
ていることがわかる。

詳細ペインで選択している箇所が
反転表示されている

選択している
箇所のサイズ

　続いて送られるのが❷IPヘッダーで、この部分はIPv4で共通です。ヘッダー部分の長さや
IPパケット全体の長さ（ここでは20+16+48=84バイト）、IPパケットの分割に使われる識別
子・フラグ・フラグメントオフセット、パケットの「寿命」を表すTTL（p.152）、プロトコル、
エラーチェックに使われるチェックサム（*checksum*）、送信元と送信先のIPアドレスが含ま
れています。ここでのプロトコルはICMPです。

　IPヘッダーの中でプロトコルが「ICMP」であると示されているので、ヘッダーに続いて送
られるのは❸ICMPメッセージです。ICMPにもいくつかのタイプがあり、pingコマンドで
使用されるのは「Type 8（Request）」と「Type 0（Reply）」の2種類です（次ページの**図C**）。

　ICMPに含まれるタイプは、RFCの文書で調べられます。ICMPは「RFC 792 INTERNET
CONTROL MESSAGE PROTOCOL」で定義されており、RFC 792を参照すると、Typeによ
ってICMPメッセージの12バイト目以降の構造が異なることがわかります。Type 8と0は
「Echo or Echo Reply Message」としてまとめて定義されており、構造は同じです。

　Type 8（Request）では任意の値を❹データ部分に入れて送信し、Type 0（Reply）で同じ値
を返します。データ部分の長さは、IPヘッダーにあるパケット長からICMPヘッダー部分の
長さを引いた値になります。また、どのリクエストに対する応答なのかは、識別子とシーケ
ンス番号から判断します。

ICMPv6パケットを見てみよう

　IPv6でのpingは**ICMPv6**（*Internet Control Message Protocol version 6*）が使われていま
す。pingは「ICMPv6 Informational Messages」に分類されているメッセージを使用し、IPv4
同様、Echo Request Messageを送りEcho Reply Messageを受け取ります。

図C ICMPパケットの構造

ICMPパケット（Wiresharkの表示：1行目はバイト数、2行目は詳細部分に表示される各ブロックの先頭部分）

8	14	20	16	48	4
P	❶ Ethernet II	❷ IPv4	❸ ICMP	❹ Data	FCS
	Ethernetヘッダー	IPヘッダー	ICMPヘッダー	ICMPデータ	

P：プリアンブル（8バイト）これからデータを送信するという合図でWiresharkの画面には表示されない
FCS：フレームチェックシーケンス（4バイト）、Wiresharkの画面には表示されない

❶ Ethernetヘッダー（Ethernet II、RFC 894）

0	1	2	3	4	5	6	7	8	9	10	11	12	13
宛先（08:00:27:20:3c:72）						送信元（08:00:27:82:bf:df）						タイプ=IPv4	

Ubuntu1　Ubuntu2

❷ IPヘッダー（RFC 791）

0	1	2	3	4	5	6	7	8	9	10	11
Ver	IHL	DSCP	E C N	Total Length(84)		識別子		Flags	フラグメント オフセット	TTL	プロトコル =ICMP	Checksum

IPヘッダーがある＝
IPパケット＝
インターネット層
（および上位）の
プロトコル

12	13	14	15	16	17	18	19
送信元（10.0.2.4）				送信先（10.0.2.15）			

Ubuntu1　Ubuntu2

Ver（4ビット）：Version、IPプロトコルのバージョン、IPv4は「4」
IHL（4ビット）：Internet Header Length、ヘッダーの長さ
　　32ビットワード（=4バイト）単位で最小は「5」（5×4=20バイト）
2バイト目は元々はサービスタイプ（*Type of Service*）と定義されていたが、現在は
DSCPとECNという値に使用されている。どちらも混雑制御用（RFC 2474、RFC 3168）
DSCP（6ビット）：Differentiated Services Code Point、パケットの優先度を示す値
ECN（2ビット）：Explicit Congestion Notification、輻輳（ふくそう、混雑で処理しき
れない状態）通知

❸ ICMPヘッダー（RFC 792）

0	1	2	3	4	5	6	7	8	9	10	11	12	13	14	15
Type	Code	Checksum		ID		シーケンス番号		タイムスタンプ							

❹ ICMPデータ　➡ 残り48バイト

また、Part 1のARPに対比する形で触れたNDP（*Neighbor Discovery Protocol*）もICMPv6
を使用します。ARPはリンク層のプロトコルでIPヘッダーがありませんでしたが、NDPは
インターネット層のプロトコルでIPヘッダー（IPv6ヘッダー）が存在します。

Ubuntu1で **ip a** を実行してinet6のアドレスを確認し、Ubuntu2から **ping -c 1**
Ubuntu1のアドレス を実行します。ULA（inet6でfdから始まっている値）であればどのアドレス
でも通信が可能です。IPv6のアドレスを手入力するのはかなり難しいので、仮想環境の利点
を活かし、コマンドラインからのコピー&ペーストで入力することをお勧めします（p.90）。

```
$ ping -c 1 fd17:625c:f037:2:a7c4:6cd2:231b:9c6
PING fd17:625c:f037:2:a7c4:6cd2:231b:9c6(fd17:625c:f037:2:a7c4:6cd2:231b:9c6)
56 data bytes
64 bytes from fd17:625c:f037:2:a7c4:6cd2:231b:9c6: icmp_seq=1 ttl=64 time=1.77 ms

--- fd17:625c:f037:2:a7c4:6cd2:231b:9c6 ping statistics ---
1 packets transmitted, 1 received, 0% packet loss, time 0ms
rtt min/avg/max/mdev = 1.768/1.768/1.768/0.000 ms
```

上記のやりとりをWiresharkで表示すると、次のように、Ubuntu2からUbuntu1への送信
と、Ubuntu1からUbuntu2への応答、という2つのパケットが表示されます。ほかのパケッ
トが混ざってわかりにくい場合、まず、再スタート（Wireshark画面の3つめのボタン）で画面
をクリアしてから **ping -c 1** **IPアドレス** を再実行すると良いでしょう（次ページの **図D** ）。

また、フィルターでは「icmpv6」で絞ることもできます（フィルターの使い方、p.31）。IPv6
の場合はping用のパケットだけでなく、近隣探索のパケット（NDPでのアドレス解決、p.75）
も一緒に表示されます。どちらも同じICMPv6プロトコルであるためです。

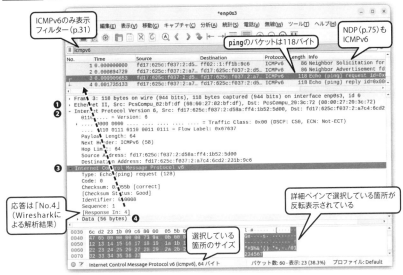

ICMPv6のみ表示
フィルター（p.31）

pingのパケットは118バイト

NDP（p.75）も
ICMPv6

❶
❷

❸

応答は「No.4」
（Wiresharkに
よる解析結果）

❹

詳細ペインで選択している箇所が
反転表示されている

選択している
箇所のサイズ

ICMPv6パケットの構造

ICMPv6でもパケットの構造を確認しましょう。基本的にはICMPと同じで、まず❶
Ethernetフレームヘッダーが表示されています。送信元と送信先のMACアドレスが含まれ
ており、タイプとして「IPv6」が入っています。

続いて送られるのが❷IPヘッダーで、この部分はIPv6で共通です。最初の8バイトにバー
ジョンなどの情報が書かれています。IPv6ではヘッダーの長さが40バイトで固定となったた
め、長さの情報は「ペイロード長」すなわちペイロード部分（ヘッダーを除いたデータの正味の
部分）のみとなりました。ICMPv6パケットの場合は64となっています。

IPv6では「IPv6ヘッダー」と「ペイロード」、ペイロードの中身は具体的なプロトコル（ここ
ではICMPv6）のヘッダーとそのペイロード、という構造になっています。IPv6ヘッダーに続
くヘッダーのタイプは「Next Header」に書かれており、ここでは「ICMPv6」であることがわか
ります。

続いて送信元と送信先のアドレスが入っています。それぞれ16バイトで合計32バイト、以
上がIPv6ヘッダー合計40バイトの内訳です。

「Next Header」のとおり、続くヘッダーはICMPv6ヘッダーで、タイプ、コード、チェッ
クサム、ID、シーケンス番号の合計8バイトとなっています（次ページの **図E** ）。

ICMPパケット（Wiresharkの表示：1行目はバイト数、2行目は詳細部分に表示される各ブロックの先頭部分）

8	14	40	8	56	4
P	❶ Ethernet II Ethernetヘッダー	❷ IPv6 IPヘッダー	❸ ICMPv6 ICMPv6ヘッダー	❹ Data ICMPv6データ（ゼロまたは任意）	FCS

P：プリアンブル(8バイト)これからデータを送信するという合図でWiresharkの画面には表示されない
FCS：フレームチェックシーケンス(4バイト)、Wiresharkの画面には表示されない

❶ Ethernetヘッダー（Ethernet II, RFC 894）

0	1	2	3	4	5	6	7	8	9	10	11	12	13
宛先(`08:00:27:20:3c:72`)						送信元(`08:00:27:82:bf:df`)						タイプ = IPv6	

Ubuntu1　Ubuntu2

❷ IPv6ヘッダー（RFC 4443）

0	1	2	3	4	5	6	7
Ver	Trクラス	フローレベル		ペイロード長		Next Header	Hop Limit

Version（4ビット）：IPプロトコルのバージョン、IPv6は「6」
Traffic Class（4ビット）：パケット処理の優先順位（Type Of Service相当）
フローレベル（20ビット）：パケットを識別するためのラベル
ペイロード長（16ビット）：IPv6ヘッダー※に続くデータの長さ。ここでは64(8+56)
※IPv6ヘッダーの長さは40バイトで固定。

8	9	2	3	4	5	6	7	8	9	10	11	12	13	14	15
Ubuntu2		送信元(`fd17:625c:f037:2:d58a:ff4:1b52:5d00`、128ビット=16バイト)													

24	25	26	27	28	29	30	31	32	33	34	35	36	37	38	39
送信先(`fd17:625c:f037:2:a7c4:6cd2:231b:9c6`、128ビット=16バイト)														Ubuntu1	

❸ ICMPv6ヘッダー（RFC 4443）

0	1	2	3	4	5	6	7
Type	Code	Checksum		ID		シーケンス番号	

Type：Echo Requestは 128、Echo Replyは 129
Code：両方ともゼロ

❹ ICMPv6データ　➡ 残り56バイト

IPのフラグメンテーション（断片化）

　パケットの最大サイズはネットワークデバイスごとに決まっており、これをMTU（*Maximum Transmission Unit*、最大転送単位）といいます。Ethernetの場合標準で1500バイトで、`ip`コマンドの場合`ip l`で確認できます。macOSでは`ifconfig`、Windowsでは`netsh interface ipv4 show interfaces`です。

```
$ ip l
1: lo: <LOOPBACK,UP,LOWER_UP> mtu 65536 qdisc noqueue state UNKNOWN mode
DEFAULT group default qlen 1000
    link/loopback 00:00:00:00:00:00 brd 00:00:00:00:00:00
2: enp0s3: <BROADCAST,MULTICAST,UP,LOWER_UP> mtu 1500 qdisc fq_codel state
UP mode DEFAULT group default qlen 1000
    link/ether 08:00:27:20:3c:72 brd ff:ff:ff:ff:ff:ff
```

　MTUより大きいパケットを送信しようとした場合、エラーになるか、またはパケットが分割されます。パケットの分割、特にIPパケットの分割を**フラグメンテーション**（*fragmentation*、断片化）といいます。

　IPパケットのフラグメンテーションが起こる様子は、`ping`コマンドで観察できます。Linuxとmacosの`ping`は`-s`オプション、Windowsは`-l`オプションでパケットのサイズを指定できます。MTUの1500とはEthernetのペイロード（*payload*、p.93）のサイズなので、1500からIPヘッダーの20バイトとICMPヘッダーの8バイト（p.122）を除いた1472バイトまでであ

れば分割されず、1472バイトを超えるとデータが分割されます。

　経由地にMTUが1500より小さい装置があれば、そこでもさらに分割される可能性があります。このため、IPv4のヘッダーにはフラグメンテーションを許すかどうかのフラグが用意されています。IPv6は送信元のみと規定されているためこのフラグはありません。

　以下はUbuntu1（**10.0.2.15**）からUbuntu2（**10.0.2.4**）へ、**ping**を2回ずつ送信している様子です。実行時のメッセージから**-s 1472**の場合ペイロードのサイズは1500、**-s 1473**は1501となることがわかります。また **図F** のWiresharkの実行結果を見ると後半の2回でフラグメンテーションが発生している様子がわかります。さらに、分割されているパケットについて、**Don't fragment**フラグがセットされていない様子もわかります（オプションでフラグをセットする例、p.181）。

```
$ ping -c 2 -s 1472 10.0.2.4
PING 10.0.2.4 (10.0.2.4) 1472(1500) bytes of data.
1480 bytes from 10.0.2.4: icmp_seq=1 ttl=64 time=0.584 ms
1480 bytes from 10.0.2.4: icmp_seq=2 ttl=64 time=0.495 ms
中略
$ ping -c 2 -s 1473 10.0.2.4
PING 10.0.2.4 (10.0.2.4) 1473(1501) bytes of data.
1481 bytes from 10.0.2.4: icmp_seq=1 ttl=64 time=1.68 ms
1481 bytes from 10.0.2.4: icmp_seq=2 ttl=64 time=1.87 ms
以下略
```

図F　フラグメンテーションの様子を観察（Wireshark）

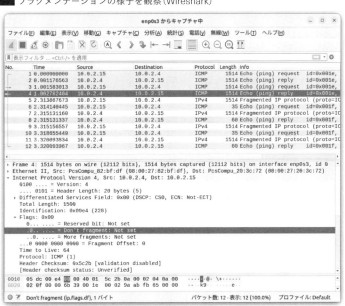

2.6

pingに応答しない設定を試してみよう
「応答がない」にもいろいろある

2台の仮想マシンを使い、通信相手がpingを拒絶する設定をしている場合にどのような表示になるか試してみましょう。相手が拒絶している場合と、ファイアウォールで塞（ふさ）がれている場合を試します。

設定の変更を伴うので、仮想マシンで実行してください。

これから試す内容の流れ

まず、**Ⓐ** Ubuntu1環境でICMPへの応答を拒否した状態でUbuntu2からUbuntu1、Ubuntu1からUbuntu2へのpingを試します。

次に**Ⓑ** ICMPを遮断してUbuntu2からUbuntu1、Ubuntu1からUbuntu2へのpingを試します。それぞれWiresharkでも観察してみましょう **図A**。

図A pingに応答しない設定を試してみよう（Ubuntu環境）

本書で使用しているIPアドレス		テスト環境のIPアドレス（ip aで確認）	
Ubuntu1 IPアドレス	10.0.2.15	**Ubuntu1** IPアドレス	
Ubuntu2 IPアドレス	10.0.2.4	**Ubuntu2** IPアドレス	

空欄は読者の方々の環境のメモに活用可能（IPアドレス等）

Ubuntu1で実行するコマンド	Ubuntu2で実行するコマンド
[準備] 現在のアドレスを確認 　$ ip a	Ubuntu1へping 　$ ping -c 1 10.0.2.15

Ⓐ ICMPへの応答を拒否
　$ sudo sysctl -w net.ipv4.icmp_echo_ignore_all=1
Ubuntu2へping
　$ ping -c 1 10.0.2.4
	Ubuntu1へping
	　$ ping -c 1 10.0.2.15　**← エラーになる**

Ⓑ ICMPを遮断
　$ sudo iptables -v -A INPUT -p icmp -j DROP
　$ sudo iptables -v -A OUTPUT -p icmp -j DROP
Ubuntu2へping
　$ ping -c 1 10.0.2.4　**← エラーになる**
	Ubuntu1へping
	　$ ping -c 1 10.0.2.15　**← エラーになる**

pingに応答しない**Ⓐ**　ICMPの応答を拒否してみよう
ping応答が「拒否」されたらどうなる

Ubuntu1でpingの応答を拒否してみましょう。以下は**sysctl**コマンドを使ってLinuxのカーネルパラメータでICMPのechoをignore（無視）するよう設定しています。起動中の設定をするだけで設定ファイルには保存されないため、再起動すると元に戻ります。また、**=1**の部分を**=0**にすることで、応答を再開させることができます。

ここではIPv4用で試していますが、IPv6も同様に試せます（IPv6のアドレスによるpingの実行方法はp.89を参照）。

```
sudo sysctl -w net.ipv4.icmp_echo_ignore_all=1⋯⋯⋯IPv4のpingに応答しない
sudo sysctl -w net.ipv6.icmp.echo_ignore_all=1⋯⋯⋯IPv6のpingに応答しない
```

※ 再起動すると元の設定に戻る。コマンドラインで戻したい場合は末尾の=1を=0にして実行。IPv4はicmp_なのに対しIPv6はicmp.であることに注意。sysctlは/proc疑似デバイスを読み書きするのに使用するコマンドで、IPv4とIPv6の設定はls /proc/sys/netで確認できる。

Ubuntu1で上記のコマンドを実行した状態でUbuntu2からUbuntu1へのpingを実行すると、一定時間内に応答が返らなかったということでタイムアウトになります（Wiresharkでの表示は次ページの 図B ）。

```
u1$ sudo sysctl -w net.ipv4.icmp_echo_ignore_all=1
net.ipv4.icmp_echo_ignore_all = 1⋯⋯⋯⋯⋯⋯設定できた
```

```
u2$ ping -c 1 10.0.2.15
PING 10.0.2.15 (10.0.2.15) 56(84) bytes of data.

--- 10.0.2.15 ping statistics ---
1 packets transmitted, 0 received, 100% packet loss, time 0ms
   ↑応答を受け取れなかった
```

なお、Ubuntu1側は「pingに応答しない」と決めただけなのでUbuntu1からUbuntu2へのpingはこれまでどおり使用できます。

```
u1$ ping -c 1 10.0.2.4
PING 10.0.2.4 (10.0.2.4) 56(84) bytes of data.
64 bytes from 10.0.2.4: icmp_seq=1 ttl=64 time=5.17 ms

--- 10.0.2.4 ping statistics ---
1 packets transmitted, 1 received, 0% packet loss, time 0ms
rtt min/avg/max/mdev = 5.174/5.174/5.174/0.000 ms
⋯⋯⋯⋯⋯⋯⋯⋯⋯⋯⋯⋯Ubuntu1からUbuntu2へのpingには応答がある

u1$ sudo sysctl -w net.ipv4.icmp_echo_ignore_all=0
net.ipv4.icmp_echo_ignore_all = 0⋯⋯⋯設定を元に戻しておく
```

pingに応答しない ❸ICMPを遮断してみよう

pingに応答しないようにするために、ICMP自体を遮断するというやり方もあります。特定の通信を遮断するのはファイアウォールを使用するのが一般的で、Ubuntuの場合はiptablesまたはufwで設定できます[11]。ここでは、古くからあるiptablesを使い、コマンドラインで設定を変更します。

[11] CentOSなど、いわゆるRed Hat系のLinuxディストリビューションではiptablesおよびfirewalldが使用されています。Ubuntuでfirewalld、あるいはCentOSでufwのパッケージを導入することも可能ですが、まずは各ディストリビューション標準の設定を使用するのが手軽で確実でしょう。また、iptablesからnft (nftables) への移行も進められています。

図B　pingに応答しない🅐　ICMPの応答を拒否してみよう

```
sudo iptables -v -A INPUT -p icmp -j DROP················ICMPの入力を遮断する（IPv4）
sudo iptables -v -A OUTPUT -p icmp -j DROP···············ICMPの出力を遮断する（IPv4）
sudo ip6tables -v -A INPUT -p ipv6-icmp -j DROP··········ICMPの入力を遮断する（IPv6）
sudo ip6tables -v -A OUTPUT -p ipv6-icmp -j DROP········ICMPの出力を遮断する（IPv6）
```

※ 再起動すると元の設定に戻る。コマンドラインで戻したい場合は -A を -D にして実行。

　コマンドラインでの操作は起動中の設定をするだけで設定ファイルには保存されないため、再起動すると元に戻ります。また、-A（--append）の部分を -D（--delete）にすることで、遮断を取り消せます。

　なお、今回はテストのためにICMPの入出力すべてを遮断していますが、ICMPはネットワークの診断に使われるので、実際の運用ではICMPパケットの中でも特定のメッセージだけは許可するなどの措置を行うのが一般的です。

　Ubuntu1で上記のコマンドを実行した状態でUbuntu2からUbuntu1へのpingを実行すると、一定時間内に応答が返らなかったということでタイムアウトになります（Wiresharkでの表示は次ページの図C）。これは🅐のときと同じ状態です。

　以下はIPv4での実行例です。

```
u1$ sudo iptables -v -A INPUT -p icmp -j DROP
DROP   icmp opt -- in * out *  0.0.0.0/0  -> 0.0.0.0/0
```
↑ICMPのINPUTを遮断するルールが追加された（-vオプションによる表示）

```
u2$ ping -c 1 10.0.2.15················ ❶ 1回目のping
PING 10.0.2.15 (10.0.2.15) 56(84) bytes of data.

--- 10.0.2.15 ping statistics ---                                    続く▶
```

```
1 packets transmitted, 0 received, 100% packet loss, time 0ms
```
↑応答を受け取れなかった（**Ａ**のときと同じ状態）

Ubuntu1側では「ICMPのINPUTを遮断する」としているため、Ubuntu1からUbuntu2への**ping**を実行した場合、「ICMP Echo Requestを送ることはできてもICMP Echo Replyを受け取ることはできない」という状態になっています。したがって、Ubuntu1からUbuntu2への**ping**は失敗しますが、Wireshark上はRequestとReplyのやりとりがある様子が観察できます。

```
u1$ ping -c 1 10.0.2.4 ················ ❷ 2回目のping
PING 10.0.2.4 (10.0.2.4) 56(84) bytes of data.


--- 10.0.2.4 ping statistics ---
1 packets transmitted, 0 received, 100% packet loss, time 0ms
```
ICMPのINPUTが遮断されているためエラーになる
```
u1$ sudo iptables -v -A OUTPUT -p icmp -j DROP
DROP  icmp opt -- in * out *  0.0.0.0/0  -> 0.0.0.0/0
u1$ ping -c 1 10.0.2.4 ················ ❸ 3回目のping
PING 10.0.2.4 (10.0.2.4) 56(84) bytes of data.


--- 10.0.2.4 ping statistics ---
1 packets transmitted, 0 received, 100% packet loss, time 0ms
```
↑ICMPのINPUTとOUTPUTが遮断されているためエラーになる
↓設定を戻しておく
```
u1$ sudo iptables -v -D INPUT -p icmp -j DROP
DROP  icmp opt -- in * out *  0.0.0.0/0  -> 0.0.0.0/0
u1$ sudo iptables -v -D OUTPUT -p icmp -j DROP
DROP  icmp opt -- in * out *  0.0.0.0/0  -> 0.0.0.0/0
```

図C pingに応答しない**Ｂ** ICMPを遮断してみよう

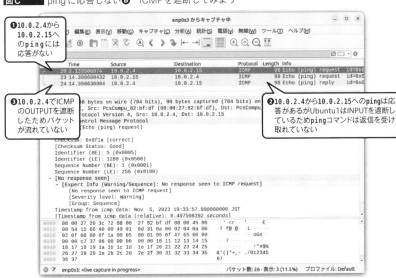

❶10.0.2.4から10.0.2.15へのpingには応答がない

❸10.0.2.4でICMPのOUTPUTを遮断したためパケットが流れていない

❷10.0.2.4から10.0.2.15へのpingは応答があるがUbuntu1はINPUTを遮断しているためpingコマンドは返信を受け取れていない

2.7

異なるネットワークとの通信を試してみよう

経路設定とIPフォワーディング

　テスト環境をもう1台追加して、経路情報を定義することで異なるネットワークとの通信を試してみましょう。

　Ubuntu3という仮想環境を作成し、Ubuntu1・Ubuntu2とは異なるネットワークアドレスを設定します。次に、Ubuntu1にネットワークデバイスを追加し、2つのネットワークで相互通信が可能になるように設定を加えます **図A** 。

図A これから学習用に作成する環境

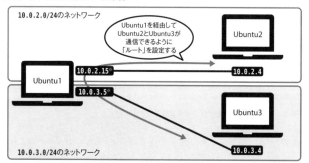

※ホストID（〜.15や〜.5の部分）は自動的に振られるため実行時に確認。

[参考]UTMの場合

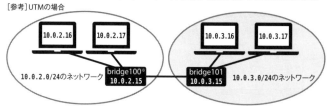

※`bridge100`〜は自動生成される仮想デバイスで「ゲストをホストから隔離」がオフの場合相互通信が
　可能になるため本節での「経路情報の追加」や「IPフォワーディング」の設定は不要。

[準備]Windows（VirtualBox）

　NATネットワーク用のデバイスを追加して、今までと異なるネットワークアドレスを持つ仮想マシンを1つ追加しましょう。新しい仮想マシンはUbuntu1を元にするので、Ubuntu1をシャットダウンしておいてください。

■1 NATネットワーク用のデバイスを作成する

　VirtualBoxマネージャーの「ファイル」→「ツール」→「Network Manager」を開き、❶「NAT Networks」タブで❷「作成」をクリック→❸作成された仮想デバイスをクリックしてIPv4プレフィックスに「`10.0.3.0/24`」を設定し、「Enable IPv6」にチェックマークを入れて、IPv6 Prefix:

に「`fd17:625c:f037:3::/64`」を入力し、❹「適用」をクリックする。

　既存のNATネットワークで使用している「`10.0.2.0/24`」と「`fd17:625c:f037:2::/64`」とは異なるアドレスを指定します。ここではそれぞれ2を3に変更した値を使用しています 図B 。

図B 　　　NATネットワーク用のデバイスを追加する（VirtualBox）

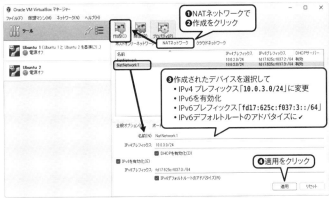

2 仮想マシン（Ubuntu1）のクローンを作成する

　続いてクローンを作成し、1 で作成したネットワークデバイスを割り当てます。

　電源をオフにした仮想マシンを選択して「仮想マシン」→「クローン（Ctrl+O）」でクローンを作成します。今回もp.76同様「リンクしたクローン」で問題ありません。この仮想マシンをUbuntu3とします。

3 クローンで作成した仮想マシン（Ubuntu3）のネットワークデバイスを変更する

　クローンで作成した仮想マシンを選択して「仮想マシン」→「設定（Ctrl+S）」で設定画面を開き、「ネットワーク」で「アダプター1」の「割り当て」を「NATネットワーク」にして1 で作成したネットワークデバイスを選択します 図C 。

図C 　　　クローンで作成した仮想マシン（Ubuntu3）のネットワークデバイスを変更する

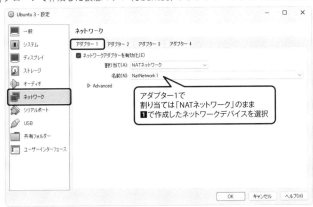

4 Ubuntu3を起動してホスト名(コンピューターの名前)を変更する

Ubuntu3を起動して端末で下記のように実行してください。端末を開き直すとプロンプトが「 ユーザー名 @ubuntu3」に変わります。

```
$ sudo hostnamectl set-hostname ubuntu3
```

5 Ubuntu1にネットワークデバイスを追加する

最後に、Ubuntu1にネットワークデバイスを追加します。Ubuntu1はネットワークデバイスが2つ登録されている状態となります。

Ubuntu1を選択して「仮想マシン」→「設定(Ctrl+S)」で設定画面を開き、「ネットワーク」で「アダプター2」の「割り当て」を「NATネットワーク」にして**1**で作成したネットワークデバイスを選択します **図D**。

図D Ubuntu1にネットワークアダプターを追加する

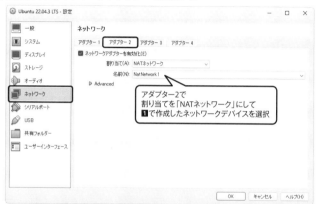

[準備]macOS(UTM)

今までと異なるネットワークアドレスを持つ仮想マシンを作成します。

まず、仮想マシン(Ubuntu1)に新しいネットワーク用のネットワークデバイスを追加してからクローンを作成し、新しい仮想マシンから古い方のネットワークデバイスを削除します。

Ubuntu1の設定を変更してコピーするので、Ubuntu1をシャットダウンしておいてください。

1 仮想マシン(Ubuntu1)にネットワークデバイスを追加する

❶仮想マシン(Ubuntu1)の設定アイコン(右端の≡)をクリックし、**❷**デバイスの「+」で「ネットワーク」をクリックします。

❸デバイスに「ネットワーク」が追加されるので選択して、**❹**「詳細設定を表示」にチェックマークを入れ、**❺**ゲストネットワークに「10.0.3.0/24」、DHCP割り当て開始アドレスに「10.0.3.15」、DHCP割り当て終了アドレスに「10.0.3.254」を入力して**❻**「保存」をクリックします(次ページの **図E**)。

図E 仮想マシン（Ubuntu1）にネットワークデバイスを追加（UTM）

クローン元（Ubuntu1）の設定

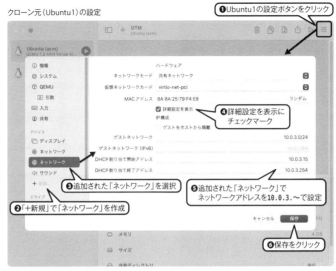

❶Ubuntu1の設定ボタンをクリック

❹詳細設定を表示に
チェックマーク

❸追加された「ネットワーク」を選択

❷「＋新規」で「ネットワーク」を作成

❺追加された「ネットワーク」で
ネットワークアドレスを**10.0.3.～**で設定

❻保存をクリック

※ 詳細はサポートページを参照。

❷仮想マシン（Ubuntu1）のクローンを作成する

仮想マシンを選択して複製ボタンをクリック→「すべて複製しますか？」の確認メッセージ
が出るので「はい」で複製します。これを Ubuntu3 とします。

❸新しい仮想マシン（Ubuntu3）のネットワークを設定する

クローンの方は「**10.0.3.0/24**」だけにしたいので、❶設定アイコンをクリックし、❷「ネット
ワーク」で「**10.0.2.0/24**」が設定されている方を右クリック→「削除」します。また、MACアド
レスの重複を避けるため、❸「ネットワーク」の残り（「**10.0.3.0/24**」が設定されている方）を選択し、
❹MACアドレスで「ランダム」をクリックして❺「保存」をクリックします（次ページの**図F**）。

❹Ubuntuを起動してホスト名（コンピューターの名前）を変更する

本書では、3台目の Ubuntu を ubuntu3 としています。

Ubuntu を起動して、下記を端末で実行してください。端末を開き直すとプロンプトが
「**ユーザー名** **@ubuntu3**」に変わります。

```
$ sudo hostnamectl set-hostname ubuntu3
```

これから試す内容の流れ

Ubuntu1 をルーター役として、Ubuntu2 と Ubuntu3 が相互に通信できるようにしていきます。
必要な操作は、Ubuntu1（ルーター役）でIPフォワーディング（後述）を有効にすること、お
よび、Ubuntu2 と Ubuntu3 に経路情報を追加することの3点ですが、ここでは、それぞれの
設定がどう効いているかを見るために、以下の順番でコマンドを実行し、**ping**を送信した様

図F 仮想マシン（Ubuntu1）のクローンを作成する（UTM）

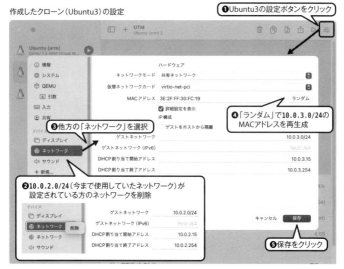

作成したクローン（Ubuntu3）の設定

❶Ubuntu3の設定ボタンをクリック

❸他方の「ネットワーク」を選択

❹「ランダム」で10.0.3.0/24の
MACアドレスを再生成

❷10.0.2.0/24（今まで使用していたネットワーク）が
設定されている方のネットワークを削除

❺保存をクリック

※ 詳細はサポートページを参照。

子をWiresharkで観察しています。

- ❶まずUbuntu1、2、3相互に**ping**を送り、どこからどこへの通信が可能か確認しておく
- ❷Ubuntu2に経路情報を追加する
- ❸Ubuntu1でIPフォワーディングを有効にする
- ❹Ubuntu3に経路情報を追加する

ここでの設定は保存されないので、よくわからなくなったら仮想マシンを3台とも再起動し、❶から順番にやり直してください。

> ここでの解説はVirtualBoxを前提としています。macOSのUTMではルーティング情報が自動で作成・管理されるため途中の「経路情報の追加」と「IPフォワーディングの設定」がない状態での相互通信が可能となります。
> 実環境のネットワークではルーター（装置）を使うのでUTMに近い状態となります。
> 経路を追加する操作はPart 4の最後「Network Namespaceの活用」でも行いますので、経路の追加前後の様子などを実験してみたい方はそちらでお試しください。

❶Ubuntu1、2、3相互にpingを送ってみる

Ubuntu1、Ubuntu2、Ubuntu3それぞれ、**ip -4 a**でIPアドレスを確認してから、相互に**ping**を送ってみましょう（次ページの **図G**）。

まず、Ubuntu1で**ip -4 a**を実行するとネットワークデバイスが追加されており、それぞれ、**10.0.2.0/24**と**10.0.3.0/24**のネットワークに対応したIPアドレスが付けられています。

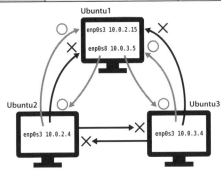

なお、ここでは表示と入力をわかりやすくするために IPv4 を使用しています。

図G **Ⓐ**相互に ping を送ってみる

本書で使用しているIPアドレス		テスト環境のIPアドレス（`ip a`で確認）	
Ubuntu1 デバイス IPアドレス	enp0s3 10.0.2.15 enp0s8 10.0.3.5	**Ubuntu1** デバイス IPアドレス	
Ubuntu2 デバイス IPアドレス	enp0s3 10.0.2.4	**Ubuntu2** デバイス IPアドレス	
Ubuntu3 デバイス IPアドレス	enp0s3 10.0.3.4	**Ubuntu3** デバイス IPアドレス	

······ 空欄は読者の
方々の環境の
メモに活用可能
（IPアドレス等）

Ubuntu1（ルーター役）で実行するコマンド	Ubuntu2 で実行するコマンド	Ubuntu3 で実行するコマンド
`$ ping -c 1 10.0.2.4` … Ubuntu2宛 OK `$ ping -c 1 10.0.3.4` … Ubuntu3宛 OK	`$ ping -c 1 10.0.2.15` … Ubuntu1宛 OK `$ ping -c 1 10.0.3.5` … Ubuntu1宛 NG `$ ping -c 1 10.0.3.4` … Ubuntu3宛 NG	`$ ping -c 1 10.0.3.5` … Ubuntu1宛 OK `$ ping -c 1 10.0.2.15` … Ubuntu1宛 NG `$ ping -c 1 10.0.2.4` … Ubuntu2宛 NG

ここからの操作には、「現時点ではpingが返らないことを確認する」という目的でのコマンド実行が含まれるため、ご自身のテスト環境でのIPアドレスを正確に確認し、適宜実行例を読み替えてお試しください。上記 **図G** の空欄にメモをしながら試すことをお勧めします。

各ホストのIPアドレスの確認

まずUbuntu1のIPアドレスを確認します。ネットワークデバイスを2つ持っており、この仮想マシンがルーター役となります。ここでは **10.0.2.15** と **10.0.3.5** が設定されています。

```
u1$ ip -4 a
1: lo: <LOOPBACK,UP,LOWER_UP> mtu 65536 qdisc noqueue state UNKNOWN group
default qlen 1000
    inet 127.0.0.1/8 scope host lo
       valid_lft forever preferred_lft forever
2: enp0s3: <BROADCAST,MULTICAST,UP,LOWER_UP> mtu 1500 qdisc fq_codel state UP
group default qlen 1000
    inet 10.0.2.15/24 brd 10.0.2.255 scope global dynamic noprefixroute enp0s3
       valid_lft 524sec preferred_lft 524sec
3: enp0s8: <BROADCAST,MULTICAST,UP,LOWER_UP> mtu 1500 qdisc fq_codel state UP
group default qlen 1000
    inet 10.0.3.5/24 brd 10.0.3.255 scope global dynamic noprefixroute enp0s8
       valid_lft 524sec preferred_lft 524sec
enp0s3に10.0.2.15、enp0s8に10.0.3.5が設定されている
```

Ubuntu2とUbuntu3のIPアドレスも確認します。ここではそれぞれ**10.0.2.4**と**10.0.3.4**が設定されています。

```
u2$ ip -4 a
1: lo: <LOOPBACK,UP,LOWER_UP> mtu 65536 qdisc noqueue state UNKNOWN group
default qlen 1000
    inet 127.0.0.1/8 scope host lo
       valid_lft forever preferred_lft forever
2: enp0s3: <BROADCAST,MULTICAST,UP,LOWER_UP> mtu 1500 qdisc fq_codel state UP
group default qlen 1000
    inet 10.0.2.4/24  brd 10.0.2.255 scope global dynamic noprefixroute enp0s3
       valid_lft 369sec preferred_lft 369sec
```
⬆enp0s3に10.0.2.4が設定されている

```
u3$ ip -4 a
1: lo: <LOOPBACK,UP,LOWER_UP> mtu 65536 qdisc noqueue state UNKNOWN group
default qlen 1000
    inet 127.0.0.1/8 scope host lo
       valid_lft forever preferred_lft forever
2: enp0s3: <BROADCAST,MULTICAST,UP,LOWER_UP> mtu 1500 qdisc fq_codel state UP
group default qlen 1000
    inet 10.0.3.4/24  brd 10.0.3.255 scope global dynamic noprefixroute enp0s3
       valid_lft 587sec preferred_lft 587sec
```
⬆enp0s3に10.0.3.4が設定されている

Ubuntu1からUbuntu2、Ubuntu3へのpingは可能

Ubuntu1からUbuntu2、Ubuntu3への**ping**はそれぞれ可能です。Ubuntu1はUbuntu2と同じネットワーク(**10.0.2.0/24**)とUbuntu3と同じネットワーク(**10.0.3.0/24**)それぞれのネットワークデバイスがあり、直接通信できるためです。

```
u1$ ping -c 1 10.0.2.4
PING 10.0.2.4 (10.0.2.4) 56(84) bytes of data.
64 bytes from 10.0.2.4: icmp_seq=1 ttl=64 time=0.886 ms

--- 10.0.2.4 ping statistics ---
1 packets transmitted, 1 received, 0% packet loss, time 0ms
rtt min/avg/max/mdev = 0.886/0.886/0.886/0.000 ms
```
⬆Ubuntu2にpingが通る
```
u1$ ping -c 1 10.0.3.4
PING 10.0.3.4 (10.0.3.4) 56(84) bytes of data.
64 bytes from 10.0.3.4: icmp_seq=1 ttl=64 time=0.775 ms

--- 10.0.3.4 ping statistics ---
1 packets transmitted, 1 received, 0% packet loss, time 0ms
rtt min/avg/max/mdev = 0.775/0.775/0.775/0.000 ms
```
⬆Ubuntu3にpingが通る

Ubuntu2からUbuntu1とUbuntu3へのping

続いて、Ubuntu2からUbuntu1の2つのIPアドレス、Ubuntu3のIPアドレスに向けて**ping**を実行します。

Ubuntu2は**10.0.2.4/24**なので、同じ**10.0.2.0/24**のネットワークであるUbuntu1の**10.0.2.15**宛の**ping**は通りますが、**10.0.3.4**とUbuntu3の**10.0.3.5**宛は通りません。Ubuntu3も同様です。

```
u2$ ping -c 1 10.0.2.15
PING 10.0.2.15 (10.0.2.15) 56(84) bytes of data.
64 bytes from 10.0.2.15: icmp_seq=1 ttl=64 time=0.944 ms

--- 10.0.2.15 ping statistics ---
1 packets transmitted, 1 received, 0% packet loss, time 0ms
rtt min/avg/max/mdev = 0.944/0.944/0.944/0.000 ms
```
↑10.0.2.15(Ubuntu1の一つめ)にはpingが通った
```
u2$ ping -c 1 10.0.3.5
PING 10.0.3.5 (10.0.3.5) 56(84) bytes of data.

--- 10.0.3.5 ping statistics ---
1 packets transmitted, 0 received, 100% packet loss, time 0ms
```
↑10.0.3.5(Ubuntu1の2つめ)からの応答は受信できない
```
u2$ ping -c 1 10.0.3.4
PING 10.0.3.4 (10.0.3.4) 56(84) bytes of data.

--- 10.0.3.4 ping statistics ---
1 packets transmitted, 0 received, 100% packet loss, time 0ms
```
↑10.0.3.4(Ubuntu3)からの応答は受信できない

Ubuntu3からUbuntu1とUbuntu2へのping

Ubuntu3も同様です。Ubuntu3は**10.0.3.0/24**のネットワークに属しているため、Ubuntu1の**10.0.3.5**とは通信ができますが、Ubuntu1の**10.0.2.15**およびUbuntu2の**10.0.2.4**へのpingはエラーになります。

```
u3$ ping -c 1 10.0.3.5
PING 10.0.3.5 (10.0.3.5) 56(84) bytes of data.
64 bytes from 10.0.3.5: icmp_seq=1 ttl=64 time=1.24 ms

--- 10.0.3.5 ping statistics ---
1 packets transmitted, 1 received, 0% packet loss, time 0ms
rtt min/avg/max/mdev = 1.237/1.237/1.237/0.000 ms
```
↑10.0.3.5(Ubuntu1の2つめ)にはpingが通った
```
u3$ ping -c 1 10.0.2.15
PING 10.0.2.15 (10.0.2.15) 56(84) bytes of data.

--- 10.0.2.15 ping statistics ---
1 packets transmitted, 0 received, 100% packet loss, time 0ms
```
続く

```
 ↑10.0.2.15(Ubuntu1の一つめ)からの応答は受信できない
u3$ ping -c 1 10.0.2.4
PING 10.0.2.4 (10.0.2.4) 56(84) bytes of data.

--- 10.0.2.4 ping statistics ---
1 packets transmitted, 0 received, 100% packet loss, time 0ms
 ↑10.0.2.4(Ubuntu2)からの応答は受信できない
```

なお macOS の UTM の場合、「ゲストをホストから隔離」がオフの場合、前述のように、ホストOS側で自動生成される仮想デバイス **bridge100**(IPアドレス **10.0.2.15/24**)と **bridge101**（同 **10.0.3.15/24**）でルーティングが自動設定されるため、この状態で相互に **ping** が通る状態となっています。

❸Ubuntu2に経路情報を追加する
Ubuntu2にUbuntu3への経路情報を設定する

ここからはWiresharkでICMPパケットも観察しながら進めてみましょう。

まず、Ubuntu2 に経路を追加します **図H**。Ubuntu2 は **10.0.2.0/24** のネットワークに属しており、接続したい Ubuntu3 のネットワークは **10.0.3.0/24** です。Ubuntu2 から見て、「**10.0.3.0/24** に中継してくれそうなホスト」はUbuntu1で、Ubuntu2 から Ubuntu1 には現在 **10.0.2.15** とやりとりができています。そこで、「**10.0.3.0/24** 宛のパケットは **10.0.2.15** に、

図H ❸Ubuntu2 に経路情報を追加する（これから実行するコマンド）

本書で使用しているIPアドレス		テスト環境のIPアドレス（**ip a** で確認）	
Ubuntu1 デバイスIPアドレス	enp0s3 10.0.2.15 enp0s8 10.0.3.5	**Ubuntu1** IPアドレス	
Ubuntu2 デバイスIPアドレス	enp0s3 10.0.2.4	**Ubuntu2** IPアドレス	
Ubuntu3 デバイスIPアドレス	enp0s3 10.0.3.4	**Ubuntu3** IPアドレス	

Ubuntu1（ルーター役）で実行するコマンド	Ubuntu2 で実行するコマンド	Ubuntu3 で実行するコマンド

（なし）	（Wireshark確認用）
	$ ping -c 1 10.0.3.5 …Ubuntu1宛 NG ❶
	$ ping -c 1 10.0.3.4 …Ubuntu3宛 NG ❷	

	$ ip r 現在の設定を確認❸
	$ sudo ip r add 10.0.3.0/24 via 10.0.2.4 dev enp0s3
	　10.0.3.0/24へのルートを追加❹(本文参照)
	$ ip r 追加後の設定を確認❺
		❶❷❻❼はWiresharkで
		確認しながら実行(本文参照)

	$ ping -c 1 10.0.3.5 …Ubuntu1宛 OKになる❻ $ ping -c 1 10.0.3.4 …Ubuntu3宛 NGのまま❼	

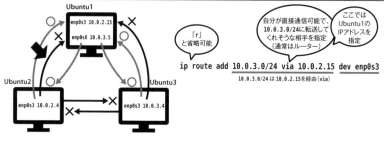

enp0s3から送る」と設定します。

　経路の追加には**ip route**コマンドを使用します。現在の経路情報は**ip r**で確認できます。これは**ip route**を省略した書き方です。

```
ip route………現在の経路情報を確認する、routeはrと省略可能
sudo ip route add 宛先 via IPアドレス dev デバイス
　………………指定した宛先へのパケットをどこへ送るか、どのデバイスから送るかを指定する
sudo ip route del 宛先 via IPアドレス dev デバイス
　………………指定したルーティングテーブルを削除する
```

　設定に先立ち、各仮想マシンでWiresharkを起動し、Ubuntu2からUbuntu1とUbuntu3への**ping**を実行してどのように表示されるか確認します。

　Ubuntu1（ルーター役の仮想マシン）は、デバイスenp0s3とenp0s8両方のパケットを観察したいので**デバイスは「any」を選択**してください。Linux版のWiresharkはanyで全デバイスのパケットをキャプチャできます。

　Ubuntu2（**ping**を送る仮想マシン）と、Ubuntu3（最終的に**ping**を受け取って応答させたい仮想マシン）は今までどおり「enp0s3」を選択します。それぞれ、フィルターでicmpを選択することで**ping**のパケット（ICMP、p.119）だけが表示され、様子がわかりやすくなります。

　ここでのコマンド操作はUbuntu2で行います。まず、下記のコマンドでUbuntu1とUbuntu3への**ping**を送ってみます。

```
u2$ ping -c 1 10.0.3.5 ………………❶Ubuntu1へのping（Wireshark確認用）
PING 10.0.3.5 (10.0.3.5) 56(84) bytes of data.

--- 10.0.3.5 ping statistics ---
1 packets transmitted, 0 received, 100% packet loss, time 0ms
⬆パケットは送ったが応答は受信できていない（100% packet loss）
u2$ ping -c 1 10.0.3.4 ………………❷Ubuntu3へのping（Wireshark確認用）
PING 10.0.3.4 (10.0.3.4) 56(84) bytes of data.

--- 10.0.3.4 ping statistics ---
1 packets transmitted, 0 received, 100% packet loss, time 0ms
⬆パケットは送ったが応答は受信できていない
```

　この時点での、Ubuntu1、Ubuntu2、Ubuntu3それぞれのWiresharkの画面を見ると、❶の**ping**と❷の**ping**は誰も受け取っていないことがわかります。Ubuntu2は**10.0.2.0/24**なのに対し**ping**の宛先は**10.0.3.0/24**でネットワークが異なるためパケットが失われてしまいました（次ページの**図1**）。

　ここで、経路情報を追加してみます。❸まず現在の経路情報を確認してみると、**10.0.2.0/2**、**169.254.0.0/16**用の設定があることがわかります。これはVirtualBoxが提供しているローカルアドレスで、このネットワークであれば直接やりとりが可能です。

　それ以外は**default via 10.0.2.1**に従い、すべて**10.0.2.1**へ送られることになっています。このアドレスはVirtualBoxが提供しているNATネットワーク用のアドレスで、外部ネットワーク（インターネット）へのアクセスはホストOSのネットワークデバイスへルーティングされるようになっています。しかし❶❷の結果からわかるように、ローカルネットワーク（ここでは**10.0.3.0/24**）への経路は設定されていません。

図I ❸ Ubuntu2 に経路情報を追加する（❶❷追加前）

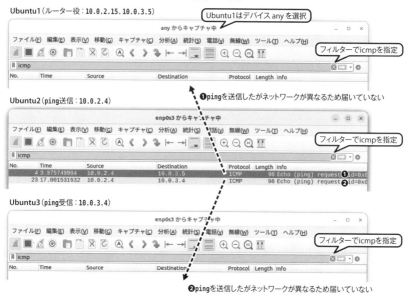

そこで、❹経路情報を追加します。設定の考え方はさきほどの **図H**（p.138）のとおりなので、実行例を参考にご自身のテスト環境に合わせて**via**部分を指定してください。

Ubuntu1に、Ubuntu3へのルートを追加する

まず❺念のため、再度登録された内容を確認します。続いて❹Ubuntu3へのルートを追加します。

```
u2$ ip r ··········································································❸現在の経路情報を確認
default via 10.0.2.1 dev enp0s3 proto dhcp metric 100
   基本は10.0.2.1へ（default）
10.0.2.0/24 dev enp0s3 proto kernel scope link src 10.0.2.4 metric 100
169.254.0.0/16 dev enp0s3 scope link metric 1000
   10.0.2.0/24、169.254.0.0/16はリンクローカル
u2$ sudo ip r add 10.0.3.0/24 via 10.0.2.15 dev enp0s3 ·····❹ルートを追加
   10.0.3.0/24宛は10.0.2.15（Ubuntu1の、自分と同じネットワークのIPアドレスを指定）へ、
   enp0s3から送るというルートを追加
u2$ ip r ··········································································❺現在の経路情報を確認
default via 10.0.2.1 dev enp0s3 proto dhcp metric 100
10.0.2.0/24 dev enp0s3 proto kernel scope link src 10.0.2.4 metric 100
10.0.3.0/24 via 10.0.2.15 dev enp0s3     ←追加できた
169.254.0.0/16 dev enp0s3 scope link metric 1000
```

結果の確認

無事追加できたので、再度**ping**を実行してみましょう。

```
u2$ ping -c 1 10.0.3.5          ❻Ubuntu1へのping
PING 10.0.3.5 (10.0.3.5) 56(84) bytes of data.
64 bytes from 10.0.3.5: icmp_seq=1 ttl=64 time=2.13 ms

--- 10.0.3.5 ping statistics ---
1 packets transmitted, 1 received, 0% packet loss, time 0ms
rtt min/avg/max/mdev = 2.134/2.134/2.134/0.000 ms
   Ubuntu1の10.0.3.5(❹で追加したアドレス)からの応答があった
u2$ ping -c 1 10.0.3.4          ❼Ubuntu3へのping
PING 10.0.3.4 (10.0.3.4) 56(84) bytes of data.

--- 10.0.3.4 ping statistics ---
1 packets transmitted, 0 received, 100% packet loss, time 0ms
   ⬆パケットは送ったが応答は受信できていない
```

　この時点での、Ubuntu1、Ubuntu2、Ubuntu3それぞれでWiresharkの画面を見ると❻の**ping**はUbuntu1が受け取り応答していますが、❼の**ping**はUbuntu1が受け取っているものの Ubuntu3には届いていません。これには、Ubuntu1の中で「パケットを転送する(fowarding する)」という設定が必要であるのに設定されていないためです **図J**。

図J　　❽Ubuntu2にルート情報を追加した(❻❼ルート追加後のパケットを確認)

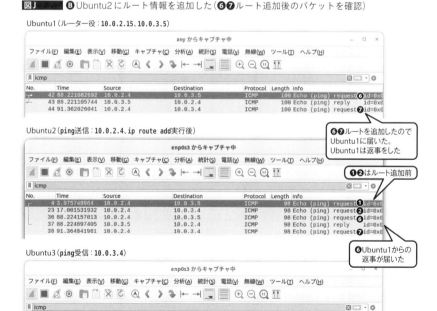

Ubuntu1(ルーター役:**10.0.2.15**、**10.0.3.5**)

Ubuntu2(ping送信:**10.0.2.4**、**ip route add**実行後)

❻❼ルートを追加したので
Ubuntu1に届いた。
Ubuntu1は返事をした

❶❷はルート追加前

❻Ubuntu1からの
返事が届いた

Ubuntu3(ping受信:**10.0.3.4**)

❸Ubuntu1でIPフォワーディングを有効にする

続いて、Ubuntu1でIPフォワーディング（転送）を有効にしましょう。これによってUbuntu1のカーネルは、あるネットワークデバイスから別のネットワークデバイスへのパケットの転送を行えるようになります 図K 。

IPフォワーディングに関する現在の設定を変更したい場合、**sysctl**コマンドを使って**/proc/sys/net/ipv4/conf/all/forwarding**の値を変更します。コマンドラインからの変更は実行時のみ有効です[*12]。

```
sudo sysctl -w net.ipv4.conf.all.forwarding=1
sudo sysctl -w net.ipv6.conf.all.forwarding=1
```

図K ❸Ubuntu1でIPフォワーディングを有効にする（これから実行するコマンド）

本書で使用しているIPアドレス		テスト環境のIPアドレス（**ip a**で確認）	
Ubuntu1 デバイスIPアドレス	enp0s3 10.0.2.15 enp0s8 10.0.3.5	**Ubuntu1** IPアドレス	
Ubuntu2 デバイスIPアドレス	enp0s3 10.0.2.4	**Ubuntu2** IPアドレス	
Ubuntu3 デバイスIPアドレス	enp0s3 10.0.3.4	**Ubuntu3** IPアドレス	

Ubuntu1（ルーター役）で実行するコマンド	Ubuntu2で実行するコマンド	Ubuntu3で実行するコマンド
$ sudo sysctl -w net.ipv4.conf.all.forwarding=1 IPフォワーディングを有効にする（本文参照）		
	$ ping -c 1 10.0.3.5 …Ubuntu1宛 OK❽ $ ping -c 1 10.0.3.4 …Ubuntu3宛 NGのまま❾	

Ubuntu1

enp0s3 10.0.2.15

enp0s8 10.0.3.5

受け取った
パケットを
送ってあげよう

net.ipv4.conf.all.forwarding=1

```
u1$ sysctl net.ipv4.conf.all.forwarding ··············現在の設定を確認する
net.ipv4.conf.all.forwarding = 0   ←現在は 0（無効）
u1$ sudo sysctl -w net.ipv4.conf.all.forwarding=1 ···1を書き込む
net.ipv4.conf.all.forwarding = 1   ←1（有効）になった
```

この状態でUbuntu2からUbuntu3へ**ping**を送信してもまだ応答はありません。

ただし、Wiresharkで見ると、Ubuntu3に信号は届いており、Ubuntu3は応答しています。Ubuntu3からUbuntu2への経路がないためUbuntu2に応答が戻っていないという状態です（次ページの 図L ）。

```
u2$ ping -c 1 10.0.3.5 ··············❽Ubuntu1へのping（比較確認用）      続く▶
```

[*12] 設定を残したい場合は**/etc/sysctl.conf**で**net.ipv4.ip_forward=1**または**net.ipv6.conf.all.forwarding=1**という行を追加する必要があります。Ubuntuの場合あらかじめ設定行が書かれているので、行頭の**#**を削除して保存することで設定できます。設定の保存方法はディストリビューションおよびバージョンによって異なります。

◆ 電子書籍・雑誌を 読んでみよう！

技術評論社　GDP	検索

で検索、もしくは左のQRコード・下の
URLからアクセスできます。

https://gihyo.jp/dp

1 アカウントを登録後、ログインします。
【外部サービス（Google、Facebook、Yahoo!JAPAN）
　でもログイン可能】

2 ラインナップは入門書から専門書、
趣味書まで3,500点以上！

3 購入したい書籍を 🛒 カート に入れます。

4 お支払いは「*PayPal*」にて決済します。

5 さあ、電子書籍の
読書スタートです！

●ギ
る商品と
対一で結び

くわしい**ご利用方法**は、「Gin

電脳会議

紙面版

新規送付の
お申し込みは…

電脳会議事務局	検索

で検索、もしくは以下の QR コード・URL から
登録をお願いします。

https://gihyo.jp/site/inquiry/dennou

一切
無料！

「電脳会議」紙面版の送付は送料含め費用は
一切無料です。
登録時の個人情報の取扱については、株式
会社技術評論社のプライバシーポリシーに準
じます。

技術評論社のプライバシー
はこちらを検索。

https://gih

```
PING 10.0.3.5 (10.0.3.5) 56(84) bytes of data.
64 bytes from 10.0.3.5: icmp_seq=1 ttl=64 time=0.632 ms

--- 10.0.3.5 ping statistics ---
1 packets transmitted, 1 received, 0% packet loss, time 0ms
rtt min/avg/max/mdev = 0.632/0.632/0.632/0.000 ms
```
Ubuntu1へのpingは通る
```
u2$ ping -c 1 10.0.3.4 ··········❾Ubuntu3へのping
PING 10.0.3.4 (10.0.3.4) 56(84) bytes of data.

--- 10.0.3.4 ping statistics ---
1 packets transmitted, 0 received, 100% packet loss, time 0ms
```
Ubuntu3へのpingはまだ応答が受信できない

図L ❸Ubuntu1でIPフォワーディングを有効にする（❽❾）

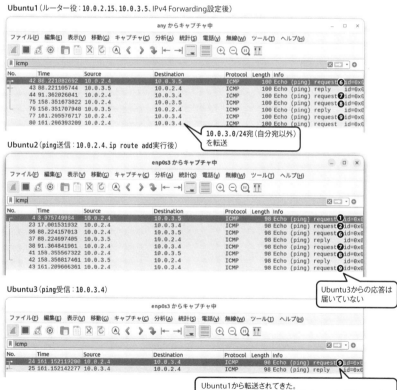

143

❹Ubuntu3に経路情報を追加する

Ubuntu3に **10.0.2.*** 用の経路を追加します **図M**。**10.0.2.*** との経路を持っていて、かつ、現状でUbuntu3から通信できるのはUbuntu1の **10.0.2.15** です。そこで、**ip r add** で **10.0.2.15** への経路を追加します。

図M ❹Ubuntu3に経路情報を追加する（これから実行するコマンド）

本書で使用しているIPアドレス		テスト環境のIPアドレス（**ip a** で確認）		
Ubuntu1 デバイスIPアドレス	enp0s3 10.0.2.15 enp0s8 10.0.3.5	**Ubuntu1** IPアドレス		┈空欄は読者の ┈方々の環境の ┈メモに活用可能 ┈（IPアドレス等）
Ubuntu2 デバイスIPアドレス	enp0s3 10.0.2.4	**Ubuntu2** IPアドレス		
Ubuntu3 デバイスIPアドレス	enp0s3 10.0.3.4	**Ubuntu3** IPアドレス		

Ubuntu1（ルーター役）で 実行するコマンド	Ubuntu2で実行するコマンド	Ubuntu3で実行するコマンド
（なし）	`$ ping -c 1 10.0.3.5` …Ubuntu1宛OK❿ `$ ping -c 1 10.0.3.4` …Ubuntu3宛NGのまま⓫	
		`$ sudo ip r add 10.0.2.0/24 via 10.0.3.5 dev enp0s3` ↑ルートを追加
	`$ ping -c 1 10.0.3.5` …Ubuntu1宛OK⓬ `$ ping -c 1 10.0.3.4` …Ubuntu3宛OKになる⓭	

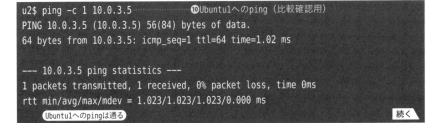

Ubuntu1
enp0s3 10.0.2.15
enp0s8 10.0.3.5

「r」と省略可能

自分が直接通信可能で、10.0.2.0/24に転送してくれそうな相手を指定（通常はルーター）

ip route add 10.0.2.0/24 via 10.0.3.5 dev enp0s3
10.0.2.0/24 は 10.0.3.5を経由（via）

Ubuntu2
enp0s3 10.0.2.4

Ubuntu3
enp0s3 10.0.3.4

```
u3$ sudo ip r add 10.0.2.0/24 via 10.0.3.5 dev enp0s3
u3$ ip r ·····································設定内容を確認
default via 10.0.3.1 dev enp0s3 proto dhcp metric 100
10.0.2.0/24 via 10.0.3.5 dev enp0s3
10.0.3.0/24 dev enp0s3 proto kernel scope link src 10.0.3.4 metric 100
169.254.0.0/16 dev enp0s3 scope link metric 1000
```

Ubuntu3に経路情報を追加したら、Ubuntu2で **ping** を実行してみましょう。

```
u2$ ping -c 1 10.0.3.5 ·····················❿Ubuntu1へのping（比較確認用）
PING 10.0.3.5 (10.0.3.5) 56(84) bytes of data.
64 bytes from 10.0.3.5: icmp_seq=1 ttl=64 time=1.02 ms

--- 10.0.3.5 ping statistics ---
1 packets transmitted, 1 received, 0% packet loss, time 0ms
rtt min/avg/max/mdev = 1.023/1.023/1.023/0.000 ms
  Ubuntu1へのpingは通る                                            続く
```

```
u2$ ping -c 1 10.0.3.4 ···········⓫Ubuntu3へのping
PING 10.0.3.4 (10.0.3.4) 56(84) bytes of data.
64 bytes from 10.0.3.4: icmp_seq=1 ttl=63 time=1.55 ms

--- 10.0.3.4 ping statistics ---
1 packets transmitted, 1 received, 0% packet loss, time 0ms
rtt min/avg/max/mdev = 1.551/1.551/1.551/0.000 ms
```
Ubuntu3へのpingも通った!

Wiresharkでも応答がある様子が確認できます 図N 。

図N ▶️ⓓ Ubuntu3にルート情報を追加する（⓿⓫）

Ubuntu1（ルーター役：10.0.2.15、10.0.3.5、IPv4 Forwarding設定後）

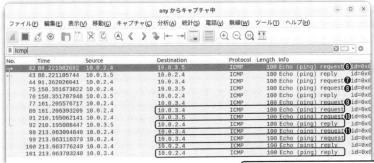

10.0.3.0/24宛（自分宛=10.0.3.5宛以外）を転送

Ubuntu2（ping送信：10.0.2.4、ip route add実行後）

Ubuntu3からの応答
①10.0.3.0/24宛の経路設定
②Ubuntu1のForwarding設定
③Ubuntu3の経路設定で受信できた

Ubuntu3（ping受信：10.0.3.4、ip route add実行後）

改めて、Ubuntu1、2、3相互の**ping**がすべて受信できていることを確認してください。

2.8
インターネットの経路を探索してみよう
traceroute/mtr/pathping

　今度はローカルネットワーク内ではなくインターネットでの経路がどのようになっているかを探索してみましょう。ここでは表示のみを行うので、実環境でも実行できます。ぜひご自身の環境で試してみてください。

ネットワークの1区間をホップという

　通信相手に到達するまでに複数のルーターを経由することがあります。とくにインターネットでは複雑な経路を辿ることもあります。この一つ一つの経路をホップといいます 図A 。

図A　ネットワークの1区間をホップという

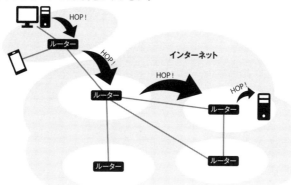

経路を調べるコマンド

　途中の経路にある機器について調べる、つまり、通信経路を調べるのが **traceroute** コマンドです。古くからある伝統的なコマンドで、Windowsでは同等の機能を持つ **tracert** コマンドが存在します。

　Linuxでは **traceroute** よりも新しい **mtr**（My traceroute）コマンドが使われていることが多くなっており、Ubuntu環境でも **traceroute** ではなく **mtr** コマンドの方が収録されています。

　Ubuntu環境に **traceroute** コマンドを追加するには、**sudo apt install inetutils-traceroute** でインストールします[*13]。WSL環境でも同様です。

[*13]　p.147のコラム「Ubuntu環境用のtracerouteコマンド」を参照。

tracerouteコマンド（Linux/macOS）

tracerouteは通信相手までの経路を調べるコマンドで、デフォルトではUDP（Part 3）を使用していますが、**-I**オプションでICMPが選択できます。VirtualBox内のUbuntu（NAT/NATネットワーク接続）の場合、UDPでの**traceroute**ができないので、**-I**を指定する必要があります。なおUDPの場合、未使用ポートが自動で選択されるか、ポート33434が使用されますが、**-p**オプションで使用するポートを指定することも可能です。ポートについてはPart 3で扱います。

Linux※

traceroute 接続先 ……………………接続先までの経路を表示する
　　　IPv4とIPv6の明示はコマンド名　tracerouteとtraceroute6
　　　IPアドレスに対応するサーバー名も表示したい場合は --resolve-hostnames オプション

macOS

traceroute 接続先 ……………………接続先までの経路を表示する
　　　IPv4とIPv6の明示はコマンド名　tracerouteとtraceroute6
　　　サーバー名が不要な場合は -n オプション（名前解決を行わないオプション、実行が若干速くなる）

※ 本書ではGNU版（*inetutils-traceroute*）を使用しているが、Modern版の**traceroute**コマンドの場合、**-I**を使うにはsudoで実行する必要がある。

たとえば、p.140で設定したUbuntu2からUbuntu3への経路であれば次のように表示されます。1ホップ目でUbuntu1、2ホップ目でUbuntu3に到達したことがわかります。IPアドレスの後に表示されている数値はレスポンス時間で、各経由地に対し3回分表示されています。

C o l u m n

Ubuntu環境用のtracerouteコマンド

Ubuntuでは実行しようとしたコマンドが見つからない場合、追加する方法を示すガイドが表示されるよう設定されています。**traceroute**コマンドの場合、インストールに使えるパッケージが2種類あり、いずれもインストールされていない状況で**traceroute**コマンドを実行しようとすると次のようなメッセージが表示されます。

```
Command 'traceroute' not found, but can be installed with:
sudo apt install inetutils-traceroute  # version 2:2.2-2, or
sudo apt install traceroute            # version 1:2.1.0-2
```

inetutils-tracerouteパッケージは古くからあるGNU版、tracerouteパッケージはDmitry Butskoy氏によるModern版です。

どちらも同じように使用できますが、本書では伝統的なオプションを使用するinetutils-tracerouteの方を選択しました。Modern版で**-I**オプション（ICMPを使用するオプション、本文参照）を使用するにはroot権限が必要なので**sudo traceroute -I www.example.com**で実行してください。

Ubuntu環境ではalternativesというしくみで両方インストールして使用できるようになっています。自分がどちらを使っているかは**traceroute --version**で確認できます。

```
u2$ traceroute -I 10.0.3.4
traceroute to 10.0.3.4 (10.0.3.4), 64 hops max
  1   10.0.2.15  0.763ms  0.500ms  0.600ms
  2   10.0.3.4  1.042ms  1.090ms  0.747ms
```

以下はmacOSで実行した**www.example.com**までの経路表示です。一部、複数の経路が表示されることがあり、このときの実行結果によると11ホップまたは12ホップで**www.example.com**（**93.184.216.34**）に到達することがわかります（実行結果は実行時の環境やタイミングによって異なることがあります）。

IPアドレスに対応するサーバー名が表示されていますが（名前解決、Part 4）、不要な場合は**-n**オプションを付けて実行します。表示までに時間がかかる場合は**-n**を使うと良いでしょう。

```
% traceroute www.example.com
traceroute to www.example.com (93.184.216.34), 64 hops max, 52 byte packets
  1  192.168.1.1 (192.168.1.1)  14.479 ms  3.357 ms  3.117 ms
  2  180.8.xxx.xxx (180.8.xxx.xxx)  8.646 ms
     180.8.xxx.xxx (180.8.xxx.xxx)  11.667 ms
     180.8.xxx.xxx (180.8.xxx.xxx)  14.120 ms
中略
 10  po-68.core1.sac.edgecastcdn.net (152.195.84.141)  126.835 ms
     ae-65.core1.laa.edgecastcdn.net (152.195.76.129)  140.454 ms
     po-68.core1.sac.edgecastcdn.net (152.195.84.141)  131.375 ms
 11  ae-1.r24.sttlwa01.us.bb.gin.ntt.net (129.250.3.82)  119.144 ms
     93.184.216.34 (93.184.216.34)  117.519 ms
     ae-4.r25.sttlwa01.us.bb.gin.ntt.net (129.250.3.125)  135.627 ms
 12  ae-1.r24.sttlwa01.us.bb.gin.ntt.net (129.250.3.82)  117.294 ms
     93.184.216.34 (93.184.216.34)  122.775 ms  123.230 ms
```

mtrコマンド（Linux）

mtr 通信相手 で、指定した通信相手までの経路と**ping**の応答を調べます（次ページの **図B**）。**ping**の結果は画面にリアルタイム表示されて1秒間隔でリフレッシュされるので、**q**を入力、または **Ctrl** + **C** で終了します。途中の名前解決（IPアドレスをサーバー名に変換する、Part 4参照）が不要な場合は**-n**オプションを指定します。

tracerouteコマンドのように、ひととおり経路を確認したら終了するようにしたい場合は**-r**オプションを指定します。これをレポートモードといいます。デフォルトでは各経路に対し**ping**を10回実行してレポートしますが、実施する回数は**-c** 回数 で指定できます。

```
mtr www.example.com ·············経路情報とpingの結果を表示する（リアルタイム表示に
                                 なるのでqキーで終了する）
mtr -r www.example.com ···········経路情報とpingの結果を表示する（レポートモード）
mtr -r -c 1 www.example.com ·······レポートモード、pingは1回のみ実施
mtr -n -r -c 1 www.example.com ·····名前解決を行わない（-n）レポートモード（-r）、ping
                                    は1回のみ実施※
```

※ 短いオプションは**-nr**や**-nrc 1**とまとめて設定できる。**-c**オプションは回数を指定するのでまとめる場合は最後にする。

mtr は ping と同じ ICMP パケットで経路を調べますが、**-u** で UDP、**-T** で TCP に変更できます。IPv4 を強制したい場合は **-4**、IPv6 の使用を強制したい場合は **-6** オプションを指定します。

図B　mtrの実行画面

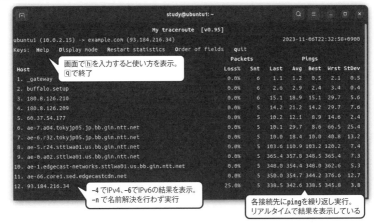

レポートモードの場合、情報をひととおり取得した後で表示されるため、**Start** 行の後が表示されるまでにしばらく時間がかかります。

```
$ mtr -4 -nr www.example.com
Start: 20XX-mm-ddT22:30:18+0900 ……この後の表示にしばらく時間がかかることがある
Start: 20XX-mm-ddT21:25:46+0900
HOST: ubuntu1              Loss%   Snt   Last   Avg  Best  Wrst StDev
  1.|-- 10.0.2.1            0.0%    10    0.7   0.9   0.4   1.3   0.3
  2.|-- 192.168.1.1         0.0%    10    3.7   4.1   3.5   5.4   0.6
  3.|-- 180.8.126.210       0.0%    10   39.5  29.1   8.8  62.9  20.3
  4.|-- 180.8.126.209       0.0%    10   57.1  31.2   8.3  61.1  22.0
  5.|-- 60.37.54.177        0.0%    10   16.8  24.2  10.2  46.0  11.6
  6.|-- 120.88.53.25       10.0%    10   21.5  17.9   8.0  27.3   7.0
  7.|-- 129.250.5.109       0.0%    10   42.8  27.2   8.5  56.0  14.9
  8.|-- 129.250.4.142      20.0%    10  120.5 124.4 116.4 135.2   7.9
  9.|-- 129.250.2.73        0.0%    10  117.7 142.2 113.1 208.9  30.7
 10.|-- 128.241.9.229       0.0%    10  295.9 283.9 265.5 295.9   9.2
 11.|-- 152.195.93.139      0.0%    10  154.5 131.0 112.1 154.5  12.9
 12.|-- 93.184.216.34       0.0%    10  259.5 270.3 239.7 298.8  17.0
```
↑ping送信結果（送信回数はSntに表示、デフォルトは10回）

tracert・pathpingコマンド（Windows）

Windows では **tracert** や **pathping** コマンドを使用します。
どちらも ping と同じ ICMP を使って経路を調べるコマンドで、**tracert** 接続先 や **pathping**

接続先 で接続先までの経路を表示します。pathpingの場合、経路を表示した後に、各経路路宛にpingを実行した結果も表示します（実行例を参照）。時間がかかっている場所を把握することで、たとえば、それが自分のネットワーク内であれば改善できる可能性があるが、プロバイダー（p.102）の領域であればプロバイダーの変更を検討、接続相手のネットワーク内と思われる場所だとすると自分側では何もできないかもしれない、のように考えることができます。

tracert 接続先 ･･････････････････････接続先までの経路を表示する
tracert -d 接続先 ･････････････････名前解決を行わずに経路を表示する
pathping 接続先 ････････････････････経路と各ホップへのpingを実行した結果を表示する
pathping -n 接続先 ･･････････････名前解決を行わずに実行する
pathping -n -q 秒数 接続先 ････名前解決を行わずに実行、各ノードにpingを送る秒数を
　　　　　　　　　　　　　　　　　　指定する（デフォルトは25秒間）

　tracertとpathping共通で、IPv4を強制したい場合は-4、IPv6の使用を強制したい場合は-6オプションを指定します。

　以下はIPv4でtracertを実行しています。途中、6番目と7番目の経過時間に＊が表示されていますが、これは、一定時間内に応答がなかったことを表しています。応答が拒否されている場合は常に3つとも＊となります。

```
>tracert -4 www.example.com

www.example.com [93.184.216.34] へのルートをトレースしています
経由するホップ数は最大 30 です:

  1     3 ms     1 ms     2 ms  192.168.1.1
  2     7 ms     9 ms    22 ms  180.8.xxx.xxx
  3    30 ms    22 ms    11 ms  180.8.xxx.xxx
  4    62 ms    49 ms    43 ms  60.37.54.177
  5    43 ms    45 ms    44 ms  ae-7.a04.tokyjp05.jp.bb.gin.ntt.net [120.88.53.25]
  6    27 ms    15 ms     *     ae-6.r32.tokyjp05.jp.bb.gin.ntt.net [129.250.5.109]
  7     *      133 ms   133 ms  ae-5.r24.sttlwa01.us.bb.gin.ntt.net [129.250.4.142]
  8   124 ms   112 ms   110 ms  ae-0.a02.sttlwa01.us.bb.gin.ntt.net [129.250.2.73]
  9   271 ms   256 ms   263 ms  ae-1.edgecast-networks.sttlwa01.us.bb.gin.ntt.net
[128.241.9.229]
 10   141 ms   144 ms   151 ms  ae-66.core1.sed.edgecastcdn.net [152.195.93.139]
 11   324 ms   314 ms   307 ms  93.184.216.34

トレースを完了しました
```

```
>pathping -4 -n www.example.com

www.example.com [93.184.216.34] へのルートをトレースしています
経由するホップ数は最大 30 です:
  0  192.168.1.104
  1  192.168.1.1
  2  180.8.xxx.xxx
  3  180.8.xxx.xxx
```

続く

```
 4  60.37.54.177
 5  120.88.53.25
 6    *      129.250.5.109
 7  129.250.4.142
 8  129.250.2.73
 9  128.241.9.229
10  152.195.93.139
11  93.184.216.34
```

統計を 275 秒間計算しています...

各ノードに対し25秒テストするためしばらく待つ（-qオプションで調節可能）

		ソースからここまで			このノード/リンク			
ホップ	RTT	損失/送信	=	Pct	損失/送信	=	Pct	アドレス
0								192.168.1.104
					0/ 100 =		0%	|
1	4ms	0/ 100 =		0%	0/ 100 =		0%	192.168.1.1
					0/ 100 =		0%	|
2	36ms	0/ 100 =		0%	0/ 100 =		0%	180.8.xxx.xxx
					1/ 100 =		1%	|
3	34ms	2/ 100 =		2%	1/ 100 =		1%	180.8.xxx.xxx
					0/ 100 =		0%	|
4	34ms	2/ 100 =		2%	1/ 100 =		1%	60.37.54.177
					0/ 100 =		0%	|
5	44ms	3/ 100 =		3%	2/ 100 =		2%	120.88.53.25
					0/ 100 =		0%	|
6	40ms	4/ 100 =		4%	3/ 100 =		3%	129.250.5.109
					0/ 100 =		0%	|
7	144ms	2/ 100 =		2%	1/ 100 =		1%	129.250.4.142
					0/ 100 =		0%	|
8	130ms	3/ 100 =		3%	2/ 100 =		2%	129.250.2.73
					0/ 100 =		0%	|
9	265ms	1/ 100 =		1%	0/ 100 =		0%	128.241.9.229
					2/ 100 =		2%	|
10	131ms	3/ 100 =		3%	0/ 100 =		0%	152.195.93.139
					0/ 100 =		0%	|
11	257ms	3/ 100 =		3%	0/ 100 =		0%	93.184.216.34

トレースを完了しました。

2.9

pingコマンドで経路を探索してみよう
tracerouteのしくみ

traceroute/tracert では、IPヘッダーにある TTL(*Time To Live*)という値によって経路を調べています。ping コマンドで同じことを試して理解を深めましょう。まず、しくみを確認し、続いて Windows、macOS、Linux それぞれの環境での試し方を示します。

TTL/Hop Limitであと何回ホップできるかが決まる

IPヘッダーには **TTL**(*Time To Live*)というフィールドがあり、このフィールドで「あと何回ホップできるか」が管理されています(ホップ、p.146)。IPv6 での呼び名は **Hop Limit** ですが役割は同じです(RFC 791/8200)[*14]。

IPパケットは、経由地を1つ越えると TTL が1つ減るようになっており、この値がゼロになるとそのパケットは破棄されて、代わりにパケットが破棄された旨が ICMP パケットで通知されます。この通知を Time Exceeded Message といいます(RFC 792/RFC 4443)[*15]。

これは、宛先に到達できないパケットが延々転送され続けるのを防ぐためのしくみです。

traceroute/tracertはTTLで経路を探索している

TTL がゼロになるとゼロになった地点から Time Exceeded Message が届く、というしくみを利用することで、経路を知ることができます。たとえば、TTL を1にして **www.example.com** 宛のパケットを送ると、1つめの経由地、通常はデフォルトルーターで TTL がゼロになり、デフォルトルーターから Time Exceeded Message が返ってくることになります。TTL を2にしてパケットを送るとその次の経由地から、TTL を3にしてパケットを送るともう一つ先の経由地から Time Exceeded Message を受け取ることになります。

これを目的地に到達するまで繰り返すことで、目的地(今回は www.example.com)までの経路がわかります。

traceroute/tracert コマンドはこのしくみを使って経路を表示しています。最大のホップ数は Windows の場合 30、Linux や macOS では 64 となっていますが、Windows の **tracert** は **-h** オプション、Linux と macOS の **traceroute** コマンドでは **-m** オプションで最大のホップ数を変更できます。

[*14] ・RFC 791「Internet Protocol」**URL** https://datatracker.ietf.org/doc/html/rfc791/
・RFC 8200「Internet Protocol, Version 6 (IPv6) Specification」**URL** https://datatracker.ietf.org/doc/html/rfc8200/

[*15] ・RFC 792「Internet Control Message Protocol」**URL** https://datatracker.ietf.org/doc/html/rfc792/
・RFC 4443「Internet Control Message Protocol (ICMPv6)」**URL** https://datatracker.ietf.org/doc/html/rfc4443/

● Windowsの場合（実行結果の冒頭部分）

```
>tracert -4 www.example.com

www.example.com [93.184.216.34] へのルートをトレースしています
経由するホップ数は最大 30 です
```
← 最大ホップ数は30（「-h 数値」で変更できる）

● macOSの場合（冒頭部分）

```
% traceroute www.example.com
traceroute to www.example.com (93.184.216.34), 64 hops max, 52 byte packets
```
↑ 最大ホップ数は64（「-m 数値」で変更できる）

● Linuxの場合（冒頭部分）

```
$ traceroute www.example.com
traceroute to www.example.com (93.184.216.34), 64 hops max
```
↑ 最大ホップ数は64（「-m 数値」で変更できる）

　パケットの内容はWiresharkで確認できます（**図A**、次ページの**図B**）。実環境の場合はかなり大量のパケットが表示されますが、`ip.addr == 93.184.216.34`のようにしてwww.example.comのIPアドレスを指定してフィルターをかけることで、**tracert/traceroute**のパケットに絞り込めます。IPアドレスは**tracert/traceroute**の画面に表示されているwww.example.comのものを使用してください。

図A　　　tracert（Windows）

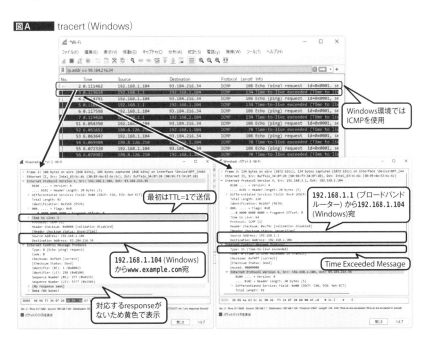

図B　traceroute（macOS）

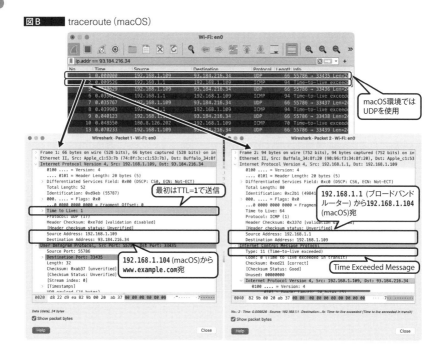

pingコマンドで経路を調べる（Windows）

Windowsの**ping**コマンドは、**-i**オプションでTTL（最大のホップ数）を指定できます。そこで、**-i 1**から1ずつ増やしながら実行することで経路を調べることができます。

```
ping -i 最大ホップ数 接続先 …………………………… 最大ホップ数を指定してpingを実行する
     -n 回数 ……………………………………………… パケットを送信する回数を指定
     -4 …………………………………………………… IPv4を使用
     -6 …………………………………………………… IPv6を使用
     -w 時間 ……………………………………………… タイムアウトまでの時間（ミリ秒）
```

以下は、IPv4で1回ずつパケットを送っています。

```
>ping -4 -n 1 -i 1 www.example.com

www.example.com [93.184.216.34]に ping を送信しています 32 バイトのデータ:
192.168.1.1 からの応答: 転送中に TTL が期限切れになりました    ←最初の経路

93.184.216.34 の ping 統計:
    パケット数: 送信 = 1、受信 = 1、損失 = 0 (0% の損失)、
                                                              続く
```

```
>ping -4 -n 1 -i 2 www.example.com

www.example.com [93.184.216.34]に ping を送信しています 32 バイトのデータ:
180.8.126.210 からの応答: 転送中に TTL が期限切れになりました       ←次の経路

93.184.216.34 の ping 統計:
    パケット数: 送信 = 1、受信 = 1、損失 = 0 (0% の損失)、
```

表示が長いので「〜からの応答」のみに絞りたい場合、**findstr**コマンドを使います。

```
>ping -4 -n 1 -i 1 www.example.com | findstr "応答"
192.168.1.1 からの応答: 転送中に TTL が期限切れになりました。
```

　タイムアウトになった場合、IPアドレスは表示されませんが「要求がタイムアウトしました。」という行が出力されます。絞り込みにこの行も含めたい場合は **findstr /R** 応答 要求 のように指定します。

　また、**-i**を1ずつ増やしながら繰り返し実行したい場合は**FOR**を使い、以下のように実行できます。ここでは、**tracert**で概ね11ホップで届くことがわかっていたので1〜11までと指定しています。

```
                            ↓「-i %i」の部分を1〜11まで1ずつ増やして繰り返し実行
>FOR /L %i IN (1,1,11) DO ping -4 -n 1 -i %i www.example.com | findstr -R "応答
要求"
    ↓以下が自動実行される
>ping -4 -n 1 -i 1 www.example.com  | findstr -R "応答 要求"
192.168.1.1 からの応答: 転送中に TTL が期限切れになりました。

>ping -4 -n 1 -i 2 www.example.com  | findstr -R "応答 要求"
180.8.126.210 からの応答: 転送中に TTL が期限切れになりました。
中略
>ping -4 -n 1 -i 11 www.example.com  | findstr -R "応答 要求"
93.184.216.34 からの応答: バイト数 =32 時間 =107ms TTL=51
    ↑www.example.comに到達した
```

pingコマンドで経路を調べる(macOS)

　macOSの**ping**コマンドは、**-m**オプションでTTL(最大のホップ数)を指定できます。そこで、**-m 1**から1ずつ増やしながら実行することで経路を調べることができます。

　IPv6用の**ping6**コマンドの場合、**-h**オプションでHop Limit (最大のホップ数)を指定します。

```
ping -m 最大ホップ数 接続先 ……最大ホップ数を指定してpingを実行する
    -c 回数 ……………………………パケットを送信する回数を指定
    -t 時間 ……………………………タイムアウトまでの時間 (秒)。pingのみにあるオプション    続く
```

```
ping6 -h 最大ホップ数 接続先 …最大ホップ数を指定してIPv6でpingを実行する
       -c 回数 ………………………パケットを送信する回数を指定
```

以下は、IPv4で1回ずつパケットを送っています。目的地まで到達できないと経路の診断が実行されるため、−mを指定しないときに比べ時間がかかります。

```
% ping -c 1 -m 1 www.example.com
PING www.example.com (93.184.216.34): 56 data bytes
92 bytes from 192.168.1.1: Time to live exceeded
Vr HL TOS  Len   ID Flg  off TTL Pro  cks      Src        Dst
 4  5  00 5400 c489   0 0000  01  01 fd2f 192.168.1.109  93.184.216.34

--- www.example.com ping statistics ---
1 packets transmitted, 0 packets received, 100.0% packet loss
% ping -c 1 -m 2 www.example.com
PING www.example.com (93.184.xxx.xxx): 56 data bytes
36 bytes from 180.8.xxx.xxx: Time to live exceeded
Vr HL TOS  Len   ID Flg  off TTL Pro  cks      Src        Dst
 4  5  00 5400 37a5   0 0000  01  01 8a14 192.168.1.109  93.184.216.34

--- www.example.com ping statistics ---
1 packets transmitted, 0 packets received, 100.0% packet loss
```

表示が長いので、2行目の「〜 bytes from」の行に絞りたい場合はgrepコマンドを使います。

```
% ping -c 1 -m 1 www.example.com | grep from
92 bytes from 192.168.1.1: Time to live exceeded
```

また、−tを1ずつ増やしながら繰り返し実行したい場合はforを使い、以下のように実行できます。ここでは、tracerouteで概ね11ホップで届くことがわかっていたので1〜11までと指定しています。

```
………… ↓「-m $i」の部分を1〜11まで繰り返し実行
% for i in {1..11}; do ping -c 1 -m $i www.example.com | grep from; done
92 bytes from 192.168.1.1: Time to live exceeded
36 bytes from 180.8.xxx.xxx: Time to live exceeded
中略
36 bytes from ae-66.core1.sed.edgecastcdn.net (152.195.93.139): Time to live
exceeded
64 bytes from 93.184.216.34: icmp_seq=0 tt=51 time=118.931 ms
        ↑www.example.comに到達した
```

pingコマンドで経路を調べる（Linux）

Linuxの**ping**コマンドは、**−t**オプションでTTL（最大のホップ数）を指定できます。そこで、

-t 1から1ずつ増やしながら実行することで経路を調べることができます。

ping -t [最大ホップ数] [接続先]……………………………………最大ホップ数を指定して**ping**を実行する
　　-c [回数]……………………………………………………………パケットを送信する回数を指定
　　-4………………………………………………………………………IPv4
　　-6………………………………………………………………………IPv6
　　-W [時間]……………………………………………………………タイムアウトまでの時間（秒）

以下は、IPv4で1回ずつパケットを送っています。

```
$ ping -4 -c 1 -t 1 www.example.com
PING www.example.com (93.184.216.34) 56(84) bytes of data.
From _gateway (10.0.2.1) icmp_seq=1 Time to live exceede    ←最初の経路

--- www.example.com ping statistics ---
1 packets transmitted, 0 received, +1 errors, 100% packet loss, time 0ms

$ ping -4 -c 1 -t 2 www.example.com
PING www.example.com (93.184.216.34) 56(84) bytes of data.
From 192.168.1.1 (192.168.1.1) icmp_seq=1 Time to live exceede    次の経路

--- www.example.com ping statistics ---
1 packets transmitted, 0 received, +1 errors, 100% packet loss, time 0ms
```

　表示が長いので、2行目の「From」の行に絞りたい場合は**grep**コマンドを使います。Time to live exceededのときはFromですが、パケットの送信に成功すると64 bytes from ～のように from が小文字になることから、**grep**コマンドは大小文字の区別をしない**-i**オプションを使用します。

```
ping -4 -c 1 -t 1 www.example.com | grep -i from
From _gateway (10.0.2.1) icmp_seq=1 Time to live exceeded
```

　また、**-t**を1ずつ増やしながら繰り返して実行したい場合は**for**を使い、以下のように実行できます。ここでは、仮想環境からの**traceroute**で概ね12ホップで届くことがわかっていたので1～12までと指定しています。

```
                        ↓「-t $i」の部分を1～12まで繰り返し実行
$ for i in {1..12}; do ping -4 -c 1 -t $i www.example.com | grep -i from; done
From _gateway (10.0.2.1) icmp_seq=1 Time to live exceeded
From 192.168.1.1 (192.168.1.1) icmp_seq=1 Time to live exceeded
中略
From ae-66.core1.sed.edgecastcdn.net (152.195.93.139) icmp_seq=1 Time to live
exceeded
64 bytes from 93.184.216.34 (93.184.216.34): icmp_seq=1 ttl=50 time=146 ms
↑www.example.comに到達した
```

Part 3
トランスポート層

　トランスポート層（*transport layer*）は、TCP/IPの階層モデルの中央に位置する層で、アプリケーション層とインターネット層の間でデータの送受信を制御し、端末間の通信セッションを確立、維持あるいは終了させるという部分を担当します。

　主要なプロトコルはTCPとUDPで、信頼性のあるデータ転送を保証するためのエラー処理やフロー制御を行うTCPと、それらの制御を行わず速度を優先するUDPという役割分担となっています。

　本Partでは、TCPとUDPの違い、そしてアプリケーション間の通信に使うポート番号について解説します。また、速度と信頼性の両立を目指す新しいプロトコルQUICについても取り上げます。

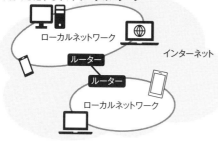

OSI参照モデル		TCP/IP
第7層	アプリケーション層	
第6層	プレゼンテーション層	アプリケーション層
第5層	セッション層	
第4層	トランスポート層	トランスポート層
第3層	ネットワーク層	インターネット層
第2層	データリンク層	リンク層
第1層	物理層	

←Part 3はココ！

本書で想定するネットワークのパターン

ローカルネットワーク

ルーター

ルーター

インターネット

ローカルネットワーク

テスト環境

ゲストOS Ubuntu1 ⟷ ゲストOS Ubuntu2

3.1
TCPとUDP
コネクション型とコネクションレス型の違いとは

　Part 1ではMACアドレスという機器固有のアドレスを使って伝達を行うリンク層、Part 2ではIPアドレスという論理的なアドレスを使って異なるネットワークへの伝達を可能にするインターネット層について学習しました。

　この後のPart 4では、Webやメールなど、人間が利用したい具体的なサービスであるアプリケーション層について学習します。そのアプリケーション層で扱うデータを、ネットワークを通じて目的地のデバイスまで確実に届ける役割を担うのが、本Partで学習する**トランスポート層**（*transport layer*）です。

コネクション型のTCP、コネクションレス型のUDP

　データを正確に確実に届けるために、相手が受け取れる状態にあるかどうか、経路はどのようになっているかを事前に確認するというプロセスを設けたのが**TCP**（*Transmission Control Protocol*）です。このように送信先と宛先の間に接続（*connection*）を確立させてからデータの送受信を行う通信を**コネクション型**通信と言います。

　これに対し、コネクションの確立を行わない通信を**コネクションレス型**通信と言います。**UDP**（*User Datagram Protocol*）はコネクションレス型です **図A**。

図A コネクション型とコネクションレス型

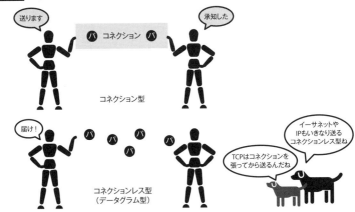

送ります　承知した

ハ コネクション ハ

コネクション型

届け！　ハ　ハ　ハ　ハ

コネクションレス型
（データグラム型）

イーサネットや
IPもいきなり送る
コネクションレス型ね

TCPはコネクションを
張ってから送るんだね

TCPの3ウェイハンドシェイク

　TCPは次の手順で接続を確立します。これを**3ウェイハンドシェイク**（*three way handshake*）と

言います **図B**。SYNやACKなどTCPのフラグについてはp.164の **表A** にまとめました。

❶送信元がSYNフラグ（*SYNchronize flag*）を立てたパケットを送る

❷受信側がSYNフラグとACKフラグ（*ACKnowledgment flag*）を立てたパケットを返す

❸送信元がACKフラグのみを立てたパケットを送り返す

3ウェイハンドシェイクでは、お互いに自分が扱える最大セグメント長（*Maximum Segment Size*、MSS）も伝え合い、小さい方の値で送受信を行うことで途中のフラグメンテーション（p.124）を防ぎます。

データの転送が終わると、今度は終了の合図を送りあってコネクションを切断します。

❶通信を終了したい側がFINフラグ（*FINished flag*）が立てられたパケットを送る（終了要求の初期化）

❷FINを受け取った側がACKフラグを立てたパケットを返し、

❸さらに、終了を知らせるFINフラグとACKフラグを立てたパケットを送る

❹最初に終了を要求した側がACKフラグを立てたパケットを返す

図B 3ウェイハンドシェイク

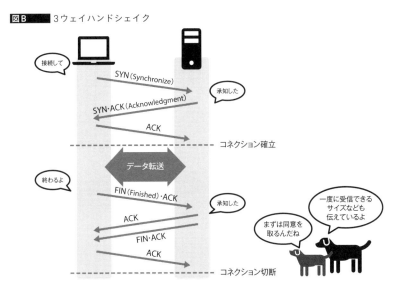

WiresharkでTCPパケットを見てみよう

Part 0で試した**nc**コマンドで、TCPのハンドシェイクを確認できます（次ページの **図C** ）。httpでフィルターをかけるとハンドシェイクが表示対象外になってしまうので、フィルターをかけずに表示します。ほかのパケットが混ざってわかりにくい場合は「`tcp.port == 80 || udp.port == 80`」を選択してください（p.170）。パケットの構造はp.171で改めて確認します。

```
nc -v www.example.com 80
```
以下接続後に入力（p.28の実行例を参照）
```
GET / HTTP/1.1
Host: www.example.com
```
....（改行のみ）
....[Ctrl]+[C]で終了（入力すると^Cと表示されて終了する）

図C　3ウェイハンドシェイク（Wireshark）

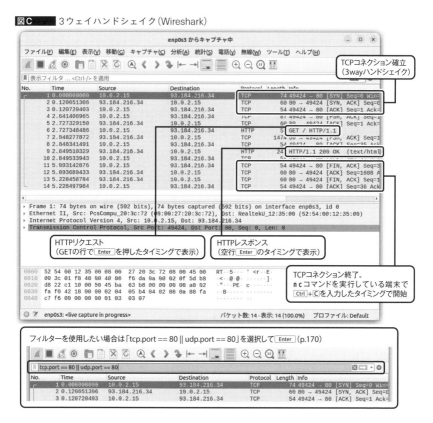

フィルターを使用したい場合は「tcp.port == 80 || udp.port == 80」を選択して[Enter]（p.170）

TCPのパケット分割と順序制御

TCPでは、効率的なデータ転送を実現するため、データを適切な大きさのパケットに分割して送受信します（次ページの 図D ）。そのために、ハンドシェイクの際にリンク層の制限にもとづく **MTU**（*Maximum Transmission Unit*、最大転送単位）を確認しています。たとえば、EthernetではMTUは1500バイトに設定されており、このMTUからIPヘッダーとTCPヘッダーの長さを差し引いた値を、TCPが区切る最大のパケットサイズである **MSS**（*Maximum Segment Size*）として使用します。

経路上の最も小さいMTUに合わせてMSSを調整するにあたっては、ICMPによる経路MTU探索（*path MTU discovery*）が利用されています。経路すべてがICMPに応答するとは限らず、

また、経路が変化することもあるため途中のMTUを超えてしまう可能性がありますが、この場合は下位層であるIPでパケットの分割処理（IPフラグメンテーション）が行われます（p.125）。

TCPは、MSSの値にもとづいてデータを分割した上でデータを送信します。分割されたパケットは**TCPセグメント**（*TCP segment*）と呼ばれます（パケットの呼び方、p.93）。

TCPセグメントには一意のシーケンス番号が割り当てられており、受信側はこれらの番号に従ってデータを再構築します。Wiresharkではこれらの情報を元に分割されたパケットが再度組み立てた状態で表示されます。

受信側は受け取ったデータのシーケンス番号を使用してACK（確認応答）を送信し、送信側はこのACKを通じてデータが正確に受信されたことを確認できます。ACKが届かない場合や、一定時間内に応答がない場合、送信側はデータを再送します。時にはACKの遅延や損失により、同じセグメントが重複して送信されることがありますが、受信側はシーケンス番号を参照して重複を認識し、不要なデータセグメントを適切に破棄します。

図D TCPによるパケットの分割

ウィンドウ制御
フロー制御と輻輳制御で取りこぼしを防ぐ

データを取りこぼさずに受け取ってもらうには、受信側の許容量を超えないようにするための**フロー制御**と、ネットワーク回線の許容量を超えないようにする**輻輳制御**が必要です。TCPでは、**ウィンドウ制御**という考え方で、この2つを制御します。

ネットワーク上でデータを転送する際、ルーターやスイッチなどの機器はデータ処理のため一時的に情報を保持する領域（バッファ）を持っています。これらバッファのサイズは機器によって異なりますが、受信バッファを超えるデータを受け取ると、データの取りこぼしが発生し、結果としてデータの消失や再送が必要になってしまいます。この問題を回避するた

めに、受信側は受信可能なデータサイズを送信側に通知します。この値をrwnd（*receiver window*）と言います。

rwndサイズは受信側の通信状況により変化するので、「今ならどのくらい受信できるか」を送ります。送信側はrwnd内であれば、確認応答（ACK）を待たずにデータを送信できます。これがフロー制御です。

一方の輻輳制御は通信の状態が考慮されています。アクセスが集中するなどしてネットワーク上のデータ転送が滞る状況を輻輳と言い、TCPではこれを検知して適切にデータ転送量を調整しています。ネットワークの輻輳状況に応じて調節される値を**cwnd**（*congestion window*）と言います。

送信側は、rwndとcwndのうち小さい方のサイズを使ってデータを送ります。

速度を優先するUDP

UDPは最初に触れたとおり速度を優先するプロトコルで、TCPで行われるさまざまな制御、3ウェイハンドシェイクによる通信の確立やパケット分割に伴う順序制御、ウィンドウ制御などを行いません。

3.3節「TCPとUDPのパケットを見比べてみよう」（p.169）で、TCPとUDPのパケットを観察しますが、UDPではIPパケットに後述するポート番号を加えただけ、という姿をしています。

UDPは音声通話や動画配信のような通信の正確性よりも速度を優先したいサービスや、DNS（p.198）やDHCP（p.114）のような小さなデータのやりとりを行うプロトコルで使われています。

表A ［補足］TCPで使用されるフラグ

フラグ	意味	内容
SYN	Synchronize（同期）	接続の確立を要求する際に使用
ACK	Acknowledgment（了承）	データの受信確認や、正常なデータの受信を伝える際に使用
PSH	Push（送信）	バッファリングせずにアプリケーション層へデータをただちに渡すよう指示する際に使用
FIN	Finished（終了）	接続の終了を伝える際に使用
URG	Urgent（緊急）	セグメント内のデータが緊急であることを示す
RST	Reset（リセット）	接続を強制的にリセットする際に使用
CWR	Congestion Window Reduced（減少通知）	ネットワーク輻輳を認識し、輻輳ウィンドウサイズ（後述）を減少させたことを伝える際に使用
ECE	ECN Echo（ECN通知）	ネットワークの輻輳をエンドホストに伝える際に使用。ECNはExplicit Congestion Notificationの略

3.2

ポート番号でサービスを区別する
80はHTTP、443はHTTPS

トランスポート層で新たに加わるのがポート番号（*port number*）です。おもにサービスを識別するのに使われますが、一つのグローバルアドレスで複数の端末がインターネットに接続するために使用されるNAPTにおいても重要な役割を果たします。

ポート番号はサービスを特定するのに使用される

リンク層ではMACアドレス、インターネット層ではIPアドレスで接続先を定め、パケットを相手先に届けることができました。その一方で、最上位のアプリケーション層では1台のサーバーでさまざまなサービスを提供されます。

サービスの識別に使われているのが**ポート番号**（*port number*）で、トランスポート層であるTCPやUDPではIPアドレスに加えて通信相手のポート番号も指定する必要があります。**nc**コマンドで指定していた**80**がポート番号で、これはHTTPで使われているポート番号です**図A**。

図A ポート番号

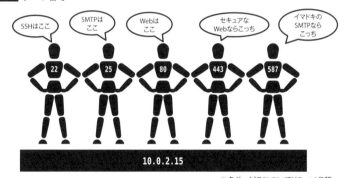

※各サービスについてはPart 4参照。

0〜65535の数値で表し、3つに区分けされている

ポート番号は16ビットの整数で、**0〜65535**番まであります。使用するポート番号はサーバー管理者が任意に設定できますが、おもなサービスについては「HTTPは**80**番、SMTPは**25**番を使いましょう」のように使用するポートが決まっています（次ページの**表A**）。

このような、用途が概ね決まっているポートは、以前は**ウェルノウンポート**（*well-known port*）、現在は**システムポート**（*system port*）と呼ばれ、IANAによって管理されてい

ます[1]。たとえばHTTPには**80**、HTTPS（セキュアなHTTP、p.210）には**443**が割り当てられています。なお、HTTPとHTTPSを使用するWebクライアント、つまりChromeやFirefox、Safari、EdgeのようなWebブラウザは、HTTPとHTTPSを使う場合はポート番号を省略できます。

また、**1024〜49151**は**ユーザーポート**（*user port*）、以前はレジスタードポート（*registered port*）と呼ばれ、IANAが使用目的の申請を受け付けて公開しています[2]。

49152〜65535は自由に使用できるポート番号として解放されています[2]。この範囲のポートは**ダイナミックポート**（*dynamic port*）または**プライベートポート**（*private port*）と呼ばれます。

表A　ポート番号の区分

番号	ポートの区分（古い名称）
0〜1023	システムポート（ウェルノウンポート）
1024〜49151	ユーザーポート（レジスタードポート）
49152〜65535	ダイナミックポート（プライベートポート、エフェメラルポート）

※ エフェメラル（*ephemeral*）は「一時的な、短命な」という意味。RFC 6056では**1024〜65535**とされている。

NATとNAPT

Part 2で触れたとおり、私たちが普段利用するコンピューターにはローカルアドレスが割り当てられているのに対し、インターネット接続にはグローバルアドレスを使用します。このような状況でインターネットに接続するために利用される技術が**NAT**（*Network Address Translation*）と**NAPT**（*Network Address Port Translation*）です。

NATはアドレスどうしの変換を行う技術で、LAN内のホストのローカルアドレスをグローバルアドレスに変換してインターネットに接続します。インターネットから戻ってきたパケットは、接続元のローカルアドレスに変換して元のホストに渡されます。一方、NATが1対1でのアドレス変換を行うのに対し、1つのグローバルアドレスで複数の機器からインターネットに接続したい場合のように、1対多で変換する際はNAPTを使用します。アドレス変換技術の総称としてNATと呼ぶことがありますが、ほとんどの場合、実際に使用されているのはこのNAPTです。アドレス変換技術はIPマスカレード（マスカレード /*masquerade*＝変装）と呼ばれることもあります。

NAPTはその名のとおりポート番号を使用してアドレス変換を行います（次ページの**図B**）。たとえば、ノートパソコン（アドレス**A**）と携帯電話（アドレス**B**）が、1つのグローバルアドレスを使ってインターネットに接続したい、という場合、ポート番号を使って**A**と**B**を区別します。変換時に使用するポート番号は固定されておらず、空いている番号が接続ごとに割り当てられていることから、動的NAPT（*dynamic NAPT*）と呼ばれることもあります。単にNAPT

---

[1] • 「Service Name and Transport Protocol Port Number Registry」
  URL https://www.iana.org/assignments/service-names-port-numbers/service-names-port-numbers.xhtml
  • 「Internet Assigned Numbers Authority (IANA) Procedures for the Management of the Service Name and Transport Protocol Port Number Registry」
  URL https://datatracker.ietf.org/doc/html/rfc6335/
[2] システムによって採用している範囲が異なることがあり、たとえばUbuntuでは**32768〜60999**に設定されています（`sysctl net.ipv4.ip_local_port_range`で確認可能）。

といった場合は動的NAPTを指すのが一般的です。

図B　動的NAPTの動作イメージ

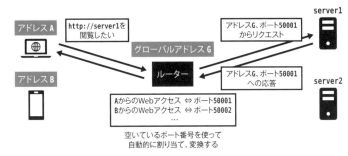

　動的にポート番号を割り当てるのではなく、あらかじめ決めておいたポート番号を使用する NAPTを静的NAPT（*static NAPT*）または**ポートフォワーディング**（*port forwarding*）と言います。Webサーバーなど、外部からアクセスされるホストがある場合、たとえばグローバルアドレス**G**のポート**80**宛の通信はホストのアドレス**B**の**80**に送信するという使い方をします。

ポート番号はファイアウォールでも使用される

　ポート番号はファイアウォールの設定でも使用されます。

　外部のネットワークからの不正なアクセスを防ぐしくみの一つが**ファイアウォール**（*firewall*）で、特定のアドレスからの通信を許可（allow）、または拒絶（deny）したり、特定ポートへの通信を許可、あるいは拒絶します。たとえば、ローカルネットワーク内でテスト用に使用するWebサーバーであれば、テストで接続するコンピューターのIPアドレスあるいはローカル用のネットワークアドレスからの、**80**番ポートへのアクセスだけを許可する、という設定をします。

　このような、許可/拒絶するパケットのルールを設定して、許可しているパケットだけ処理を行うことを**パケットフィルタリング**（*packet filtering*）、フィルタリングのルールを**ポリシー**（*policy*）と言います。

　ファイアウォールはp.127で使用したiptablesのほか、Ubuntuではufw、CentOSではfirewalldが使われています。それぞれ、ポート番号以外にもさまざまな条件を組み合わせて設定できます。

nmap
開いているポートを調べる（ポートスキャン）

　アクセスを受け付けているポートを「開いているポート」と表現することがあり、**nmap**コマンドで調べる事ができます[3]。これを**ポートスキャン**（*port scan*）といいます。

---

[3]　Windows版やmacOS版は https://nmap.org からダウンロード可能で、Linuxでは各ディストリビューションの標準コマンドでインストールできます。

　ポートスキャンはセキュリティスキャンとして自分が管理しているサーバーで実行することは大切である一方、他者のシステムに対して行う場合はハッキング（クラッキング）の下準備と見なされることがあります。また、自分が管理しているサーバーやクライアント端末、ルーター等が予期せぬポートスキャンを受けた場合、セキュリティインシデントとして調査する必要があるでしょう。

　なお、特定のポートが開いているかどうかであれば nc コマンドを使い、nc -zv (対象のIPアドレス) (対象のポート番号) でも調べられます。

```
nmap 対象 ···················対象で開いているポートを調べる、対象はサーバー名かIPアドレスで指定
nc -zw 対象 ポート番号 ···························指定したポート番号が開いているか調べる
```

ss／netstat
現在の通信状態を調べる

　現在接続している IP アドレスやポート番号といったコネクション情報は netstat または ss コマンドで確認できます。Ubuntu は ss コマンドに移行しており、netstat を使いたい場合は sudo apt install net-tools でインストールする必要があります。net-tools は古くから使われているネットワークコマンドのパッケージで、arp や route、ifconfig などのコマンドが収録されています。

```
netstat ·····················アクティブなTCP接続の情報を一覧表示する
netstat -a ················すべての接続情報を一覧表示する

Linuxのみ
ss ·····························アクティブな接続情報を一覧表示する
ss -l ·························リスニングポート（接続を待機しているポート）の情報を一覧表示する
```

```
> netstat·······································（Windowsの例）

アクティブな接続

プロトコル　ローカル アドレス　　外部アドレス　　　　　状態
TCP　　　　 127.0.0.1:49680　　 winpc:49681　　　　　ESTABLISHED
TCP　　　　 127.0.0.1:49681　　 winpc:49680　　　　　ESTABLISHED
後略
```

3.3

TCPとUDPのパケットを見比べてみよう
ncコマンドで試してみよう

　Part 0で使用した nc（netcat）コマンドは、ネットワーク上でのデータ送受信をシンプルに実行できるコマンドで、リスニングモードを使うことで TCP と UDP を使ったサーバーとクライアント間の基本的なやりとりを試せます。本節ではこの機能を使い、TCP と UDP の通信を Wireshark で観察します。

これから試す内容の流れ
ncコマンド

　nc コマンドはポート番号とともに –l オプションを付けて実行すると接続待ちの状態になります。これがサーバー役となります **図A** 。
　クライアント側は接続待ちしているポート番号を指定して接続します。接続後、クライアント側で入力した文字列がそのままサーバー側の端末に表示されます。

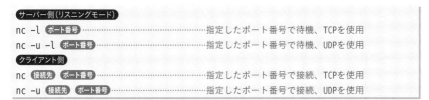

```
サーバー側（リスニングモード）
nc -l ポート番号 ················ 指定したポート番号で待機、TCPを使用
nc -u -l ポート番号 ··········· 指定したポート番号で待機、UDPを使用
クライアント側
nc 接続先 ポート番号 ·········· 指定したポート番号で接続、TCPを使用
nc -u 接続先 ポート番号 ······ 指定したポート番号で接続、UDPを使用
```

図A　ncの動作イメージ

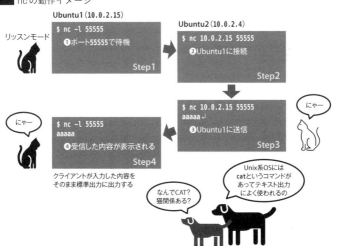

Ubuntu1 (10.0.2.15)
```
$ nc -l 55555
❶ポート55555で待機
                    Step1
```
リッスンモード

Ubuntu2 (10.0.2.4)
```
$ nc 10.0.2.15 55555
❷Ubuntu1に接続
                    Step2
```

```
$ nc 10.0.2.15 55555
aaaaa↵
❸Ubuntu1に送信
                    Step3
```
にゃー

にゃー
```
$ nc -l 55555
aaaaa
❹受信した内容が表示される
                    Step4
```

クライアントが入力した内容を
そのまま標準出力に出力する

Unix系OSには
catというコマンドが
あってテキスト出力
によく使われるの

なんでCAT?
猫関係ある?

※conCATenate 連結 の略で cat file1 file2 > bigfile のように使用するが
　cat file1でfile1の内容を表示するという使い方をされることが多い。

TCPによる通信

TCPによる通信をWiresharkで観察してみましょう。ここではWiresharkをUbuntu2で実行していますがどちらで実行しても表示は共通です。

Ubuntu1で **nc -l 55555** を実行し、Ubuntu2から **nc** `Ubuntu1のIPアドレス` **55555** で接続します。Ubuntu1のIPアドレスは **ip -4 a** で確認できます。

```
u1$ ip a ················································❶IPアドレスを確認する
   中略
u1$ nc -l 55555 ······································❷ポート番号55555でTCPによる接続を待機※
```

※ ポート番号は任意、IPv6で試したい場合は**-6**オプションを併用する（**nc -6 -l 55555**）。

```
Wiresharkでキャプチャを開始してから実行
u2$ nc -l 10.0.2.15 55555 ········❸❶で確認したIPアドレスと❷で指定したポート番号で接続
aaaaa···················❹適当な文字列を入力してEnter（入力内容がUbuntu1の画面に表示される）
························❺ Ctrl + C で終了（Ubuntu1側も同時に終了する）
u2$
```

Wiresharkの画面は次ページの **図B** のようになります。p.162で観察した際とはパケットの表示色が異なっていますが、これは、HTTP用の色設定が優先されていたためです。色の設定は「表示」メニューの「色付けルール」で確認・変更できます。

Wiresharkでのキャプチャ中にARPやNDP、DNS（p.198）などのやりとりが行われると画面に表示されますが、これらを取り除きたい場合はポート番号（実行例では **55555** を使用）を使ってフィルターをかけると良いでしょう。デフォルトで用意されている「**tcp.port == 80 || udp.port == 80**」の80を55555に変えて使用するのが手軽で、かつ、この後のUDPによる通信テストも同じフィルターのまま表示できます。

TCPのパケット

TCPのパケットについて、もう少し詳しく見ると次ページの **図C** のようになります。ここでは先ほどの実行結果でいうと❹の「aaaaa」という文字を送信しているパケットを取り上げていますが、❺のTCPデータ部分以外は共通です。

- **関連するRFC**
  - RFC 9293 - Transmission Control Protocol（TCP） ⇐ RFC 793 の改訂版
    URL https://datatracker.ietf.org/doc/html/rfc9293
  - Transmission Control Protocol（TCP）Parameters「TCP Header Flags」
    URL https://www.iana.org/assignments/tcp-parameters/tcp-parameters.xhtml

図B TCPパケットを見てみよう（Wiresharkの画面）

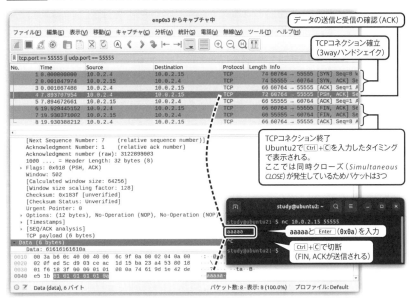

データの送信と受信の確認（ACK）

TCPコネクション確立
（3wayハンドシェイク）

TCPコネクション終了
Ubuntu2で Ctrl + C を入力したタイミング
で表示される。
ここでは同時クローズ（*Simultaneous CLOSE*）が発生しているためパケットは3つ

aaaaaと Enter （0x0a）を入力

Ctrl + C で切断
（FIN, ACKが送信される）

図C TCPパケットを見てみよう

TCPパケット（WiresharkのNo. 4、データ部分以外のレイアウトは共通）

8	14	20	20	12	6（入力した文字数+1）	4
P	❶ Ethernetヘッダー	❷ IPv4ヘッダー	❸ TCPヘッダー	❹ TCPオプション	❺ TCPデータ	FCS

P：プリアンブル（8バイト）これからデータを送信するという合図でWiresharkの画面には表示されない
FCS：フレームチェックシーケンス（4バイト）、Wiresharkの画面には表示されない

❶ Ethernetヘッダー（Ethernet II、RFC 894）

0	1	2	3	4	5	6	7	8	9	10	11	12	13
宛先（08:00:27:20:3c:72）						送信元（08:00:27:82:bf:df）						タイプ = IPv4	

Ubuntu1　Ubuntu2

❷ IPヘッダー（RFC 791）

IPヘッダーがある＝
IPパケット＝
インターネット層
（および上位）の
プロトコル

0	1	2	3	4	5	6	7	8	9	10	11
Ver	IHL	DSCP	E C N	Total Length(84)		識別子		Flags	フラグメント オフセット	TTL	プロトコル =TCP	Checksum	

12	13	14	15	16	17	18	19
送信元（10.0.2.4）				送信先（10.0.2.15）			

Ubuntu1　Ubuntu2

TCPなので
ポート番号と
シーケンス番号
がある

TCPヘッダーがある＝
TCPパケット

	12	13
データ オフ セット	予約	C W R / E C E / U R G / A C K / P S H / R S T / S Y N / F I N

❸ TCPヘッダー（RFC 9293）

0	1	2	3	4	5	6	7	8	9	10	11	12	13	14	15
送信元 ポート番号		宛先 ポート番号		シーケンス番号				ACK番号					フラグ	ウィンドウサイズ	

16	17	18	19
Checksum		Urgent Pointer	

❹ TCPオプション（RFC 9293）
　　今回のケースでは12バイトでNo-Operationを表す値とタイムスタンプが入っている
❺ TCPデータ
　　今回のケースでは6バイトで「aaaaa」という文字と改行（\a、16進数で0a）の6文字分

UDPによる通信

次にUDPを試してみましょう。引き続きWiresharkでも観察します。

Ubuntu1で **nc -u -l 55555** を実行し、Ubuntu2で **nc -u** (Ubuntu1のIPアドレス) 55555 を実行します。ここで指定している **-u** がUDPを使用するという意味のオプションです。

Ubuntu2側で適当な文字列（実行例では **aaaaa**）を入力して Enter を押し、 Ctrl + C で終了するというのは先ほどと同じですが、UDPの場合は接続側が終了したことをサーバー側（リッスン側）が関知しないので、Ubuntu1側も Ctrl + C で終了する必要があります。

```
u1$ ip -4 a ·············································IPアドレスを確認する

u1$ nc -u -l 55555 ·······························ポート番号55555でUDPによる接続を待機※
```

※ IPv6で試したい場合は **-6** オプションを併用する（**nc -6 -l 55555**）。接続側は使用する。

```
Wiresharkでキャプチャを開始してから実行
u2$ nc -u -l 10.0.2.15 55555
aaaaa ·············適当な文字列を入力してEnter

·············· Ctrl + C で終了 （Ubuntu1側も別途 Ctrl + C で終了させる必要がある）
u2$
```

Wiresharkの画面は **図D** のようになります。ハンドシェイクは行われておらず、**nc** コマンドを Ctrl + C で終了しても接続を終了するためのパケットは送られません。

図D UDPパケットを見てみよう（Wiresharkの画面）

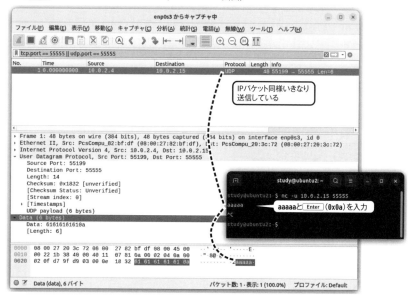

UDPパケットを見てみよう

UDPのパケットを少し詳しく見てみると **図E** のようになります。IPパケットにUDPのヘッダー8バイトが加わっただけであることがわかります。TCPと異なりシーケンス番号は入りませんが、トランスポート層なのでポート番号の情報が入っています。

図E UDPパケットを見てみよう

UDPパケット

8	14	20	40または36	6(入力した文字数+1)	4
P	❶ Ethernet II	❷ IPv4	❸ TCP	❹ DATA	FCS
	Ethernetヘッダー	IPヘッダー	TCPヘッダー		

P：プリアンブル(8バイト) これからデータを送信するという合図でWiresharkの画面には表示されない
FCS：フレームチェックシーケンス(4バイト)、Wiresharkの画面には表示されない

❶ Ethernetヘッダー(Ethernet II、RFC 894)

0	1	2	3	4	5	6	7	8	9	10	11	12	13
宛先(08:00:27:20:3c:72)						送信元(08:00:27:82:bf:df)						タイプ=IPv4	

Ubuntu1　Ubuntu2

❷ IPヘッダー(RFC 791)

0	1	2	3	4	5	6	7	8	9	10	11
Ver	IHL	DSCP	ECN	Total Length(84)		識別子		Flags	フラグメントオフセット	TTL	プロトコル=UDP	Checksum	

12	13	14	15	16	17	18	19
送信元(10.0.2.4)				送信先(10.0.2.15)			

Ubuntu1　Ubuntu2

❸ UDPヘッダー(RFC 768)と**❹データ**

0	1	2	3	4	5	6	7
送信元ポート番号		宛先ポート番号		長さ		Checksum	
8	…						
データ(画面ではaaaaa Enter の6バイト)							

UDPなのでポート番号がありシーケンス番号はない

UDPなのでフラグなどの制御用情報はない

TCPに比べるとあっさりしてるね

IPパケットにポート番号を加えただけという感じね

3.4

パケットロスを発生させてみよう
tcコマンドで試してみる

　今度は、わざとパケットロスを起こした状態でTCPとUDPの通信を見比べてみましょう。先ほどと同じncコマンドを使用し、一定間隔でデータが送られている場合と、大きめなデータを送った場合の2パターンについて、ロスなしとロスありそれぞれ、TCPとUDPでの結果を比較します。

■1 一定間隔で送られるデータの観察
これから試す内容の流れを確認しよう

　一定間隔で送られるデータの観察を、Ⓐパケットロスがない状態とⒷロスがある状態で行います 図A 。ロスがなければTCPもUDPも同じ結果になるけれど、ロスが発生している場合はUDPで抜けが発生するという様子を見るのが狙いです。

　ここでは、pingコマンドを使って「1秒間隔でデータを送信」という状態を作り、TCPとUDPでそれぞれどのような動作になるか確認します。pingはネットワークコマンドとしてではなく1秒間隔に連番付きでメッセージを表示するコマンドとして使います。pingそのものはトラフィックの影響を受けないようにping localhostで実行します。これは自分自身宛のpingという意味で、ネットワークデバイスが正常に動いていれば、1秒間隔でicmp_seq=1、icmp_seq=2……という連番が含まれる実行結果が表示されます。ping localhost | nc ～のように実行することで、pingの実行結果をncに渡すことができます（パイプ、p.53）。

図A ■ 一定間隔で送られるデータの観察

本書で使用しているIPアドレス		テスト環境のIPアドレス（ip aで確認）
Ubuntu1 IPアドレス	10.0.2.15	Ubuntu1 IPアドレス
Ubuntu2 IPアドレス	10.0.2.4	Ubuntu2 IPアドレス

	Ubuntu1 で実行するコマンド	Ubuntu2 で実行するコマンド（番号に従いUbuntu1と交互に実行）
Ⓐ	❶TCPで接続を待機 $ nc -l 55555	❷Ubuntu1宛にデータを連続して送信 $ ping localhost | nc 10.0.2.15 55555 ➡様子がわかったら Ctrl + C で終了
	❸UDPで接続を待機 $ nc -u -l 55555 ➡Ubuntu2側のncを終了したら Ctrl + C で終了	❹Ubuntu1宛にデータを連続して送信 $ ping localhost | nc -u 10.0.2.15 55555 ➡様子がわかったら Ctrl + C で終了

Ⓑ	❶TCPで接続を待機
	$ nc -l 55555
		❷パケットロスを発生させる
		$ sudo tc qdisc add dev enp0s3 root netem loss 20%
		❸Ubuntu1宛にデータを連続して送信
		$ ping localhost | nc 10.0.2.15 55555
		➡様子がわかったら Ctrl + C で終了

	❹UDPで接続を待機 $ nc -u -l 55555 ➡Ubuntu2側のncを終了したら Ctrl + C で終了	❺Ubuntu1宛にデータを連続して送信 $ ping localhost | nc -u 10.0.2.15 55555 ➡様子がわかったら Ctrl + C で終了
(参考)	(IP通信の場合どうなるかについては、p.177を参照)	$ ping 10.0.2.10 ➡様子がわかったら Ctrl + C で終了
後始末		$ sudo tc qdisc del dev enp0s3 root netem ➡設定を元に戻す

```
ping localhost | nc Ubuntu1のIPアドレス ポート番号
ping localhost | nc -u Ubuntu1のIPアドレス ポート番号
```

※ ping は1秒間間隔で小さなメッセージを出力するコマンドとして使用、パケットロスが影響しないlocalhostを指定。

❹一定間隔で送られるデータの観察　パケットロスがない状態

TCP通信の実行例

　まず、TCP通信で試します。ロスが発生していない状態での実行ですので、TCP、UDPどちらも icmp_seq=1、icmp_seq=2…と抜けなく表示されるはずです。

```
u1$ nc -l 55555 ❶TCPで待機
```

```
u2$ ping localhost | nc 10.0.2.15 55555 ❷pingの結果を10.0.2.15の55555宛にTCPで送信
^C Ctrl +Cで終了
```

❷の実行結果が表示される
```
PING localhost (127.0.0.1) 56(84) bytes of data.
64 bytes from localhost (127.0.0.1): icmp_seq=1 ttl=64 time=0.013 ms
64 bytes from localhost (127.0.0.1): icmp_seq=2 ttl=64 time=0.024 ms
64 bytes from localhost (127.0.0.1): icmp_seq=3 ttl=64 time=0.019 ms
64 bytes from localhost (127.0.0.1): icmp_seq=4 ttl=64 time=0.020 ms
64 bytes from localhost (127.0.0.1): icmp_seq=5 ttl=64 time=0.018 ms
```
↑Ubuntu2で実行しているping localhostの結果が表示される
Ubuntu2側が Ctrl +Cで終了するとUbuntu1側も終了する

UDP通信の実行例

　続いて、UDP通信で同じことをしてみます。UDP通信を指定するには、nc -u のように -u オプションを付けて実行します。

```
u1$ nc -u -l 55555 ❸UDPで待機（-uを付けて実行）
```

```
u2$ ping localhost | nc -u 10.0.2.15 55555 ❹pingの結果を10.0.2.15の55555宛にUDP
                                              で送信（-uを付けて実行）
^C Ctrl +Cで終了
```

❹の実行結果が表示される
```
64 bytes from localhost (127.0.0.1): icmp_seq=1 ttl=64 time=0.019 ms
64 bytes from localhost (127.0.0.1): icmp_seq=2 ttl=64 time=0.019 ms
64 bytes from localhost (127.0.0.1): icmp_seq=3 ttl=64 time=0.018 ms
64 bytes from localhost (127.0.0.1): icmp_seq=4 ttl=64 time=0.020 ms
64 bytes from localhost (127.0.0.1): icmp_seq=5 ttl=64 time=0.022 ms
```
↑Ubuntu2で実行しているping localhostの結果が表示される
^C Ubuntu2側を Ctrl +Cで終了したら Ctrl +Cで終了させる
（UDPの場合はUbuntu1側でも Ctrl +C で終了させる必要がある）

❸一定間隔で送られるデータの観察　パケットロスがある状態

tcコマンドでパケットロスを発生させた状態で同じことを試してみましょう。**tc**はトラフィック制御（*traffic control*）を行うコマンドで、帯域幅の調整や優先順位付けのほか、今回のようなシミュレーションにも使用します。

```
パケットロスを発生させる
sudo tc qdisc add dev デバイス root netem loss 割合
設定を削除する
sudo tc qdisc del dev デバイス root netem
現在の設定の確認
tc qdisc show dev デバイス
```

この状態で、TCPでの送信を試してみます。実行結果は同じですが、もしかしたら途中の表示が一部遅く、なんとなくぎこちなく感じられる個所があったかもしれません。

```
u1$ nc -l 55555 ·············❶TCPで待機
```

```
u2$ sudo tc qdisc add dev enp0s3 root netem loss 20%  ❷ロス20%の状態にする
u2$ ping localhost | nc 10.0.2.15 55555    ❸TCPで送信
^C ·············Ctrl+Cで終了
```

続いてUDPでの送信を試してみます。しばらく待つとデータが抜けている様子がわかります（実行例では**icmp_seq=2**がない）。20%なので5回に1回程度の頻度でデータの抜けが発生することになります。

```
u1$ nc -u -l 55555 ·············❹UDPで待機
```

```
sudo tc qdisc add dev enp0s3 root netem loss 20%を実行した環境で実施
u2$ ping localhost | nc -u 10.0.2.15 55555  ❺UDPで送信
```

```
❺の実行結果が表示される
PING localhost (127.0.0.1) 56(84) bytes of data.
64 bytes from localhost (127.0.0.1): icmp_seq=1 ttl=64 time=0.013 ms
64 bytes from localhost (127.0.0.1): icmp_seq=3 ttl=64 time=0.028 ms
64 bytes from localhost (127.0.0.1): icmp_seq=4 ttl=64 time=0.023 ms
64 bytes from localhost (127.0.0.1): icmp_seq=5 ttl=64 time=0.022 ms
64 bytes from localhost (127.0.0.1): icmp_seq=6 ttl=64 time=0.023 ms
↑Ubuntu2で実行しているping localhostの結果が表示される（ここではicmp_sec=2が抜けている）
^C ·············Ubuntu2側をCtrl+Cで終了したらCtrl+Cで終了させる
```

参考 IP通信だとどうなるか

今回はTCPとUDPの比較のために **nc** コマンドを使って試していますが、パケットの損失具合を確認するだけであれば単純な **ping** コマンドの結果を見るのが簡単です。

ping コマンドのICMPプロトコルもエラーのリカバリは行わないので損失がそのままわかるほか、最後にどのくらいの損失があったかを確認できます。ある程度の回数を実行すれば設定値の20%に近づくでしょう。

```
u2$ ping 10.0.2.15
PING 10.0.2.15 (10.0.2.15) 56(84) bytes of data.
64 bytes from 10.0.2.15: icmp_seq=1 ttl=64 time=0.695 ms
64 bytes from 10.0.2.15: icmp_seq=2 ttl=64 time=0.625 ms
64 bytes from 10.0.2.15: icmp_seq=3 ttl=64 time=0.817 ms
64 bytes from 10.0.2.15: icmp_seq=4 ttl=64 time=0.674 ms
64 bytes from 10.0.2.15: icmp_seq=5 ttl=64 time=1.07 ms
64 bytes from 10.0.2.15: icmp_seq=6 ttl=64 time=0.683 ms
64 bytes from 10.0.2.15: icmp_seq=8 ttl=64 time=0.855 ms
64 bytes from 10.0.2.15: icmp_seq=10 ttl=64 time=0.809 ms
^C
--- 10.0.2.15 ping statistics ---
10 packets transmitted, 8 received, 20% packet loss, time 9178ms
rtt min/avg/max/mdev = 0.625/0.778/1.069/0.133 ms
```

↑10回送信して8回受け取っている、20%の損失

いったん後始末

Ubuntu2のパケット損失を元の状態に戻します。この設定は保存されてないので再起動すれば元に戻りますが、この後のテストで再度ロスなし・ロスありで動作を試すので元に戻しておいてください。

```
u2$ sudo tc qdisc del dev enp0s3 root netem
```

2 大きなデータを送信した場合の観察
これから試す内容の流れを確認しよう

次に、テスト用の少し大きめなデータを作成し、Ⓐパケットロスがない状態とⒷロスがある状態で送信します（次ページの **図B** ）。こちらも、ロスがある中でのUDPによる送信はデータが不完全になります。

ここでは、連番が書かれた900キロバイトほどの **testfile** というテキストファイルを作成し、TCPとUDPで送信します。Ubuntu2側では次のようにして、標準入力（キーボード）の代わりに **testfile** を入力とします（リダイレクト、p.52）。

```
nc Ubuntu1のIPアドレス ポート番号 < testfile
```
続く▶

```
nc -u (Ubuntu1のIPアドレス) (ポート番号) < testfile
```

　Ubuntu1側は、今までと同じ方法で待機すると受け取ったデータがそのまま画面に流れることになりますが、ここでは受け取ったデータを後で確認したいため、リダイレクトで保存します。保存ファイルはその都度上書きで作成されます。

```
nc -l (ポート番号) > (保存ファイル)
nc -l -u (ポート番号) > (保存ファイル)
```

図B　　大きなデータの送信結果を比較する

本書で使用しているIPアドレス		テスト環境のIPアドレス(ip aで確認)	
Ubuntu1 IPアドレス	10.0.2.15	Ubuntu1 IPアドレス	
Ubuntu2 IPアドレス	10.0.2.4	Ubuntu2 IPアドレス	

	Ubuntu1 で実行するコマンド	Ubuntu2 で実行するコマンド(番号に従いUbuntu1と交互に実行)
Ⓐ	❶TCPで接続を待機し、受信内容をtcptest1に保存 `$ nc -l 55555 > tcptest1` `$ less tcptest1`　受信データを確認(qで終了)	❷Ubuntu1宛にtestfile(この後作成)を送信 `$ nc 10.0.2.15 55555 < testfile`
	❸UDPで接続を待機し、受信内容をudptest1に保存 `$ nc -u -l 55555 > udptest1` 　➡Ubuntu2側のncを終了したらCtrl+Cで終了 `$ less udptest1`　受信データを確認(qで終了)	❹Ubuntu1宛にtestfileを送信 `$ nc -u 10.0.2.15 55555 < testfile` 　➡5秒程度待ってからCtrl+Cで終了

Ⓑ	❶TCPで接続を待機
	`$ nc -l 55555 > tcptest2`
	
	`$ less tcptest2`　受信データを確認(qで終了)
		❷パケットロスを発生させる
		`$ sudo tc qdisc add dev enp0s3 root netem loss 20%`
		❸Ubuntu1宛にtestfileを送信
		`$ nc 10.0.2.15 55555 < testfile`

	❹UDPで接続を待機 `$ nc -u -l 55555 > udptest2` 　➡Ubuntu2側のncを終了したらCtrl+Cで終了 `$ less udptest2`　受信データを確認(qで終了)	❺Ubuntu1宛にtestfileを送信 `$ nc -u 10.0.2.15 55555 < testfile` 　➡5秒程度待ってからCtrl+Cで終了
確認	`$ diff tcptest1 udptest1` …tcptest1とudptest1の比較 `$ diff tcptest1 tcptest2` …tcptest1とtcptest2の比較 `$ diff tcptest2 udptest2` …tcptest2とudptest2の比較	
後始末		`$ sudo tc qdisc del dev enp0s3 root netem` ➡設定を元に戻す

テスト用のファイルを作成する

　まず、送信用データを作成しましょう。

　送信に使用するデータはある程度の大きさがあれば何でもかまわないのですが、欠落の有無がわかりやすいように、以下のコマンドで連番を記録したテストファイルを作成します。Ubuntu2から送信するので、Ubuntu2で実行してください。

```
u2$ seq -f "%08g" -s " " 100000 | fold -w 90 > testfile
```

　seqは連続番号を生成するコマンドで、**-f**オプションで00000001のように8桁になるようにゼロで埋めて、**-s**オプションでスペースで区切るよう指定しています(デフォルトは改行)。**fold**は行を折りたたむコマンドでここでは90桁で改行を入れています。実行結果をリダイレクト(p.52)でtestfileという名前のファイルに保存しています。

　どのようなデータが生成されたかは、**less testfile**で確認できます。上下矢印キーでスクロール、qで表示を終了します。端末が90文字より狭い場合は広げると表示がわかりやすくなります。

```
u2$ less testfile
00000001 00000002 00000003 00000004 00000005 00000006 00000007 00000008 00000009 00000010
00000011 00000012 00000013 00000014 00000015 00000016 00000017 00000018 00000019 00000020
00000021 00000022 00000023 00000024 00000025 00000026 00000027 00000028 00000029 00000030
00000031 00000032 00000033 00000034 00000035 00000036 00000037 00000038 00000039 00000040
00000041 00000042 00000043 00000044 00000045 00000046 00000047 00000048 00000049 00000050
（中略）
‥‥‥‥‥‥‥‥‥‥‥‥‥‥‥‥‥‥‥‥‥‥ qで表示を終了
```

❹大きなデータの送信　パケットロスがない状態

まずはパケットロスのない状態でファイルを送信します。p.177の後始末に従い、**tc**コマンドで元に戻した状態から試してみましょう。

TCP通信での実行

Ubuntu1では**nc**コマンドをリスニングモードで起動しますが、実行結果を画面（標準出力）ではなく**tcptest1**というファイルに保存します。

Ubuntu2は、入力を**testfile**にします。

```
u1$ nc -l 55555 > tcptest1 ‥‥‥‥‥‥‥ ポート55555からTCPで受け取った内容をtcptest1に保存
```

```
u2$ nc 10.0.2.15 55555 < testfile ‥‥‥‥‥ testfileの内容をTCPで10.0.2.15の55555宛に送信
```

Ubuntu2からの送信が終わっても**nc**コマンドが終わらなかった場合は頃合いを見計らってUbuntu2を Ctrl + C で終了させてください。環境によって異なりますが数秒程度で送信できるサイズです。心配な場合はWiresharkで通信を確認し、ポート55555の通信に変化がなくなったら終了させると良いでしょう。

受信内容は**less tcptest1**で確認できます。testfileと同じ内容が保存されていれば成功です。何も保存されていない場合はIPアドレスとポート番号および**-u**オプションの有無（今回はなしで実行）を確認して再実行してください。

```
u1$ less tcptest1
00000001 00000002 00000003 00000004 00000005 00000006 00000007 00000008 00000009 00000010
00000011 00000012 00000013 00000014 00000015 00000016 00000017 00000018 00000019 00000020
00000021 00000022 00000023 00000024 00000025 00000026 00000027 00000028 00000029 00000030
00000031 00000032 00000033 00000034 00000035 00000036 00000037 00000038 00000039 00000040
00000041 00000042 00000043 00000044 00000045 00000046 00000047 00000048 00000049 00000050
（中略）
‥‥‥‥‥‥‥‥‥‥‥‥‥‥‥‥‥‥‥‥‥‥ qで表示を終了
```

UDP通信での実行

UDPでも同じように実行します。実行結果はudptest1というファイルに保存しています。

```
u1$ nc -u -l 55555 > udptest1 ‥‥‥‥‥‥ ポート55555からUDPで受け取った内容をudptest1に保存
```

```
u2$ nc -u 10.0.2.15 55555 < testfile ┄┄ testfileの内容をUDPで10.0.2.15の55555宛に送信
```

頃合いを見計らって Ubuntu2 と Ubuntu1 それぞれを Ctrl + C で終了させてください。受信内容は **less udptest1** で確認できます。パケットロスなしの環境で実行している場合、保証はされていませんが、UDPでも **testfile** と同じ内容が保存されているはずです。

```
u1$ less udptest1
00000001 00000002 00000003 00000004 00000005 00000006 00000007 00000008 00000009 00000010
00000011 00000012 00000013 00000014 00000015 00000016 00000017 00000018 00000019 00000020
00000021 00000022 00000023 00000024 00000025 00000026 00000027 00000028 00000029 00000030
00000031 00000032 00000033 00000034 00000035 00000036 00000037 00000038 00000039 00000040
00000041 00000042 00000043 00000044 00000045 00000046 00000047 00000048 00000049 00000050
  中略
┄┄┄┄┄┄┄┄┄┄┄┄┄┄┄┄┄┄┄┄┄┄┄┄┄┄┄┄┄┄ qで表示を終了
```

❸大きなデータの送信 パケットロスがある状態

続いて、パケットロスを発生させた状態で、それぞれ tcptest2 と udptest2 に保存します。Ubuntu1 側で保存するファイル名だけ変更しています。

終了は p.176 の **nc** コマンドと同じで、適宜 Ctrl + C で終了させてください。

```
u1$ nc -l 55555 > tcptest2 ┄┄┄┄┄┄ ポート55555からTCPで受け取った内容をtcptest2に保存
```

```
u2$ sudo tc qdisc add dev enp0s3 root netem loss 20% ┄┄┄┄ ロス20%の状態にする
u2$ nc 10.0.2.15 55555 < testfile ┄┄┄ testfileの内容をTCPで10.0.2.15の55555宛に送信
                                数秒待って Ctrl + C で終了
```

```
u1$ nc -u -l 55555 > udptest2 ┄┄┄┄┄┄ ポート55555からUDPで受け取った内容をudptest2に保存
```

```
(sudo tc qdisc add dev enp0s3 root netem loss 20%を実行した環境で実施)
u2$ nc -u 10.0.2.15 55555 < testfile ┄┄ testfileの内容をUDPで10.0.2.15の55555宛に送信
                        (数秒待って Ctrl + C で終了、Ubuntu1も Ctrl + C で終了させる)
```

結果の比較と後始末

less コマンドで tcptest1、udptest1、tcptest2、udptest2 それぞれを眺めてみると、ロスなしで実行した tcptest1 と udptest1、そしてロス有りで実行した tcptest2 については、元の testfile と同じ内容が保存されており、udptest2 はデータの一部が欠落している様子がわかります。

```
$ less udptest2
2 00007203 00007204 00007205 00007206 00007207 00007208 00007209 00007210
00007211 00007212 00007213 00007214 00007215 00007216 00007217 00007218 00007219 00007220
                                                                    続く ▶
```

```
00007221 00007222 00007223 00007224 00007225 00007226 00007227 00007228 00007229 00007230
（中略）
00008991 00008992 00008993 00008994 00008995 00008996 00008997 00008998 00008999 00009000
00009001 00009002 0000061216 00061217 00061218 00061219 00061220
00061221 00061222 00061223 00061224 00061225 00061226 00061227 00061228 00061229 00061230
（中略）
```

　今回は連番で欠落も大きいため目視でわかりますが、ファイルの内容が一致しているかどうかは、テキストファイルの場合、**diff**コマンドで確認できます。

```
$ diff tcptest1 udptest1 ……………………ロスなしで実行したtcptest1とudptest1を比較
$   （←違いがないため何も表示されない）
$ diff tcptest1 tcptest2 ……………………tcptest1とロスありで実行したtcptest2を比較
$   （←違いがないため何も表示されない）
$ diff tcptest2 udptest2 ……………………ロスありで実行したtcptest2とudptest2を比較
1,721c1
< 00000001 00000002 00000003 00000004 00000005 00000006 00000007 00000008 00000009 00000010
< 00000011 00000012 00000013 00000014 00000015 00000016 00000017 00000018 00000019 00000020
< 00000021 00000022 00000023 00000024 00000025 00000026 00000027 00000028 00000029 00000030
< 00000031 00000032 00000033 00000034 00000035 00000036 00000037 00000038 00000039 00000040
（↑違っている個所が表示される）
（後略）
```

pingコマンドで経路上の最小MTUを調べる

　経路上の最も小さいMTUを調べる経路MTU探索（p.162）の様子は**ping**コマンドでも確認できます。
　p.124では**ping**コマンドで送信するパケットのサイズを変更することで、IPパケットのフラグメンテーション（*fragmentation*、断片化）が起こっている様子を観察しました。仮想環境では**-s 1472**では分割されず、**1473**から分割されていましたが、外部サイトとの通信の場合はさまざまな経路にあるネットワーク装置を経由することから異なるサイズで分割されるかもしれません。
　たとえば以下は**www.example.com**宛の**ping**ですが、仮想環境どうしでのやりとりでは断片化が生じない**-s 1472**（p.125）でもエラーとなり、**-M do**で**Don't fragment**フラグを立てると**mtu=552**でエラーなることがわかります。なお、これらの値は実行時に使用された経路によって変化する可能性があります。Windows版の**ping**では**-f**オプションで**Don't fragment**フラグが付加されます。

```
$ ping -c 1 -s 1472 -M do www.example.com …-s 1472でエラーなので-M doをつけて実行した
PING www.example.com (93.184.216.34) 1472(1500) bytes of data.
ping: local error: message too long, mtu=552

--- www.example.com ping statistics ---
1 packets transmitted, 0 received, +1 errors, 100% packet loss, time 0ms
（↑「mtu=552」でエラーになったことがわかった）
```

3.5

TLS
安全な通信とは

TLS（*Transport Layer Security*）は、インターネット上でのデータの安全な伝送を提供する暗号化プロトコルです。前身である**SSL**（*Secure Sockets Layer*）から派生したプロトコルで、現在はWebや電子メール、その他メッセージのやりとりなどで広く利用されています。

TLSで実現する「安全な通信」とは

TLSは、サーバー証明書と暗号化によって接続相手の「なりすまし」や「盗聴」と「改竄」を防ぐというプロトコルです **図A**。ログイン情報やカード情報を盗まれないように暗号化する、という形で話題になることが多いかもしれませんが、情報を送る相手（サーバー）が別人であったり、サーバーからのメッセージが途中で書き換えられてしまうといったことも同時に防ぎます。

図A TLSで実現する「安全な通信」とは

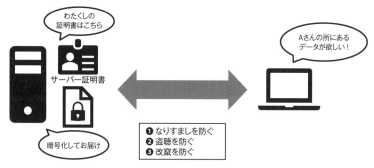

わたくしの
証明書はこちら

サーバー証明書

暗号化してお届け

Aさんの所にある
データが欲しい！

❶ なりすましを防ぐ
❷ 盗聴を防ぐ
❸ 改竄を防ぐ

TLSは「Transport Layer Security」という名前のとおりトランスポート層のプロトコルですが、おもにTCP上で実現されるプロトコルであり、アプリケーション層のプロトコルとして扱われることもあります。なおUDP上で動作するTLSはDTLS（*Datagram Transport Layer Security*）という名前で別途規定されています。

- **関連するRFC**
  - RFC 8446 - The Transport Layer Security (TLS) Protocol Version 1.3
    URL https://datatracker.ietf.org/doc/html/rfc8446/
  - RFC 9147 - The Datagram Transport Layer Security (DTLS) Protocol Version 1.3
    URL https://datatracker.ietf.org/doc/html/rfc9147/

なりすましを防ぐ「サーバー証明書」

　なりすましを防ぐのに使われるのがサーバー証明書です。これは、「Aに接続しているつもりなのに、Bが応えている」といったことがないようにする、というもので、接続時にサーバーから証明書を受け取ることで、接続先の正当性を確認します。

　証明書を発行する機関を**認証局**（*Certification Authority*、CA）と言い、第三者が証明を行うパブリック認証局と企業自身が自社で運用するプライベート認証局があります。

　多くのWebブラウザでアドレスバーにTLS通信（Webの場合はHTTPS、後述）を行っていることを示すアイコンが表示されるようになっていますが、このアイコンをクリックするとサーバー証明書を確認できます **図B** 。

　サーバー証明書には識別情報として www.example.com のような名前が書かれており、利用者は www.example.com に接続する→接続先の証明書に www.example.com と書かれている、ということで接続先が正しいことを確認します。

図B Web接続時に表示できるサーバー証明書

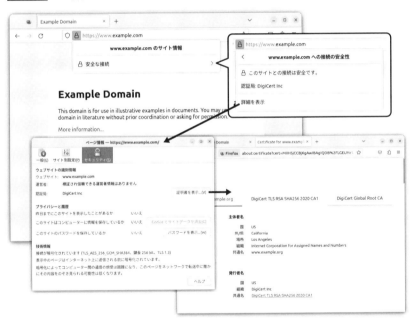

　繰り返しますが、サーバー証明書は「Aに接続しているつもりなのに、Bが応えている」といったことがないようにする、というもので、Aそのものが悪意のあるサイトであったり、Aそのものが書き換えられてしまっている場合の対策ではありません。これには「なりすまし対策」とは別の対策が必要で、たとえばAの管理者は勝手に書き換えられてしまうことがないように、利用者は接続先として正しい相手を指定しているか、常に気を配る必要があります。

　認証局によっては、申請した組織が実在しているかどうかを確認するサービスもありますが、実在する組織が詐欺行為を働く場合もあるので、結局は利用者が判断するほかありませ

ん。ただし商取引前提の場合は、接続先の実在性だけでも信頼性の確保にかなり役立つはずです。しかしその場合も、Aの悪意・Aが書き換え被害にあっている、といったことは関知できません。

暗号化には公開鍵と共有鍵を使用する

TLSでは、証明書の取得も含めたすべての通信を暗号化します。暗号化には、最初の段階では**公開鍵暗号**が使われており、公開鍵暗号で通信を確立させた後でお互いに同一の鍵を共有し、**共有鍵暗号**によってその後の通信を暗号化します。

公開鍵暗号とはペアの鍵を使う暗号化方式で、片方の鍵で暗号化したデータはペアの鍵で復号できるようになっています。片方の鍵は誰にも渡さない**秘密鍵**(*private key*)とし、もう一方は誰にでも渡せる**公開鍵**(*public key*)とします。

TLSハンドシェイクで安全な通信を確立

TLS 1.3では以下の流れでハンドシェイクを行います(全体の流れは次ページの **図C**)。なお、実際の通信では暗号化方式を決めるためにRetryメッセージが送られたり、非推奨ではありますが以前のバージョンであるTLS 1.2に切り替えて通信が行われたりすることがあります。

❶Client Hello

ここからTLSのハンドシェイクが始まります。まず、接続したい側(クライアント)が自分が使えるTLSのバージョンや暗号の種類、また、この後の暗号化に使用するランダムナンバーやセッションIDなどを伝えます。受け取った側は「ACK」で受け取った旨を返します。

❷Server Hello

接続を申し込まれた側(サーバー)がクライアントに対してどのバージョンのTLSと暗号を使うかを返します。使える暗号がある場合、この後の暗号化に使用するサーバー側のランダムナンバーなども伝えます。

❸Certificate, Certificate Verify

サーバーが自分自身の証明書(サーバー証明書)を送ります。クライアント側の証明書を求める場合、Certificate Requestを送ります。

❹Finished

ハンドシェイクの完了を伝えます。

この後、接続再開時に使用するセッションチケットを渡したり、データの送受信が行われたりします。

TLS通信を終了する際には「Close Notify」というAlertメッセージが送られます。Alertメッセージはたとえば「Access Denied」や「Decrypt Error」のようなTLS通信上のエラーや警告を送るのに使われますが、「Close Notify」は正常な終了手続きのメッセージです。

「Close Notify」の交換でTLS通信が終了し、その後TCPの接続が終了します。

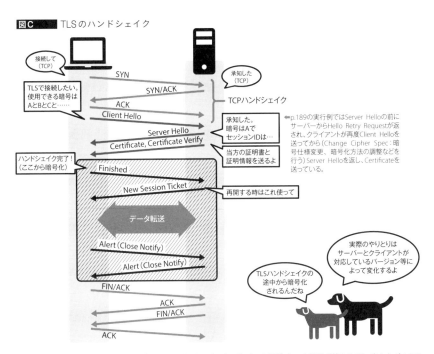

図C TLSのハンドシェイク

接続して
(TCP)

SYN

TLSで接続したい。
使用できる暗号は
AとBとCと……

SYN/ACK

承知した
(TCP)

ACK

TCPハンドシェイク

Client Hello

Server Hello

承知した。
暗号はAで
セッションIDは…

◀ p.189の実行例ではServer Helloの前に
サーバーからHello Retry Requestが返
され、クライアントが再度Client Helloを
送ってから（Change Cipher Spec：暗
号仕様変更、暗号化方法の調整などを
行う）Server Helloを返し、Certificateを
送っている。

Certificate, Certificate Verify

当方の証明書と
証明情報を送るよ

ハンドシェイク完了！
(ここから暗号化)

Finished

New Session Ticket

再開する時はこれ使って

データ転送

Alert (Close Notify)

Alert (Close Notify)

実際のやりとりは
サーバーとクライアントが
対応しているバージョン等に
よって変化するよ

FIN/ACK

TLSハンドシェイクの
途中から暗号化
されるんだね

ACK

FIN/ACK

ACK

※ TLS 1.2ではメッセージ認証コード（*Message Authentication Code*、MAC）という機構が使われていましたが1.3で
廃止されました。

HTTPとHTTPSのハンドシェイクを見比べてみよう

　Webで使われているプロトコルはHTTPで、今まで、`nc`コマンドではHTTPを使った通信
を試していましたが、現在一般的に使われているのはセキュアなHTTPSであり、これがTLS
を使用したHTTP（Hypertext Transfer Protocol Secure、p.213）です。

　`www.example.com`はHTTP、HTTPS両方に対応しており、どちらで接続しても同じ内容が
表示されます。違いはアドレスバーの表示で、Firefoxの場合はHTTP接続はアドレスバーの
錠前アイコンに赤い斜め線が入ります（次ページの **図D** ）。Windowsで使われるEdgeの場
合HTTP接続は「セキュリティ保護なし」、macOSで使われるSafariの場合は「安全ではあり
ません」のように表示されます。Google Chromeでは`http://`と指定しても、自動で`https://`
に転送されるようになっています[4]。

　両者の様子をWiresharkで見比べてみましょう（次ページの **図E** ）。

　なお、Webブラウザの場合、サイト閲覧の情報をキャッシュとして保存して再利用する場
合があることから、同じサイトに複数回アクセスするとやりとりの内容が変化することがあ
ります。Firefoxの場合、アドレスバー右側のメニューボタンから「履歴」→「最近の履歴の削
除」でキャッシュを削除することで初回接続時と同じやりとりを確認できます。

[4]　HSTS（*HTTP Strict Transport Security*、RFC 6797）で強制的にHTTPS接続を使用するよう設定されているWeb
サイトもあります。この場合、ほかのブラウザでも`https://`による接続に自動で切り替わります。

図D HTTP と HTTPS (Firefox)

図D HTTP と HTTPS (Firefox)

ここでは Server Hello の後の「Certificate, Certificate Verify」は暗号化されているため「Application Data」という表示になっています。セッションキーによる復号は次の節で扱います。

図E HTTP と HTTPS (Wireshark)

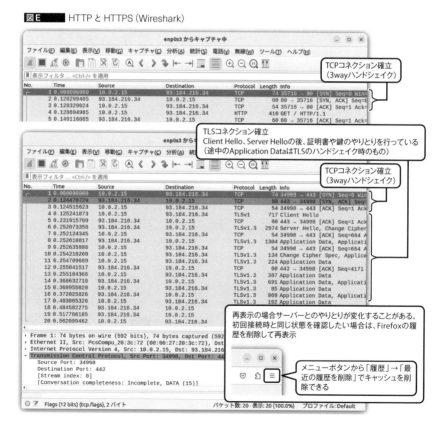

3.6

TLS通信を見てみよう
暗号化された状態と復号された状態を見比べよう

opensslコマンドを使って、ncコマンドと同じようにwww.example.comに接続してみましょう。まず、Webサーバーとのやりとりそのものについては共通であることを確認し、暗号化されている様子をWiresharkで観察します。続いて、セッションキーを使って通信内容を復号します。

opensslによるHTTPS通信

opensslコマンドは、OpenSSLプロジェクト（https://www.openssl.org）が開発・公開しているコマンドで、Ubuntuにはデフォルトでインストールされています。

OpenSSLプロジェクトはSSL（現TLS）用のプログラムをオープンソースで開発しているプロジェクトです。opensslコマンドでは、TLSサーバーとクライアントのテストや証明書の作成と検証、鍵の作成や検証、暗号化と復号などを行うことができます。今回は、opensslコマンドのクライアント機能を使ってHTTPSでサーバーに接続します。

openssl s_client -connect 接続先:ポート番号 でWebサーバーに接続し、ncコマンドと同じようにHTTPのリクエストを送るという手順で試します。

また、opensslでは、TLSハンドシェイクで受け取るセッションキーをファイルに保存できます。Wiresharkにこのセッションキーを読ませることで、暗号化されている部分を復号できます。

```
openssl s_client -connect 接続先:ポート番号
openssl s_client -connect 接続先:ポート番号 -keylogfile 保存ファイル名
```

今回は、tls_key.logというファイルにセッションキーを保存したうえで一通り実行してWiresharkの表示を観察し、次にWiresharkでセッションキーを読み込むと表示がどのように変わるか見ていきましょう。具体的なコマンドは以下のとおりです。

```
openssl s_client -connect www.example.com:443 -keylogfile tls_key.log
以下接続後に入力（実行例を参照）
GET / HTTP/1.1
Host: www.example.com
改行のみ
........................................Ctrl+Dで終了（入力するとDONEと表示されて終了する）
```

※ Ctrl + Cで終了した場合は強制終了扱いとなりTLSの終了処理が行われない。

少しずつ分けて実行することで、対応するパケットがわかりやすくなります。

Wiresharkを起動して、❶からのステップごとに表示されるパケットの変化を見ながら実行してみましょう。

コマンドラインで❶行目を入力するとncコマンドによるHTTP接続と違い、TLSハンドシェイクで受け取るサーバー証明書などが表示されます。ハンドシェイクが終わるといったん表示が止まるので、❷行目、❸行目を入力して Enter 、さらに❹何も入力せずにもう一度 Enter を押すと、サーバーからの応答（レスポンス）が表示されます。なお、各表示内容は実行のタイミングによって変化することがあります。

一通りの表示が終わったら❺ Ctrl + D で通信を終了してください。

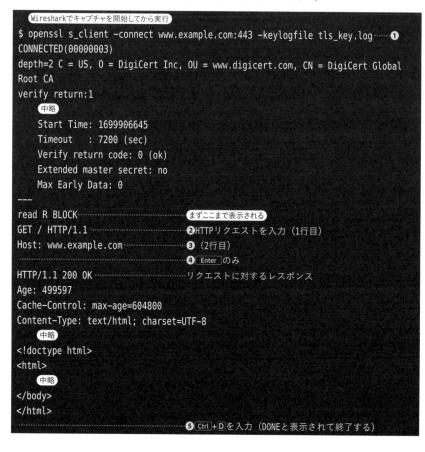

```
 Wiresharkでキャプチャを開始してから実行
$ openssl s_client -connect www.example.com:443 -keylogfile tls_key.log ……❶
CONNECTED(00000003)
depth=2 C = US, O = DigiCert Inc, OU = www.digicert.com, CN = DigiCert Global
Root CA
verify return:1
   中略
    Start Time: 1699906645
    Timeout   : 7200 (sec)
    Verify return code: 0 (ok)
    Extended master secret: no
    Max Early Data: 0
---
read R BLOCK ……………………………………… まずここまで表示される
GET / HTTP/1.1 ………………………………………❷HTTPリクエストを入力（1行目）
Host: www.example.com ………………………………❸ （2行目）
                                       ❹ Enter のみ
HTTP/1.1 200 OK ………………………………………リクエストに対するレスポンス
Age: 499597
Cache-Control: max-age=604800
Content-Type: text/html; charset=UTF-8
   中略
<!doctype html>
<html>
   中略
</body>
</html>
…………………………………………❺ Ctrl + D を入力（DONEと表示されて終了する）
```

Wiresharkの表示は次ページの **図A** のとおりです。❷❸…のステップごとにパケットが増えていきますが、暗号化されているため「Application Data」と表示されるのみで具体的な内容は読み取れません。

図A　TLS通信を見てみよう

セッションキーで復号する

先ほどのWiresharkにセッションキーを設定してみましょう。

「編集」→「設定」で設定画面を開き、「Protocols」で「TLS」を選択して「(Pre)-Master-Secret log filename」でファイルを指定します（次ページの **図B** ）。

サンプルのコマンドラインではセッションキーをカレントディレクトリに「tls_key.log」という名前で保存しています。端末の初期値ではカレントディレクトリはユーザーのホームディレクトリとなるので、「参照」をクリックして「ホーム」の「tls_key.log」を選択して「開く」をクリックすることでセッションキーを保存したファイルを指定できます[*5]。ファイルを指定したら「OK」をクリックしてください。

[*5] `openssl`コマンドを実行する際にホームディレクトリのtls_key.logと明示した形で指定したい場合は`-keylogfile ~/tls_key.log`と指定します。チルダ記号（~）はホームディレクトリを表す記号です。

図B セッションキーで復号する（Wireshark）

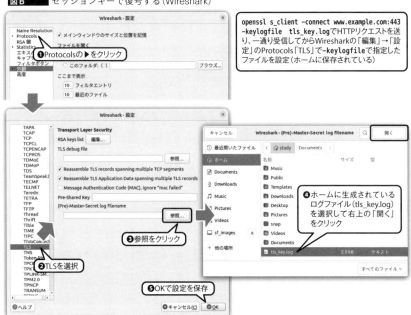

```
openssl s_client -connect www.example.com:443
-keylogfile tls_key.logでHTTPリクエストを送
り、一通り受信してからWiresharkの「編集」→「設
定」のProtocols「TLS」で-keylogfileで指定した
ファイルを設定（ホームに保存されている）
```

❶Protocolsの▶をクリック

❷TLSを選択

❸参照をクリック

❹ホームに生成されている
ログファイル（tls_key.log）
を選択して右上の「開く」
をクリック

❺OKで設定を保存

　セッションキーで復号すると、先ほどまで「Application Data」となっていたパケットの内
容が確認できます（図C 、次ページの 図D ）。

図C セッションキーによる復号前後での比較❶

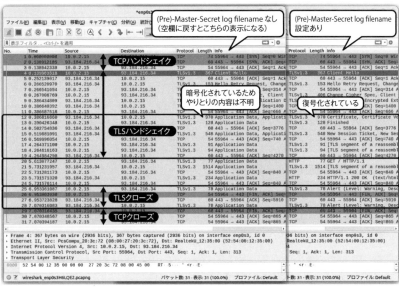

　HTTPレスポンスのパケットを表示すると「Decrypted TLS」というタブが出現し、復号された内容も確認できます。

　復号前の状態をもう一度見たい場合は設定画面で「(Pre)-Master-Secret log filename」を空欄にしてください。

図D　　セッションキーによる復号前後での比較２

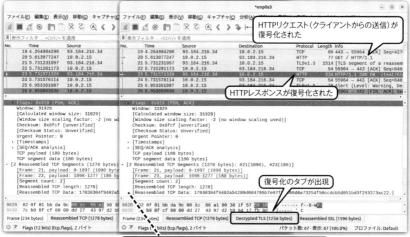

3.7

QUIC
UDPベースでセキュアな高速通信を狙うプロトコル

QUICはGoogle社によって開発されたプロトコルで、IETFによって標準化されました。高速で安全な通信を目指して設計されたUDPベースのプロトコルです。

QUICは高速で安全な通信を目指して新しく作られたプロトコル

QUIC（*Quick UDP Internet Connections*）は、Googleによって開発されたプロトコルで、2013年に公開され、Google社のWebブラウザであるChromeとGoogle社のサーバーで実装が進められました。その後IETFによって標準化され、続いてQUICを使用するHTTPであるHTTP/3が勧告されています。現在はFirefoxやWindowsのEdge、macOSで使われているSafariもQUIC（HTTP/3）に対応しています。

UDPベースであること、TLS 1.3の暗号化と認証機能を組み込むことで、高速でセキュアな通信を実現しています。

- 関連するRFC
  - RFC 9000「QUIC: A UDP-Based Multiplexed and Secure Transport」
    URL https://datatracker.ietf.org/doc/html/rfc9000/
  - RFC 9001「Using TLS to Secure QUIC」
    URL https://datatracker.ietf.org/doc/html/rfc9001/
  - RFC 9002「QUIC Loss Detection and Congestion Control」
    URL https://datatracker.ietf.org/doc/html/rfc9002/
  - RFC 9114「HTTP/3（QUICベースとなる新しいバージョンのHTTP）」
    URL https://datatracker.ietf.org/doc/html/rfc9114/

QUICのハンドシェイク

QUICのハンドシェイクの流れはTLSと一緒で、ClientHelloとServerHelloに相当する初期化メッセージを送り合うことでセッションが開始されます。

TCPとTLSでは、まず、TCPのハンドシェイクが行われてからTLSのハンドシェイクを行うのに対し、QUICは最初からTLSのハンドシェイクとなるのでやりとりが1回分省略できます。

なお、TLSはClientHelloとServerHelloの後で暗号化が開始されますが、QUICの場合、初期化の段階で簡易的な暗号化が行われ、初期化後はTLS1.3同様の暗号化が行われます[*6]。

2回目以降のハンドシェイクでは、一つ前のハンドシェイクで共有した情報を活用できま

---

*6　パケット内の情報で復号できるため、QUICに対応したWireshark（バージョン3.3.0以降）であればハンドシェイク段階のパケットは復号されて表示されます。

す。QUICでは2回目のハンドシェイクのときにアプリケーションデータ、たとえばHTTPで
あればGETメッセージを一緒に送れます。TCPにも同じようなことを行うTFO（*TCP Fast
Open*）というしくみがありますが[*7]、TCPに新しいオプションを追加する形で拡張されてい
るため、途中の機器がTFOに対応していない場合「知らないTCPオプションが指定された」と
して扱うため削除されてしまうなどの問題がありあまり活用されていません。QUICのUDP
パケットは最初からすべて暗号化されていることもあり、古い中継機器には解釈されること
なくそのまま通信相手に届きます。

TCPのヘッドオブラインブロッキング問題

「順番に処理されるべきこと」があるとき、先頭で処理が止まるとその後の処理がすべて止
まってしまいます。これを**ヘッドオブラインブロッキング**（*head-of-line blocking*、*HoL
Blocking*）と言います。一つの遅延がすべてに影響してしまう、という問題です。

TCPの場合、パケットを順番にそろえるという処理があるため、途中のパケットが何らか
の原因で消失するとそのパケットが再送されるまで処理が止まってしまいます。これがTCP
のヘッドオブラインブロッキング問題です。

QUICはUDPを使うことでこの問題を回避し、複数の独立したストリームによって再送時
の影響を極力抑えるよう設計されています。

HTTPにもヘッドオブラインブロッキング問題があります。Webブラウザでは一つの画面
を表示するのに画像ファイルやCSSファイルなど、数多くのファイルを取得する必要がある
ためヘッドオブラインブロッキングが発生しやすいという問題がありました。この問題は
HTTP/1.1でクライアントから複数のリクエストを連続して送信できるようになって多少改
善され、HTTP/2では複数のリクエストとレスポンスを同時並行で行えるようになったため
大幅に緩和されています。

QUICは、HTTPの古いバージョンと組み合わせて使うこともできますが、通常はHTTP/3
で通信を行うため、TCPとHTTP両方のヘッドオブラインブロッキング問題が解消されてい
ます。

モバイル通信の再接続問題

TCPは、接続の識別に送信側と受信側のIPアドレスとポート番号を使用します。このいず
れか一つでも変化するとコネクションが継続されません。

その一方でモバイル通信は、移動に伴って複数のアクセスポイントを切り替えることがあ
るため、その都度、インターネット接続に使われているIPアドレスやポート番号が変化しま
す。これは、TCPが誕生したころには想定されていなかった問題です。

QUICでは、接続の識別にコネクションIDを使用することで、IPアドレスやポート番号が
変わっても通信が継続できるようになっています。クライアント側が自分自身のIPアドレス
やポート番号が変更されたらサーバーに新しいコネクションIDを伝えることで、再度コネク
ションの確立からやり直すことなく通信を継続できるようになっています。

参考 Wiresharkでの表示

　本書の学習範囲では、ncコマンドでTCPとUDPの違いを観察したような形でQUICの観察をすることは難しいのですが、WebブラウザでQUICが使われている様子はWiresharkで観察できます。

　前述のとおり主要なWebブラウザはQUICに対応しているので、接続先がQUICに対応していればQUICで通信している様子がわかります。確実に対応しているのはGoogle社のサーバーなので、たとえば、EdgeでGoogleやYouTube接続にするとQUICが使われている様子がわかります。

　図A はWindowsのEdgeでhttps://www.google.co.jpにアクセスしているときの様子です。UbuntuのFirefoxでも同じように表示できます。

図A　参考 QUICによる通信（Windows）

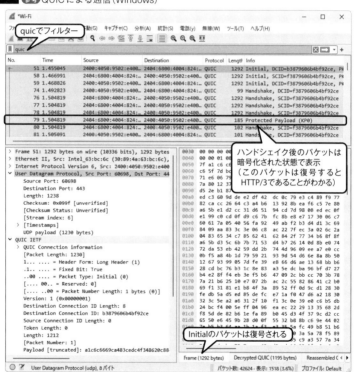

※UbuntuのFirefoxでも同じように表示可能（IPv4が使用される）。

　Edgeの場合、環境変数SSLKEYFILEを設定しておくことで、Wiresharkでの復号が可能になります（次ページの 図B 、図C ）。コントロールパネルで「環境変数」を検索して環境変数SSLKEYFILEを追加してください。ファイルの保存場所とファイル名は任意ですが、選択しやすい場所に作成しておくと良いでしょう。図B ではドキュメントフォルダにtls_key.logという名前でファイルを作成しています。

図B　参考 SSLKEYLOGFILE の設定（Windows）

❶コントロールパネルで「環境変数」を検索して「環境変数を編集」をクリック
❷「新規」をクリックして
　変数名　SSLKEYLOGFILE
　変数値　任意のファイル名
　　　　（ここでは「ディレクトリの参照」でドキュメントフォルダを選択して\tls_key.logと入力）
❸「OK」で設定保存※
※Edgeを開いていたらいったん終了して開き直す。

❹Wiresharkの「編集」→「設定」で設定画面を開きProtocolsで「TLS」を選択
❺「(Pre)-Master-Secret log filename」で「参照」をクリックして❷の「変数値」で入力したファイルを選択※
※ファイルが作成されていなかったらEdgeで任意のサイト（たとえばhttps://www.google.com）にアクセスすると作成されるので改めて「参照」で選択。
❻「OK」で設定を保存

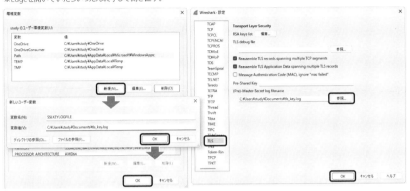

図C　参考 QUIC による通信の復号（Windows）

4.4節「HTTP/HTTPSの通信を見てみよう」では、**curl** コマンドによるHTTP/3通信の様子も紹介しています。

Part 4

アプリケーション層

　アプリケーション層 (*application layer*) は、TCP/IPの階層モデルにおける最上層で、その名の通りアプリケーションが動作する層です。この層は、エンドユーザーに直接関わる部分であり、Webページの閲覧やメールの送受信など、日常生活で頻繁に利用されるサービス、およびこれらのサービスを活用するのに欠かせないDNSによる名前解決などが含まれています。

　このパートでは、アプリケーション層で動作するこれらのプロトコルやSSHをはじめとするセキュアな通信について学習します。

　最後に、今後の学習に役立てるためのNetwork Namespaceの活用について簡単に解説し、Part 2で使用した「異なるネットワーク間の通信」の環境をNetwork Namespaceで作成して試すための手順を紹介します。

OSI参照モデル		TCP/IP
第7層	アプリケーション層	アプリケーション層
第6層	プレゼンテーション層	
第5層	セッション層	
第4層	トランスポート層	トランスポート層
第3層	ネットワーク層	インターネット層
第2層	データリンク層	リンク層
第1層	物理層	

←Part 4はココ！

本書で想定するネットワークのパターン

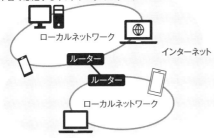

ローカルネットワーク

ルーター
ルーター

ローカルネットワーク

インターネット

テスト環境※

ゲストOS Ubuntu1　ゲストOS Ubuntu2
LAN1
ゲストOS Ubuntu3　LAN2

※Part 2と同じ構成をNetwork Namespaceで作成する（p.260）。

4.1

DNSによるドメイン名とIPアドレスの変換
ドメイン名のしくみと名前解決

Webアクセスなどで使用する「example.com」や「google.co.jp」のような名前をドメイン名と言います。ドメイン名はインターネット全体で重複することなく管理されている必要があります。

このドメイン名を管理する管理のしくみ、およびドメイン名をIPアドレスに変換するためのプロトコルをDNS（*Domain Name System*）と言います。

名前からIPアドレスを知るのが「名前解決」

www.example.com や google.co.jp のような「名前」はとても便利なものですが、実際の通信に使われるのはIPアドレスです。Webブラウザで、https://172.217.175.110/ ではなく http://www.google.co.jp/ と指定するには、「www.google.co.jp」という名前を「172.217.175.110」というIPアドレスに変換する必要があります。

名前からアドレスを知ることを**名前解決**（*name resolution*）と言います。名前解決を行うソフトウェアを**リゾルバ**（*resolver*）と言い、Webブラウザのように「名前」を使うソフトは、OSが用意しているリゾルバの機能を利用して名前解決を行っています。

nslookup／host
接続先のドメインからIPアドレスを調べる

ドメイン名からIPアドレスを調べるコマンドには**nslookup**とUnix系OSで実行できる**host**があります。両コマンドはIPアドレスからドメイン名を調べる「逆引き」も可能ですが、セキュリティ上の理由などから逆引き用の設定がされていないケースが増えており、この場合、**nslookup**や**host**コマンドからの逆引きはできません。

```
Windows、Linux、macOS共通
nslookup ドメイン名 ················· ドメイン名からIPアドレスを調べる※
nslookup IPアドレス ················· IPアドレスからドメイン名を調べる（逆引き）
Linux、macOS
host ドメイン名 ················· ドメイン名からIPアドレスを調べる
host IPアドレス ················· IPアドレスからドメイン名を調べる（逆引き）
```

※ URLやIPアドレスを指定せずに実行すると対話モードになる（**help**で使い方を表示、**exit**または Ctrl+C で終了）。

以下はWindowsでの実行例ですが、macOSやLinuxでも同じように使用できます。ただし、実行結果は実行時のタイミングやお使いの環境（プロバイダー、DNS設定等）によって異なる可能性があります。

```
>nslookup www.example.com                                    続く
```

```
サーバー:  UnKnown
Address:  2404:1a8:7f01:b::3

権限のない回答:※
名前:    www.example.com
Addresses:  2606:2800:220:1:248:1893:25c8:1946
          93.184.216.34
```

※ Non-authoritative answer、キャッシュされた情報や中間のDNSサーバー（該当するドメインを直接管理しているわけではないDNSサーバー）から取得した場合に表示される（使用するDNSサーバーの指定についてはp.206を参照）。

```
>nslookup 1.1.1.1 ················IPアドレスからの逆引き
サーバー:  UnKnown
Address:  2404:1a8:7f01:b::3

名前:    one.one.one.one
Address:  1.1.1.1
```

```
>nslookup 93.184.216.34 ············www.example.comのIPアドレスで逆引き
サーバー:  UnKnown
Address:  2404:1a8:7f01:b::3

*** UnKnown が 93.184.216.34 を見つけられません: Non-existent domain
```
逆引き用の設定がない

host コマンドはLinuxおよびmacOSで使用できます。Windowsの場合、wsl を使い wsl host 対象 のようにすることで実行可能です。

```
$ host www.example.com
www.example.com has address 93.184.216.34
www.example.com has IPv6 address 2606:2800:220:1:248:1893:25c8:1946
```

名前解決のしくみ

名前解決をする一番簡単な方法は「対応表」を作っておくことです。LinuxやmacOSでは/etc/hosts、WindowsではC:\Windows\System32\drivers\etc\hosts が使われており、一般にhostsファイルと呼ばれています。hostsファイルは、IPアドレスとそのアドレスに付けられた名前を記しただけの、ごくシンプルなファイルです。サーバーの数が少なく構成もあまり変わらないネットワークならこれで十分です。しかし、膨大な「名前」があり、しかもそれが刻々と変化する現代のインターネットには対応できません。

そこで誕生したのがDNS（Domain Name System）です。DNSは階層的かつ分散型のシステムで、各DNSサーバーは特定のドメイン名の範囲だけを担当する、という形になっています。

インターネットで使われる名前は「ドメイン」で管理されている

ドメイン名はドット(.)で区切られています。www.example.comならばwwwとexampleとcom、www.example.co.jpならばwwwとexampleとcoとjpです。そして、www.example.co.jpは、「jpの中のcoの中のexampleの中にあるwww」と読むことができます。つまり、後ろにいけばいくほど、大きなまとまりになっています。このまとまりのことを、**ドメイン**(*domain*、領域)と言います。

www部分はホスト名(サーバー名)で、サーバーの役割を示す名前になっていたり、www.yahoo.co.jpとauctions.yahoo.co.jpのようにサービス内容によって使い分けるように設定されていたりします[*1]。また、ドメイン名のドットで区切った1つ1つをラベル(*label*)といい、1つのラベルは最長63バイト、全体で255バイトまでと既定されています(RFC 2181)。

ホスト名まで含めた、インターネットでサーバーなどを特定する際の完全な名前のことを**FQDN**(*Fully Qualified Domain Name*)と言いますが、「ドメイン名」という表現は、文脈によって、ホスト名を除いた**example.com**のみを指す場合と、**www.example.com**のようにホスト名まで含んだ名前(FQDN)を指すことがあります。

ドメイン名からわかること

ドメイン名を見ると、ドメイン名の持ち主がどのような団体であるかがだいたいわかるようになっています。

たとえば、「**〜.jp**」というドメインの持ち主は日本国内の組織または個人です。さらに、「**〜.co.jp**」であれば日本の会社、「**〜.go.jp**」であれば政府です 表A 。

したがって、**yahoo.co.jp**ならば日本の会社(日本法人)で、おそらく社名または通称がyahooなのだろうな、と見当を付けることができます。また、**mhlw.go.jp**や**meti.go.jp**はとにかく日本の政府機関なのだろうと想像できます。なお、**mhlw.go.jp**は厚生労働省(**https://www.mhlw.go.jp**)、**meti.go.jp**は経済産業省(**https://www.meti.go.jp**)です。

表A おもなJPドメイン(末尾がjpのドメイン)

JPドメイン	概要
co.jp	日本国内で登記を行っている会社
or.jp	法人組織(財団法人や協同組合など)
ne.jp	日本国内のサービス提供者によるネットワークサービス
ac.jp	高等教育機関、学術研究機関など
ed.jp	初等中等教育機関および18歳未満を対象とした教育機関
go.jp	日本の政府機関や各省庁所管の研究所、特殊法人
gr.jp	個人や法人により構成される任意団体
lg.jp	地方公共団体と、それらの組織が行う行政サービス
ad.jp	JPNIC会員組織

続く

[*1] 同じIPアドレスで、アクセス時の名前によってサービス内容を変えているケースもあります。このような運用をバーチャルホスティング(*virtual hosting*)と言います。

JPドメイン	概要
都道府県名.jp	地域型ドメイン（登録者の住所等によって割り当てられる）
種別なし.jp	汎用JPドメイン※

※ coやorなどの種別コードのないドメインで、個人・団体問わず取得できる。2001年から使用できるようになった。
　JPドメイン名の種類　**URL** https://jprs.jp/about/jp-dom/spec/index.html

トップレベルドメイン

　ドメイン名の末尾を**TLD**(*Top Level Domain*)と言います。**www.yahoo.co.jp**なら**jp**、**www. microsoft.com**なら**com**の部分です。

　TLDには、国を表すccTLD(*country code Top Level Domain*)と、国とは関係なく使用できるgTLD(*generic Top Level Domain*)があります **表B**。日本のccTLDは**jp**で、「JPドメイン」と呼ばれます。

　なお、ここでいう「国」とは、ドメイン名を管理している国という意味で、必ずしもドメインを所有する組織が属する国やコンピューターの所在地、管理人の住所とは限りません。

　たとえば、JPドメインは、日本国内の組織または個人が所有し、管理者は日本国内に住んでいるのが一般的です。これは、JPRS（日本レジストリサービス、JPドメインを管理している団体）が、所有者の条件に「日本国内に住所を持っていること」と決めているためです。しかし、このような制約を設けていない国もあります。たとえば、ツバル(**.tv**)やトンガ王国(**.to**)のドメインは、国外在住者でも登録可能です。ツバル国は「**.tv**」ドメイン売却益を資金源として国連加盟を果たしたと言われています。

表B おもなgTLD

gTLD	概要
com	営利を目的とした組織
net	ネットワークを運営している組織
org	非営利の組織
edu	米国内の教育関連組織※
gov	米国政府関連の組織※
mil	米国軍関連の組織※
biz	ビジネス用途

※ ドメイン名が誕生した頃はgTLDしかなく、インターネットが世界中に普及するに伴いccTLDが作られたことから、インターネット発祥の地である米国の組織はccTLD(**us**)ではなくgTLDが使われている。

「DNSサーバー」は名前解決用のサーバー

　DNSシステムで名前解決を行うサーバーをDNSサーバーと言います。Unix系のシステムでは BIND (*Berkeley Internet Name Domain*) やUnbound、Windows系のシステムでは Microsoft DNSなどが使われています。Webブラウザは、DNSサーバーに問い合わせてIPアドレスを知り、そのIPアドレスでWebサーバーに接続しています（次ページの **図A**）。

　ドメイン名は、TLDから次々と枝分かれする「ツリー構造」になっています。DNSサーバーの管理もこのツリー構造にのっとっており、「**jp**」担当のDNSサーバーは**co.jp**や**ne.jp**を、**co.jp**担当のDNSサーバーは**yahoo.co.jp**や**google.co.jp**を、**yahoo.co.jp**担当のDNSサー

バーは`www.yahoo.co.jp`や`auction.yahoo.co.jp`を…という具合に、担当する区域が分かれています。この区域のことを**ゾーン**(*zone*)と言います。

ツリーの根元(*root*)にいるのが**ルートサーバー**です。`www.example.co.jp`のIPアドレスを知りたいならば、まず、ルートサーバーに`jp`担当のDNSサーバーのIPアドレスを聞き、`jp`担当に`co.jp`担当を聞き、`co.jp`担当に`example.co.jp`担当を聞き……と順次辿れるようになっています。

一方で、ユーザーがインターネットにアクセスする際は「優先DNSサーバー」として最初に尋ねるDNSサーバーを知っている必要があります。一般にはISP(プロバイダー、p.102)が提供するDNSサーバーや、`1.1.1.1`などのパブリックDNSサーバーが使用できます。DNSサーバーどうしが連携しているので、最初のDNSサーバーさえわかれば、インターネット上で公開されているあらゆるドメインのIPアドレスを知ることができます。

図A　「DNSサーバー」は名前解決用のサーバー

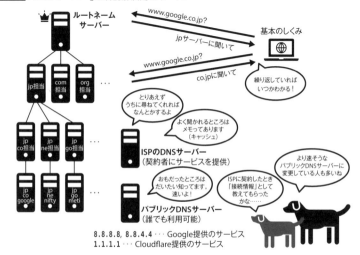

DNSが管理する情報(レコード)

DNSが管理する情報はレコードと呼ばれます。本節の「名前解決」で使われているのはIPv4用のAレコードとIPv6用のAAAAレコードですが、それを含めて**表C**の種類があります。

表C　DNSレコードタイプと機能

レコードタイプ	概要	機能説明
Aレコード	ドメイン名とIPv4アドレスのマッピング	ドメイン名をIPv4アドレスに解決する
AAAAレコード	ドメイン名とIPv6アドレスのマッピング	ドメイン名をIPv6アドレスに解決する
CNAMEレコード	ドメイン名どうしのマッピング	一つのドメイン名を別のドメイン名のエイリアス(別名)にする
MXレコード	メール交換(*Mail Exchange*)	ドメインのメールを処理するサーバーを指定する

続く

レコードタイプ	概要	機能説明
NSレコード	ネームサーバー(*Name Server*)、DNSの委託	ドメインのDNS情報を管理するサーバーを指定する
TXT (SPF)レコード	任意のテキストとドメインのマッピング、Sender Policy Framework、メール認証情報に使われる	ドメインに関する任意のテキスト情報を提供し、SPFなどのメール認証に利用される
SRVレコード	サービス(*SeRVice*)とポートのマッピング	特定のサービス(例：SIPやXMPP)を提供するサーバーのサービスとそのサービスをホストするサーバーの情報を提供する
DSレコード	DNSSEC (*Domain Name System Security Extensions*)のキー情報と宣言	DNSSECの使用を宣言し、キー情報を提供する。親ゾーンと子ゾーンのキー情報が一致することで、DNSSECの信頼の連鎖が構築される
CAAレコード	SSLサーバー証明書を第三者が勝手に発行することを防止するためのレコード	どの証明機関がドメインの証明書を発行できるかを指定する

whois
ドメインの管理情報を表示

whoisコマンドを使うと、ドメインの所有者や管理者を調べることができます。Unix系OSで古くから使われているコマンドで、macOSにはインストールされていますが、Ubuntuにはデフォルトでは収録されていないため sudo apt install whois で追加する必要があります。

whois ドメイン でドメインの情報が表示されます。ここでは www などのホスト名部分は指定せずドメインだけを指定してください。

Linux/macOS
whois ドメイン
Windowsの場合はWSLのwhoisコマンドを使用する※
wsl whois ドメイン

※ WSLで sudo apt install whois を実行してインストールしてから使用。

コマンドの実行結果は管理団体によって変わります。情報の取得にはWHOISプロトコルが使用されています。WHOISプロトコルはTCP上で動作するプロトコルです。

以下はLinuxでの実行結果ですが、macOSでも同じように実行可能です。なお、whoisコマンドのバージョンなどが異なる場合は経過の表示が異なる可能性がありますが、最終的に表示される組織名(*organisation*)は共通です。

```
$ whois example.com
  Domain Name: EXAMPLE.COM
  Registry Domain ID: 2336799_DOMAIN_COM-VRSN
  Registrar WHOIS Server: whois.iana.org
  Registrar URL: http://res-dom.iana.org
  中略
  Name Server: A.IANA-SERVERS.NET
  Name Server: B.IANA-SERVERS.NET
  中略
domain:      EXAMPLE.COM
                                              続く
```

```
organisation: Internet Assigned Numbers Authority

created:      1992-01-01
source:       IANA
```

```
$ whois gihyo.jp
[ JPRS database provides information on network administration. Its use is   ]
[ restricted to network administration purposes. For further information,    ]
[ use 'whois -h whois.jprs.jp help'. To suppress Japanese output, add'/e'     ]
[ at the end of command, e.g. 'whois -h whois.jprs.jp xxx/e'.                 ]
[                                                                             ]
[ Notice ------------------------------------------------------------------ ]
[ JPRS will add the [Lock Status] element to the response format of JP domain ]
[ name on November 12, 2023.                                                 ]
[ For further information, please see the following webpage.                 ]
[ https://jprs.jp/whatsnew/notice/2023/231112.html (only in Japanese)        ]
[ ------------------------------------------------------------------------- ]
Domain Information: [ドメイン情報]
[Domain Name]              GIHYO.JP

[登録者名]                  株式会社技術評論社
[Registrant]              Gijutsu-Hyohron Co., Ltd.

[Name Server]             bill.ns.cloudflare.com
[Name Server]             laura.ns.cloudflare.com
[Signing Key]
  後略
```

自分が使用しているDNSサーバーを調べるには

　Webブラウザやメールソフト、あるいは**nslookup**コマンドや**host**コマンドが使用するDNSサーバーのIPアドレスはOSの設定に従います。

　Windowsの場合、「設定」→「ネットワークとインターネット」の「イーサネット」、または「Wi-Fi」→「接続しているSSIDのプロパティ」で確認できます。コマンドラインでは**ipconfig /all**ですべての情報を表示するオプションを指定すると、DNSサーバー行が表示されてIPアドレスを確認できます。

　macOSの場合、システム設定の「ネットワーク」で「Ethernet」または「Wi-Fi」を選択します。これに対応するコマンドは**scutil --dns**または**networksetup -getdnsservers** ネットワークサービス です（ネットワークサービス部分で「Ethernet」または「Wi-Fi」を指定）。

　Ubuntuもデスクトップの場合はGUIで設定の「ネットワーク」から確認できます。これに対応するコマンドは**nmcli dev show**ですが、Unix系OSの場合、伝統的にはまず**/etc/resolv. conf**を参照するのが良いでしょう。macOSも同様に確認できます。

```
ipconfig /all
```
macOS
```
scutil --dns
```
Linux
```
nmcli dev show ·····························q で表示を終了※
cat /etc/resolv.conf
```

※ Windows PowerShell は **Get-DnsClientServerAddress** でも取得可能。
　 Ubuntu の場合、表示に pager (**less** コマンド、p.60) が使用されている。

　以下は Windows での実行結果です。GUI では、p.66 で MAC アドレスを確認する際に使用した「ネットワークとインターネット」の画面でも確認できます。

```
>ipconfig /all

Windows IP 構成

    ホスト名. . . . . . . . . . . . . . . : winpc
    プライマリ DNS サフィックス . . . . . :
    ノード タイプ . . . . . . . . . . . . : ハイブリッド
    IP ルーティング有効 . . . . . . . . . : いいえ
    WINS プロキシ有効 . . . . . . . . . . : いいえ
    DNS サフィックス検索一覧. . . . . . . : flets-east.jp
                                            iptvf.jp
中略
Wireless LAN adapter Wi-Fi:

    接続固有の DNS サフィックス . . . . . : flets-east.jp
    説明. . . . . . . . . . . . . . . . . : Intel(R) Wi-Fi 6E AX211 160MHz
    物理アドレス. . . . . . . . . . . . . : 30-89-4A-63-BC-6C
    DHCP 有効 . . . . . . . . . . . . . . : はい
    自動構成有効. . . . . . . . . . . . . : はい
    IPv6 アドレス . . . . . . . . . . . . : 2400:4050:9502:e400:dbd6:8f30:xxxx:
xxxx(優先)
    一時 IPv6 アドレス. . . . . . . . . . : 2400:4050:9502:e400:b510:527e:xxxx:
xxxx(優先)
    リンクローカル IPv6 アドレス. . . . . : fe80::d55f:9fbb:cd50:9ce9%17(優先)
    IPv4 アドレス . . . . . . . . . . . . : 192.168.1.104(優先)
    サブネット マスク . . . . . . . . . . : 255.255.255.0
    リース取得. . . . . . . . . . . . . . : 2023年12月24日 11:48:07
    リースの有効期限. . . . . . . . . . . : 2023年12月31日 11:48:53
    デフォルト ゲートウェイ . . . . . . . : fe80::10ff:fe02:208a%17
                                            192.168.1.1 ····· ホームルーターのIPアドレス
    DHCP サーバー . . . . . . . . . . . . : 192.168.1.1
後略
```

名前解決の際に使用するDNSサーバーを指定する

nslookupコマンドおよびhostコマンドは、nslookup 対象 DNSサーバー のように調べたい対象の後に、使用するDNSサーバーを指定できます。

たとえば、www.example.comをパブリックDNSである1.1.1.1で調べた場合と、www.example.comを登録しているDNSサーバーであるa.iana-servers.net（whoisで確認可能）で調べた場合の実行結果は以下のようになります。以下はWindowsでの実行例ですが、macOSやUbuntu、WSLも同じように使用できます。a.iana-servers.netを指定した場合「権限のない回答」（macOS、Ubuntuの場合Non-authoritative answer:）が表示されなくなる様子がわかります。

```
>nslookup www.example.com 1.1.1.1
サーバー:  one.one.one.one
Address:  1.1.1.1

権限のない回答:
名前:    www.example.com
Addresses:  2606:2800:220:1:248:1893:25c8:1946
          93.184.216.34

>nslookup www.example.com a.iana-servers.net
サーバー:  a.icann-servers.net
Address:  2001:500:8f::53

名前:    www.example.com
Addresses:  2606:2800:220:1:248:1893:25c8:1946
          93.184.216.34
```

DNSの効率化とDNSSEC

インターネットでは、ドメイン名をIPアドレスに変換するためにDNSサーバーが使用されますが、毎回ルートサーバーや権威あるサーバーにまで問い合わせるのは効率的ではありません。そこで使用されるのがDNSキャッシュ（DNS cache）です。DNSサーバーが過去の問い合わせ結果を一時的に保存し、同じ問い合わせに対して迅速に応答します。

しかし、キャッシュされた情報が古くなると、現在有効なデータではない可能性がでてくるため、DNSキャッシュのフラッシュ（更新）が必要になることがあります。

また、DNSサーバーのキャッシングには「DNSキャッシュポイズニング」などのセキュリティリスクがあります。DNSキャッシュポイズニングは、攻撃者が偽のDNSレスポンスをキャッシュさせ、ユーザーを意図しないサイトへ誘導するもので、これに対抗するために、DNSSEC（Domain Name System Security Extensions）というセキュリティ技術が開発されました。DNSSECは公開鍵暗号方式を用いてDNS情報の真正性を保証し、このような攻撃を防いでいます。

4.2

mDNSによるローカルネットでの名前解決

自ら名乗って名前を解決

mDNS(*multicast DNS*)は、ネットワーク上のデバイスがマルチキャストメッセージを使って相互に名前解決を行うためのプロトコルです(RFC 6762)。ドメインとして.localを使い、「 ホスト名 .local」と指定することで名前を解決します。

mDNSは「設定なし」で名前解決できるしくみ

mDNSは、ローカルネットワーク内で.localドメインを使用してデバイスを識別します。ホスト名がubuntu1とubuntu2である場合、**ubuntu1.local**と**ubuntu2.local**という名前でお互いを見つけることができます。名前解決はUDPのポート5353でマルチキャストアドレス(**224.0.0.251**と**ff02::fb**)に対してメッセージを送ることで行っています。Wiresharkでも一定間隔でmDNSのパケットが飛び交っている様子が観察できるでしょう **図A** 。

図A mDNSパケット(Wireshark、Ubuntuでの表示例)

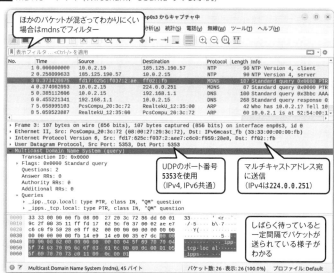

Windowsの場合はWindows 10以降で対応しており、macOSのBonjourサービスもmDNSを使用しています。LinuxではAvahiなどのソフトウェアによって対応します。Ubuntu DesktopではデフォルトでAvahiがインストールおよび有効化されています。

名前を使ってpingを実行してみよう

`ping` ホスト名 `.local` でローカルネットワーク内のホスト宛の `ping` を実行できます。

WindowsおよびLinuxの場合、IPv6での名前解決が可能であればIPv6が優先されます。macOSの場合、`ping` ホスト名 `.local` はIPv4、`ping6` ホスト名 `.local` はIPv6で実行されます。

```
u1$ ping ubuntu2.local
$ ping ubuntu2.local
PING ubuntu2.local (10.0.2.4) 56(84) bytes of data.
64 bytes from 10.0.2.4 (10.0.2.4): icmp_seq=1 ttl=64 time=1.54 ms
64 bytes from 10.0.2.4: icmp_seq=2 ttl=64 time=1.69 ms
^C ································································· Ctrl+C で終了
--- ubuntu2.local ping statistics ---
2 packets transmitted, 2 received, 0% packet loss, time 11015ms
rtt min/avg/max/mdev = 1.541/1.643/1.695/0.072 ms
```

補足 VirtualBox/UTMにインストールしたUbuntuのmDNSでIPv6の名前解決を行う

Ubuntuの初期設定ではIPv6のmDNSが名前解決の対象になっていないため、`.local` でIPv6のIPアドレスを取得することができません。このため、`ping` コマンドで `-6` を指定するとサポートされていない旨のメッセージが表示されます。

```
u1$ ping -6 ubuntu2.local ············· IPv6でpingを実行
ping: ubuntu2.local: ホスト名に対する Address family がサポートされていません
```

mDNSはローカル環境用の名前解決なので、IPv4で解決できていれば実用上問題ありませんが、学習用にIPv6での名前解決も試したい場合は `/etc/nsswitch.conf` を修正する必要があります。

`/etc/nsswitch.conf` (*Name Service Switch configuration file*) は、システム全体における名前解決をはじめとするさまざまな情報を取得する方法や優先順位を管理するファイルです。本書で使用している Ubuntu 22.04.3 のホスト名用の初期値は `files mdns4_minimal [NOTFOUND=return] dns` で、ホスト名の解決にはファイル (`/etc/hosts`) と `mdns4_minimal` を使用し、解決しなかった場合は **DNS** を使うよう設定されています。

この `mdns4_minimal` を `mdns_minimal` に変更することでIPv6も対象になります。

/etc/nsswitch.conf の以下の行を書き換える

```
hosts:          files mdns4_minimal [NOTFOUND=return] dns
                        ↑4 を削除
hosts:          files mdns_minimal [NOTFOUND=return] dns
```

※ WSL環境のUbuntuの場合、`hosts:` は **file dns** となっておりmDNSは使用されていないが、上記の設定を行うことで ホスト名 `.local` が使用可能になる。

Linuxコマンドラインでのテキストファイル編集は、伝統的には **vi** コマンドを使用しますが (p.282)、Ubuntuではコンパクトで扱いやすい **nano** というエディタがあるのでこちらで編集するのが手軽でしょう。**nano** ファイル名 で起動すると編集画面が開きます。`/etc` 下にあるようなシステム全体用の設定ファイルの場合は **sudo nano** ファイル名 とします。

編集したら Ctrl+X でファイルを保存して終了します。終了などのキー操作方法は画面下

部に表示されています。

Ubuntu1の **/etc/nsswitch.conf** を書き換えると、Ubuntu1のコマンドラインでIPv6の名前解決ができるようになります。Ubuntu2でも使用したい場合はUbuntu2の **/etc/nsswitch.conf** を書き換えてください。

/etc/nsswitch.conf は自動反映されるので、設定保存後の再起動などは必要ありません。保存するとIPv6での名前を使った **ping** が可能になります。

IPv6が使用可能になると、IPv6のアドレスが優先されるようになります。IPv4のアドレスを使用したい場合は **-4** オプションを指定します。

```
$ ping ubuntu2.local        ↓IPv6が優先されている
PING ubuntu2.local(fd17:625c:f037:2:5c79:f331:14eb:ef18%2 (fd17:625c:f037:2:
5c79:f331:14eb:ef18%2)) 56 data bytes
64 bytes from fd17:625c:f037:2:5c79:f331:14eb:ef18 (fd17:625c:f037:2:f331:
14eb:ef18): icmp_seq=1 ttl=64 time=0.979 ms
64 bytes from fd17:625c:f037:2:5c79:f331:14eb:ef18 (fd17:625c:f037:2:f331:
14eb:ef18): icmp_seq=2 ttl=64 time=1.15 ms
^C ················································ Ctrl+Cで終了
--- ubuntu2.local ping statistics ---
2 packets transmitted, 2 received, 0% packet loss, time 2004ms
rtt min/avg/max/mdev = 0.979/1.229/1.563/0.245 ms

u1$ ping -4 ubuntu2.local ············· IPv4を使用するように明示（-4オプション）
PING  (10.0.2.4) 56(84) bytes of data.
64 bytes from 10.0.2.4 (10.0.2.4): icmp_seq=1 ttl=64 time=1.21 ms
64 bytes from 10.0.2.4 (10.0.2.4): icmp_seq=2 ttl=64 time=0.706 ms
^C ················································ Ctrl+Cで終了
--- ping statistics ---
2 packets transmitted, 2 received, 0% packet loss, time 2003ms
rtt min/avg/max/mdev = 0.706/1.320/2.045/0.552 ms
```

Windowsの名前解決

WindowsはWindows 95からTCP/IPが導入されていますが、それ以前からNetBIOSというプロトコルが使われており、現在もNetBIOS over TCP/IPという形で使用されています。

NetBIOSでは **.local** のようなドメインを使用しないので、Windowsどうしであれば、ホスト名のみでの名前解決が可能です。したがって、コンピューターの名前が「winpc」であれば、ほかのWindowsからは **ping winpc** のように指定できます。なお、NetBIOSではドメイン名のほかにワークグループ名を使用し、同じワークグループであれば名前での通信が可能、のようになっています。

NetBIOSは、mDNS同様、サーバーや設定ファイルなしでも名前解決を行いますが、解決できない場合は **lmhosts** ファイルでIPアドレスとのマッピングを行います。 **lmhosts** ファイルは **hosts** ファイル（p.199）と同じ **C:\Windows\System32\drivers\etc** ディレクトリに配置します。Windows 11には設定用のサンプルとして **lmhosts.sam** が用意されています。

4.3

Web通信のプロトコル
URLとHTTP/HTTPSを理解しよう

　Webブラウザを通じて情報にアクセスする際の基本となるプロトコルがHTTP（*Hypertext Transfer Protocol*）です。現在はHTTPの通信の安全性を向上させたHTTPS（*Hypertext Transfer Protocol Security*）が主流です。

URLからはプロトコルと場所がわかる

　Webサイトにアクセスする際には「**https://www.example.com/**」あるいは「**https://www. example.com/work/sample.html**」のような書式で接続方法や欲しいデータの所在地を指定します。この書式を **URL**（*Uniform Resource Locator*）と言います **図A** ＊2。

　Webの場合、最初に**http**を使うか**https**を使うかが示されており、続いて「**//** サーバー：ポート番号 **/** サーバー内の場所 」を指定します。標準的なポート番号の場合「 ：ポート番号 」部分は省略可能です。サーバー内の /work/sample.html が欲しい場合は**www.example.com/work/sample.html**のように指定します。ファイル名は省略可能な場合がありますが、省略されている場合の扱いはWebサーバー次第で、たとえば「index.htmlが指定されたものと解釈する」のように設定されています。

　WebサーバーにBasic認証（*basic authentication*）と呼ばれる方法でアクセス制限がかけられている場合は「**//** ユーザー名：パスワード **@** サーバー：ポート番号 **/** サーバー内の場所 」のように、サーバーの前に「 ユーザー名：パスワード **@**」を追加します。ただしこの指定方法はユーザー名とパスワードがそのままアクセスログに残るなどセキュリティ上の問題があるため、外部のサーバーの場合は**https**を使った上でWebブラウザからユーザー名とパスワードを別途入力するなどの方法を採ることが多いでしょう。

図A Webで使用されるURLの書式

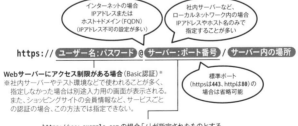

＊2　URLは「場所」を示すもので、ファイルなどのリソース（資源）を表現するのに使います。このほか、名前で示す URN（*Uniform Resource Name*）という書式もあります。たとえばRFCなら「urn:ietf:rfc:3986」、ISBNならば「urn:isbn:9784297141325」のように表現します。URLとURNをまとめてURI（*Uniform Resource Identifier*、統一資源識別子）と言います。

URLの基本書式

WebのURLで最初に書かれている **http:** と **https:** の部分は**スキーム**（*scheme*）を表しています。スキームとは、「枠組み」や「体系だった構造」という意味で、多くの場合プロトコル名が使用されています。

コロン（:）以降には、**リソース**（*resource*、資源）の所在地や情報が書かれています。ここでのリソースとはデータやサービスという意味で、どのように表すかはスキームごとに決まっています。macOSやLinuxからWindowsの共有ファイルにアクセスする際はSMB（*Server Message Block*）というプロトコルが使われますが、この場合、**smb://** ホスト名 **/**……のような指定になります。メールの場合はプロトコルではなく **mailto:** メールアドレス のように指定します 図B 。

図B URLの基本書式

スキーム名 : リソースの所在地や情報

Webの場合
http://www.example.com
http://www.example.com/work/sample.html
など

メールの場合
mailto:// メールアドレス

Windowsの共有ファイルをmacOSやLinuxからアクセスする場合
smb:// ホスト名 / 共有名
smb://nasserver/data/sample.zip など
（なお、WindowsのエクスプローラーではURLではなく
¥¥ ホスト名 ¥ 共有名 で指定する。UNCパスと呼ばれる表記方法）

HTTPにはいくつかのバージョンがある

HTTPはいわゆるWeb通信で使われているプロトコルですが、いくつかのバージョンがあります。

これまで **nc** コマンドで入力していた **GET / HTTP/1.1** はHTTPの **GETメソッド** と呼ばれるリクエストメッセージで、**GET** メソッドを受け取ったサーバーは **HTTP/1.1 200 OK** のようなステータスと、リクエストされたファイルなどの内容を返します。

GET に続けて指定しているのがバージョンで、HTTP/1.1、HTTP/2、HTTP/3などがあります。それぞれ下位互換性があり、たとえばHTTP/2に対応しているクライアントは、まず、HTTP/2で接続を試みて、もし失敗したら古いプロトコルであるHTTP/1.1による通信を試みる、といった形で通信を行うことができます。このような、特定の技術がサポートされていない場合に、同等の技術に切り替えるプロセスをフォールバック（*fallback*）と言います。

HTTP/1.1とHTTP/2の最大の違いはデータの形式で、HTTP/1.1はテキスト形式、HTTP/2はバイナリ形式です。HTTP/1.1では、これまで **nc** コマンドで入力していたように、GETの行があり、Host:の行があり、空行でリクエストが終了し、レスポンスはというとステータスの行があり、データについての情報（メタ情報）が改行区切りで送られ、空行が入って、データ本体（HTMLであれば **<!doctype〜>** からの行）が届きました[3]。

---

[3]　画像データや音声データはデータの内容がそのまま（つまりバイナリデータのまま）送信されます。

HTTP/2は、9バイトの固定長ヘッダーと決まっており、最初の3バイトで長さ、1バイトでタイプ、1バイトでフラグ〜のように読み取り方が定められています。その一方で、「GETメソッド」のような、メッセージが持つ意味については共通です。

HTTP/3はQUIC（p.192）用のプロトコルで、HTTP/2同様、バイナリ形式でのやりとりを行います。

リクエストメソッド

HTTPリクエストで使用されるメソッドには、**GET**や**HEAD**、**POST**などがあります **表A** 。Webブラウザを通じてサイトを閲覧する際に一般的に使われるのは**GET**メソッドで、フォームから入力を送信する際には**POST**メソッドが使われます。また、Web開発を行う人はデータの更新をする**PUT**や**DELETE**を使うことがあるかもしれません。

HTTP/1.1とHTTP/2、HTTP/3ではメソッドの送られ方は異なりますが、「GETメソッドでデータを取得」というメソッドの意味や使い方は共通です。実際のパケットについては次の節で観察します。

表A HTTPのおもなリクエストメソッド

メソッド	意味
GET	リソース（データ）を取得する
HEAD	リソースの情報を取得する（レスポンスヘッダーのみを取得する。リソースの存在を確認する場合などに使用）
POST	サーバーにデータを送信する（リソースの作成や更新を行う）
PUT	リソースをリクエストボディで書き換える
PATCH	リソースの一部を書き換える
DELETE	リソースを削除する

HTTPのステータス

HTTPリクエストの結果はステータスコードと呼ばれる3桁の数字で返されます **表B** 。百の位の数字でおおまかな意味が表され、OKであれば**200**、エラーの場合、リクエスト側の問題であれば**400**番台、サーバー側の問題であれば**500**番台のように決められています。

表B HTTPのおもなステータスコード

番号	区分	意味
1xx	Informational	リクエストは受け取られ、処理は継続される
2xx	Successful	リクエストが受理された
200	OK	OK（通常の、指定したデータが返される場合のステータス）
203	Non-Authoritative Information	信頼できない情報（オリジナルのデータではない）
204	No Content	内容がない

続く

番号	区分	意味
3xx	Redirection	追加処理が必要（おもにリソースが移動されている場合に返される）
4xx	Client Error	クライアント側のエラー
400	Bad Request	リクエスト不正
401	Unauthorized	認証されていない
403	Forbidden	禁止されている
404	Not Found	見つからない
5xx	Server Error	サーバー側のエラー
500	Internal Server Error	サーバー内部エラー
503	Service Unavailable	サービス利用不可（アクセス過多で処理不能な場合など）

HTTPとHTTPSは標準のポート番号が異なる

　HTTPとHTTPSの違いは「S」の有無、Sは「Security」のSです。TLS通信上でやりとりするHTTPという意味で[4]、どちらを使って接続するかはポート番号で区別されます。HTTPの標準ポート番号は**80**、HTTPSは**443**です。HTTP/3が使用するQUICもポート番号**443**を使用します **図C**。

　昨今のサーバーであれば最初からHTTPS前提で構築されていますが、「以前はHTTPで運用しており、HTTPSへ移行した」というサーバーもあります。HTTPからHTTPSに移行したサーバーの場合、両方アクセス可能にしてある場合もありますが、HTTPでのアクセスをHTTPSに**リダイレクト**（*redirect*）するように設定されていることが多いでしょう。リダイレクトとは、サーバーがクライアントに対してリクエストされた場所とは異なる場所にアクセスするよう指示する、という操作で、Webブラウザはリダイレクト先へ自動的にアクセスし直してWebページを表示するため、ユーザー側は特別な操作は不要です。

図C 　　HTTPとHTTPSは標準のポート番号が異なる

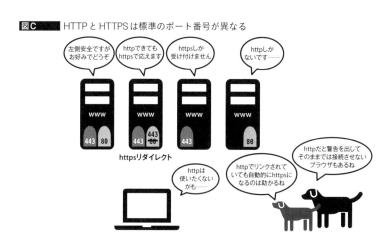

＊4　RFC 2818では「HTTP Over TLS」、改訂されたRFC 9110（HTTP Semantics）では「Hypertext Transfer Protocol Secure」とされています。なお、TLSの前身であるSSLしかない時代はHTTP Over SSL、TLS登場後はHTTP Over SSL/TLSと呼ばれていました。

4.4

HTTP/HTTPSの通信を見てみよう
curlコマンドで通信内容を比較する

HTTP/2ではどのようなやりとりが行われているか、Wiresharkで観察してみましょう。ここでは、curlコマンドを使い、同じサーバーに対してHTTP/1.1とHTTP/2で接続して内容を比較します。

curlコマンドによるHTTP/HTTPS通信

HTTP/2はバイナリベースのため、いままでのような nc コマンドや openssl コマンドでHTTPリクエストを送る方法を採ることができません。FirefoxなどのWebブラウザの場合、単純なGETリクエストのほかにたくさんの処理を背後で行っており少々わかりにくいことから、ここでは curl コマンドを使用します。

curl コマンドはファイルのダウンロードやアップロードを行うコマンドで、macOSおよびWindows（Windows 10以降）にデフォルトでインストールされています。ただしWindows用の curl.exe は Windows 11, version 23H2 の時点では HTTP2 に対応していないので WSL 環境のものを使用してください。WSLを含むUbuntuでは、sudo apt install curl でインストールできます。

```
curl --http1.1 URL
curl --http2 URL
       -v ············· ハンドシェイクやGETメソッドなどのやりとりを表示する（verboseモード）
       -s ············· 取得の経過などを表示しない（silentモード）
       -o ファイル名 ········ 取得した内容を指定したファイルに保存する
       -O ············· 取得した内容をURLのファイル名で保存する
```

curlコマンドを試してみよう

まず、curl コマンドの動作を把握するためにWiresharkでキャプチャしながら curl www.example.com を実行してみましょう。

いままで nc コマンドで実行していたときと同じように、www.example.com で表示されるHTMLソースが端末に表示されます。Wiresharkを見ると、ポート 80 で接続して HTTP/1.1 でデータを取得している様子がわかります。

```
Wiresharkでキャプチャを開始してから実行
$ curl www.example.com
<!doctype html>
<html>
<head>
                                                                続く
```

```
    <title>Example Domain</title>
中略
</body>
</html>
↑www.example.comからのレスポンス
```

続いて、**curl -v www.example.com**のように、**-v**オプション付きで実行します。今度はどのように接続してどのようにデータを取得しているかが表示されます。**>**から始まる行が**curl**コマンドから送信した内容、**<**が接続先からの返信、*記号から始まる行は**curl**による追加情報です。

ncコマンドでデータを取得した際は、**GET**メソッドで最低限必要だった**Host:**のみ指定しましたが、**curl**コマンドでは**Host:**に加えて**User-Agent:**で接続に使用しているコマンド（**curl**自身）を名乗り、**Accept: */***でデータの種類は限定せずすべて受信する旨伝えています。

接続先からの返信はこれまでと同じで、ステータス**HTTP/1.1 200 OK**のあとメタ情報としてデータの種類や長さなどが伝えられて、空行を挟んでデータ本体が出力されています。

```
$ curl -v www.example.com
*   Trying 93.184.216.34:80..        ←接続情報（curlによる追加情報）
* Connected to www.example.com (93.184.216.34) port 80 (#0)
> GET / HTTP/1.                       ←curlから送信した内容
> Host: www.example.com
> User-Agent: curl/7.81.0
中略
< Content-Length: 125                 ←接続先から受信した内容
<
<!doctype html>                       ←データ本体
<html>
<head>
    <title>Example Domain<ggs/title>
中略
</html>
* Connection #0 to host www.example.com left intact
```

curlコマンドによるHTTPのやりとりを把握できたら、今度は**-o**オプションを使い、取得したデータをファイルに保存しましょう。ファイルはこの後、HTTP/1.1とHTTP/2で同じデータを取得していることを確認する際に使用します。ここでは**-o httptest**というコマンドで、カレントディレクトリのhttptestという名前で保存するようにしました。出力ファイルを指定した場合、実行例のように、取得にかかった時間などが表示されます。経過のメッセージが不要な場合は**-s**オプションを指定します。

```
$ curl -o httptest www.example.com
  % Total    % Received % Xferd  Average Speed   Time    Time     Time  Current
                                 Dload  Upload   Total   Spent    Left  Speed
100  1256  100  1256    0     0   5084      0 --:--:-- --:--:-- --:--:--  5085※
```

※ 実行例で取得しているのはごく小さいデータなのでTime欄はゼロ未満として表示なし（--:--:--）となっているが、大きなデータを取得する場合、Time Spent（経過時間）とTime Left（残り時間）がリアルタイム表示される。

環境変数SSLKEYLOGFILE

　セッションキーを保存するのに、Part 3で使用した**openssl**コマンドでは**-keylogfile**オプションでファイルを指定しましたが、**curl**コマンドの場合は環境変数SSLKEYLOGFILEの設定に従います。環境変数とは、システム全体で共有したい値があるときに使用する値で、LinuxやmacOSのbashやzshでは**export**コマンド、Windowsでは**set**コマンドまたはコントロールパネルで定義します（p.195の設定例を参照）。

　端末で**export SSLKEYLOGFILE=** ファイル名 と実行すると、その端末から起動したコマンドはすべて**SSLKEYLOGFILE**の値を参照できます。

> **export** 環境変数の名前 **=** 値 …… 環境変数を設定（イコール (=) の前後に空白を入れると無効なので注意）

　ここでは、ホームディレクトリの**tls_key.log**に出力するように設定しています。チルダ(~)はユーザーのホームディレクトリを表す記号です。

```
$ export SSLKEYLOGFILE=~/tls_key.log
```
実行結果はとくに表示されない

　設定内容を確認するには**printenv**コマンドを使用します。**printenv**のみで実行すると現在設定されている環境変数すべて、**printenv** 変数名 で指定した環境変数の値が表示されます。

```
$ printenv ················································現在設定されている環境変数を一覧表示※
SHELL=/bin/bash
```
中略
```
SSLKEYLOGFILE=/home/study/tls_key.log
```
後略

※ **printenv | grep SSL**のように**grep**コマンド（p.53）で絞り込むと確認しやすい。

HTTP/1.1とHTTP/2でデータを取得する

　それでは、HTTP/1.1とHTTP/2で**www.example.com**からデータを取得し、それぞれhttptest1、httptest2というファイルに保存してみましょう。接続にはHTTPSを使用したいので、URLは**https://www.example.com**のように**https://**から指定します。

Wiresharkでキャプチャを開始してから実行
```
curl -o httptest1 --HTTP1.1 https://www.example.com ·········HTTP/1.1を使用
curl -o httptest2 --HTTP2 https://www.example.com ···········HTTP/2を使用
```

```
$ curl -o httptest1 --HTTP1.1 https://www.example.com
  % Total    % Received % Xferd  Average Speed   Time    Time     Time  Current
                                 Dload  Upload   Total   Spent    Left  Speed
100  1256  100  1256    0     0   1996      0 --:--:-- --:--:-- --:--:--  1993
$ curl -o httptest2 --HTTP2 https://www.example.com
  % Total    % Received % Xferd  Average Speed   Time    Time     Time  Current
                                 Dload  Upload   Total   Spent    Left  Speed
100  1256  100  1256    0     0   2242      0 --:--:-- --:--:-- --:--:--  2238
```

同じ内容が取得できていることをPart 3で使用した**diff**コマンドで確かめておきましょう。

```
$ diff httptest1 httptest2 ……… httptest1とhttptest2の内容を比較
```
←相違がないため何も表示されない（同じ内容が取得できたことがわかる）

HTTP/1.1とHTTP/2のパケットを見比べる

Wiresharkの「編集」→「設定」→「Protocols」→「TLS」の「(Pre)-Master-Secret log filename」でホームディレクトリの**tls_key.log**を指定すると（p.190）、HTTP/1.1、HTTP/2それぞれでデータを取得した様子がわかります。以下は先ほど**curl**コマンドを**--HTTP1.1**と**--HTTP2**を指定して実行した際のパケットです。ここでは、mDNSやNDPなどのパケットを除外するため、Wiresharkのフィルターで**ip.addr ==**でwww.example.comのIPアドレスを指定しています **図A**。

TCPとTLSハンドシェイクまでは共通である様子がわかります。

図A　HTTP/1.1とHTTP/2のパケットを見比べる

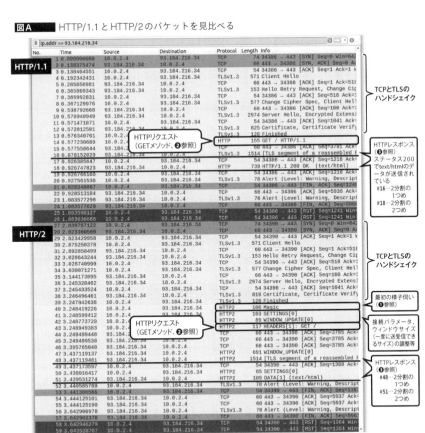

❶HTTP通信の開始

　HTTP/1.1、HTTP/2ともに、TLSのハンドシェイクは共通で **Finished** の後でHTTP通信が始まっています。HTTP/1.1はすぐに **GET** メソッドを実行しているのに対し、HTTP/2では **Magic** という24バイトのデータを送信し、続いて **SETTINGS** で接続パラメータ、**WINDOW_UPDATE** でウィンドウサイズ（一度に送受信できるサイズ）の調整を行っています。

　WiresharkでHTTP/2の通信を開始しているパケット（パケット番号40）をダブルクリックで表示すると次ページの **図B** のようになります。

❷HTTPリクエスト（GETメソッド）

　GETメソッドを見比べてみましょう。それぞれ、GETを送信しているパケットをダブルクリックして表示すると次ページの **図C** のようになります。

　送信している内容そのものは同じで、取得したいデータのパス（GETの後の/）、対象のホスト名（HTTP/1.1は **Host:**、HTTP/2は **:authority:**）、クライアントソフトウェアの名前などが送られています。違いはサイズで、HTTP/1.1の場合はヘッダー本体のサイズが155バイト、HTTP/2は117バイトと表示されています。

　HTTP/1.1はテキストデータなので、送信している文字数と改行コード2バイトで合計79バイトが暗号化によって96バイトになっていることがTLSの **Length: 96** でわかります。これにヘッダーが加わって合計155バイトです。

　HTTP/2はバイナリデータで圧縮されており、暗号化により58バイトになっていることがTLSの **Length: 58** でわかります。

　WebブラウザでWebページを表示する際は、画像をはじめとするたくさんのファイルが必要になることが多く、1回のアクセスで大量のリクエストヘッダーが送られることになります。また、個々のリクエストヘッダーで送信される情報にはWebブラウザの種類だけではなく表示サイズなど多岐にわたるため、リクエストヘッダーの圧縮効果は大きく、通信速度の向上に役立っています。

❸HTTPレスポンス

　HTTPレスポンスは次々ページの **図D** のようになっています。HTTP/1.1、HTTP/2ともにパケットが2つに分割されていますが、この図ではHTTPステータスが確認できるパケットを選びました。

　レスポンスヘッダーは、HTTP/1.1はテキストデータなのに対し、HTTP/2ではバイナリデータです。

　データ本体部分はHTTP/1.1とHTTP/2で共通です（p.220の **図E** ）。

図B ❶HTTP通信の開始（HTTP/2）

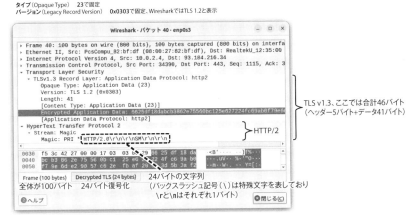

タイプ（Opaque Type）　23で固定
バージョン（Legacy Record Version）　0x0303で固定、WiresharkではTLS 1.2と表示

図C ❷HTTPリクエスト（GETメソッド）

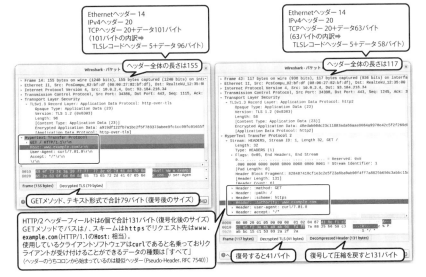

HTTP/2ヘッダーフィールドは6個で合計131バイト（復号化後のサイズ）
GETメソッドでパスは/、スキームはhttpsでリクエスト先はwww.
example.com（HTTP/1.1のHost: 相当）。
使用しているクライアントソフトウェアはcurlであると名乗っておりク
ライアントが受け付けることができるデータの種類は「すべて」
（ヘッダーのうちコロンから始まっているのは疑似ヘッダー（Pseudo-Header、RFC 7540）

図D　❸ HTTPレスポンス

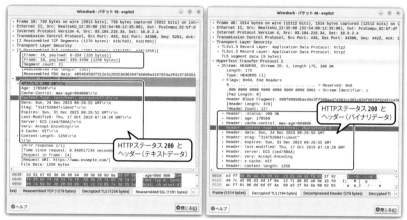

図E　❸ HTTPレスポンス（続き）

Firefoxのパケットを表示してみよう

Firefoxのパケットを復号した状態で表示したい場合、❶**export SSLKEYLOGFILE〜**を実行した端末で**firefox &**のように起動して、❷WiresharkでSSLKEYLOGFILEのファイルを指定します（p.189）。

curlで取得していたのと同じ**https://www.example.com/**を表示すると次ページの**図F**のようになります。

（補足）Wiresharkのフィルターについて

https://www.example.com/の場合はほかのサーバーにあるデータは取得しないため、先ほどと同様**ip.addr ==**で**www.example.com**のIPアドレスを指定することで**https://www.example.**

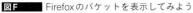

図F Firefoxのパケットを表示してみよう

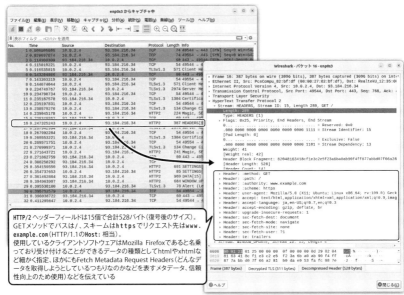

HTTP/2ヘッダーフィールドは15個で合計528バイト（復号後のサイズ）。GETメソッドでパスは/、スキームは**https**でリクエスト先は**www. example.com**（HTTP/1.1の**Host**: 相当）。
使用しているクライアントソフトウェアはMozilla Firefoxであると名乗っており受け付けることができるデータの種類としてhtmlやxhtmlなど細かく指定、ほかにもFetch Metadata Request Headers（どんなデータを取得しようとしているつもりなのかなどを表すメタデータ、信頼性向上のため使用）などを伝えている

com/ 表示用のパケットに絞り込むことができます。しかし一般的なWebサイト、たとえばGoogleやYahoo!などではほかのサーバーからもデータを取得していることがあるため、**ip. addr ==** による絞り込みはうまく機能しません。HTTPSおよびHTTPSに先立つTCP/TLSハンドシェイクであれば、**tcp.port == 443 || udp.port == 443** で表示できます。TCPのポート**443**またはUDPのポート**443**という意味で、UDPはQUIC用の指定です。

参考 curlによるHTTP/3通信

　QUICベースのHTTPであるHTTP/3はFirefoxなどのWebブラウザではサポートされていますが、WindowsやmacOSにインストールされている**curl**コマンドはまだ対応していません。Ubuntu用に追加インストールした**curl**コマンドも本書執筆時点では未対応ですが、開発サイトではHTTP/3対応のソースコードが公開されています。
　本書の取扱範囲を超えてしまうため構築方法は解説しませんが、curlコマンドの開発サイトで紹介されている方法[*5]を参考に、筆者がWSL環境（Windows 11 23H2、WSL2、Ubuntu-22.04）で構築した**curl**コマンドでの実行結果を参考に紹介します。なお、構築時に指定したオプションは参考情報として本書のサポートサイトに掲載しています。
　以下は、p.215の実行例と同様、**-v**オプション付きで実行しています。QUICでのコネクション確立後にHTTP/3でデータを取得している箇所（**using HTTP/3〜**）は**--HTTP2**で実行した場合とバージョン指定以外は共通となっています。

[*5] 　curl - HTTP3 (and QUIC) **URL** https://github.com/curl/curl/blob/master/docs/HTTP3.md

```
$ curl -v --HTTP3 https://www.example.com
* Host www.example.com:443 was resolved.
* IPv6: 2606:2800:220:1:248:1893:25c8:1946
* IPv4: 93.184.216.34
*   Trying 93.184.216.34:443...
* QUIC cipher selection: TLS_AES_128_GCM_SHA256:TLS_AES_256_GCM_SHA384:TLS_
CHACHA20_POLY1305_SHA256:TLS_AES_128_CCM_SHA256
*  CAfile: /etc/ssl/certs/ca-certificates.crt
*  CApath: /etc/ssl/certs
*   Trying 93.184.216.34:443...
*   Trying [2606:2800:220:1:248:1893:25c8:1946]:443...
* Immediate connect fail for 2606:2800:220:1:248:1893:25c8:1946: Network is
unreachable
* Connected to www.example.com (93.184.216.34) port 443
* ALPN: curl offers h2,http/1.1
* TLSv1.3 (OUT), TLS handshake, Client hello (1):
*  CAfile: /etc/ssl/certs/ca-certificates.crt
*  CApath: /etc/ssl/certs
*  subjectAltName: host "www.example.com" matched cert's "www.example.com"
* Verified certificate just fine
* Connected to www.example.com (93.184.216.34) port 443
* using HTTP/3
* [HTTP/3] [0] OPENED stream for https://www.example.com/
* [HTTP/3] [0] [:method: GET]
* [HTTP/3] [0] [:scheme: https]
* [HTTP/3] [0] [:authority: www.example.com]
* [HTTP/3] [0] [:path: /]
* [HTTP/3] [0] [user-agent: curl/8.6.0-DEV]
* [HTTP/3] [0] [accept: */*]
> GET / HTTP/3
> Host: www.example.com
> User-Agent: curl/8.6.0-DEV
> Accept: */*
>
< HTTP/3 200
< accept-ranges: bytes
中略
< content-length: 1256
<
<!doctype html>
<html>
<head>
    <title>Example Domain>/title>
中略
```

Wiresharkでの表示は次ページの **図G** のようになります。

図G curlによるHTTP/3通信（Wireshark）

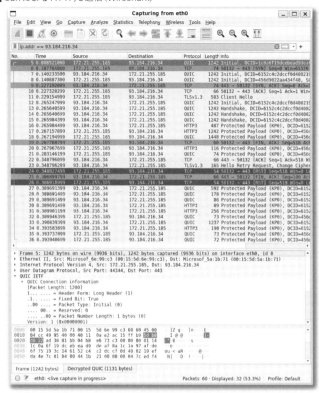

1回の実行で、しかもデータ量がかなり少ないWebサイトとの接続なので単純に比較することはできませんが、平均速度が**HTTP/1.1 < HTTP/2 < HTTP/3と高速になっている**様子がわかります。

```
$ curl -o httptest1 --HTTP1.1 https://www.example.com
  % Total    % Received % Xferd  Average Speed   Time    Time     Time  Current
                                 Dload  Upload   Total   Spent    Left  Speed
100  1256  100  1256    0     0   2275      0 --:--:-- --:--:-- --:--:--  2283
$ curl -o httptest2 --HTTP2 https://www.example.com
  % Total    % Received % Xferd  Average Speed   Time    Time     Time  Current
                                 Dload  Upload   Total   Spent    Left  Speed
100  1256  100  1256    0     0   2404      0 --:--:-- --:--:-- --:--:--  2410
$ curl -o httptest3 --HTTP3 https://www.example.com
  % Total    % Received % Xferd  Average Speed   Time    Time     Time  Current
                                 Dload  Upload   Total   Spent    Left  Speed
100  1256  100  1256    0     0   3272      0 --:--:-- --:--:-- --:--:--  3270
```

4.5

電子メールのプロトコル
メール転送のしくみとSMTP/POP/IMAPの役割

　メールのやりとりにはSMTPとPOP3、IMAP4の3つのプロトコルが使われており、それぞれ役割が異なります。メールを相手先のサーバーまで届けるのに使われるのがSMTP、メールサーバーに届いている自分のメールを取得する際に使われるのがPOP3です。IMAP4はこの2つより新しいプロトコルで、メールサーバーにある自分のメールを、サーバーに置いたまま操作することが可能です。

　メールをWebブラウザ上で操作するWebメールの場合、POP3やIMAP4を介しているかどうかはサービスによって異なりますが、メールを送り届ける際にSMTPが使用されている点は共通です。

SMTPはメールを転送、POPはメールを取得するためのプロトコル

　メールはWebよりも古くから使われており、元々は同じサーバーを使用しているユーザーどうしでの交換が基本でした。

　異なるサーバーを使っているユーザー宛のメールを送る際には、相手のサーバーにメールが転送されます。この転送時のプロトコルが**SMTP**（*Simple Mail Transfer Protocol*）で、メールの転送を行うソフトウェアのことを**MTA**（*Mail Transfer Agent*）と言います。MTAは**SMTPサーバー**とも呼ばれます。

　SMTPサーバーに届いているメールを別の環境から受信したい場合に使われるプロトコルが**POP**（*Post Office Protocol*）で、現在はバージョン3である**POP3**が使用されています（次ページの **図A** ）。メールを取得する際に使用するソフトウェアをMTAに対し**MUA**（*Mail User Agent*）と言います。メールソフト、メールクライアント、メーラー（*mailer*）などとも呼ばれており、具体的なソフトウェアとしてはOutlookやmacOSのメール.app、Ubuntuデスクトップにインストールされている Thunderbird などが該当します。Thunderbird は Firefox と同じ Mozilla Foundation によるフリーでオープンソースのメールソフトで、Windows版やmacOS版も公開されています。

メール転送とバケツリレー

　メールの転送はバケツリレーにたとえられることがあります。これは複数のサーバーを経由して届けられることがあるためです。

　現在のMTAは365日24時間稼働し、インターネットにも常に接続した状態であることが一般的ですが、メールシステムが作られた1980年代は必ずしもそうではありませんでした。WebであればWebサーバーが稼働している時だけ接続して利用しますが、メールの場合、相手のサーバーが稼動していないときでも送信できる必要があります。そこで、MTAがメールを預かり、必要に応じて別のMTAに転送しながら相手のMTAまで届けるという形が取られ

図A　　SMTPでメールを転送・POPでメールを取得

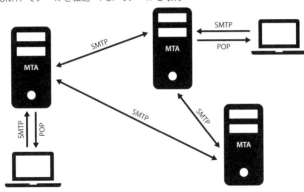

図A　SMTPでメールを転送・POPでメールを取得

ています。これは、郵便葉書がいろいろな人の手を経て届くのと似ているかもしれません **図B**。

　現在は、送信者とも受信者とも直接関係がないMTAが突然転送に関わってくることはほとんどありませんが、転送というしくみは生きており、とくに大規模なメールサーバーを擁する環境では複数のMTAが使用されています。

図B　かつてのメール転送（イメージ）

なお、メールの配送先も DNS（p.202）で管理されています。メール用のレコードは **MX レコード**（*Mail Exchange record*）で、ドメインを担当するメールサーバー、つまり、あるドメイン宛てのメールが送信された場合、どのメールサーバーがそのメールを受け取るべきかが指定されています。

メールの経路はヘッダーに残されている

　メールは、送受信の日時やタイトルが書かれているヘッダー部分と、本文が書かれているボディ部分に分かれています。

　メールが転送されるとヘッダーに「**Received:**」という行が追加され、サーバー名やIPアドレス、サーバーの受信時刻が記録されていきます。先頭に追加されていくので、一番上の「**Received:**」に書かれているのが最終的な受信サーバーとなります **図C**。

　メールのヘッダーは、Thunderbirdの場合はメールを表示している画面で「その他」メニューの「ソースを表示」から、Outlookの場合、バージョンによって異なりますが、メールをダブルクリックで表示し「ファイル」メニューの「プロパティ」で確認できます。GmailをWebブラウザで閲覧している場合、メール本文の右上にあるメニュー（縦三点：のアイコン）で「メッセージのソースを表示」を選択すると表示できます。

　以下は、NIFTYのアカウントからoutlook.jp宛に送信したメールをThunderbirdで表示しています。

図C　　　メールの経路はヘッダーの**Received:**で確認できる

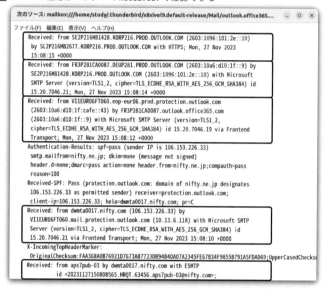

エラーメールは経由地のMTAが送信するケースもある

　メールを送信すると**Returned Mail**や**failure notice**というタイトルのエラーメールが届くことがあります。これは、何らかの理由でメールを届けることができなかった際にMTAから送られてくるメールです。MTAのようなサーバーソフトウェアはdaemonと呼ばれることから^デーモン^ **MAILER-DAEMON**からのメール、という形で送られてくることもあります。エラーメールは最終目的地である送信相手のMTA以外に、経由地のMTAから送られてくることもあります。

　エラーの原因は、メールのタイトルや本文を見るとわかります。たとえば、**taro@exmaple.com**に出したメールがエラーになった場合、**example.com**が見つからない場合は**Host unknown**となり、**example.com**までは届いたけれど**taro**というアカウントがない場合は**User unknown**のようなエラーになります。これらはサーバーの設定によって異なりますが、相手が受信を

拒否している場合も **User unknown** となるケースがあります。配達不能全般という意味で **Delivery to the following recipients failed.** というエラーになっていることもあります。

このほか、MTAの設定が間違っている場合は **Local configuration error** や **Too many hops** などのエラーになることがあります。

また、相手先のサーバー全体あるいはユーザーごとに割り当てられた容量（*quota*）を超過している場合は **mailbox full** や **too many recipients**、**over quota** などのエラーとなります。

送信相手が転送設定を行っている場合、その転送の際のエラーが返ってくることもあります。この場合、心当たりのない送信相手からのエラーメールとなるかもしれません。

もちろん、エラーメールを装った迷惑メールというケースもありえます。

SMTPの認証は後から追加された

誰でも郵便葉書を郵便ポストに投函できるのと同じように、SMTPにも認証のしくみがありませんでした。しかし、電子メールは郵便と違い無差別で大量に送信できることから迷惑メールが社会問題となり、SMTPにも認証が求められるようになります。

そこで、SMTPの拡張仕様である **SMTP認証**（*SMTP Authentication*）が作られました。

一方、なるべく現行の規格・現行のソフトウェアのままで認証を行えるしくみとして、POP認証を行った一定時間内であればメールを送信できる、という **POP before SMTP** というしくみが先行して使われていました。このやり方であれば、サーバーさえ対応していれば、メーラーの方はPOP before SMTPというしくみを知らなくても、「受信してから送信」という操作をするだけで問題なく認証と送信が可能になります。

IMAP4はサーバー上のメールを直接操作できるプロトコル

インターネットが普及し、高速な回線が安く自由に使えるようになった現在、メールを自分のパソコンに持ってくるのではなく、サーバーに置いたまま管理したいというニーズが生まれました。そのためのプロトコルが **IMAP**（*Internet Message Access Protocol*）で、現在使われているのは4番目のバージョンである **IMAP4** です。IMAPでは、メールをサーバーに置いたまま未読管理や振り分けなどを行うことができます。自宅のパソコンや会社のパソコン、インターネットカフェのパソコンなどからサーバーにアクセスし、いつでもどこでも同じ状態のメールを読むことができます。

さらに、現在ではWebブラウザでさまざまな操作が可能になっていることから、Gmailや Yahoo!メールなどのWebメールはメーラーを使わずWebブラウザで直接操作するのが一般的になりました。Gmailの場合、POP3やIMAP4でのアクセスを可能にするかどうかを設定できるようになっています。

SMTP・POP3・IMAP4のポート番号

SMTP, POP3, IMAP4の元々のポート番号は **25**, **110**, **143** ですが、現在はTLSを使用する **587**, **995**, **993** が使用されています（次ページの **表A** ）。どのポートが使用できるかは、サーバー側の設定によって異なります。

表A　メールの送受信で使用されるおもなポート番号

プロトコル	ポート番号	概要
SMTP	**25**	標準ポート。暗号化されないため非推奨。また、迷惑メール対策のため多くのサーバーがブロックしており使えないことが多い
	587	STARTTLSを使用する際の推奨ポート
	465	SSLで使用されていたポート
POP3	**110**	標準ポート、暗号化されないため非推奨
	995	POP3Sのポート
IMAP4	**143**	標準ポート、暗号化されないため非推奨
	993	IMAPSのポート

MUA（メールソフト）の設定はどのようになっているか

　MUAでメールを送受信したい場合、メールを受信するための設定と送信するための設定が必要になります。

　受信に使用できるプロトコルはメールアカウントの提供者によって異なります。たとえば、Gmailの場合はPOPとIMAPそれぞれを有効にするかどうか、ユーザーが設定できるようになっています。

　図D は無償で取得できるoutlook.jpのアカウントを使用し、POPとSMTPの組み合わせを設定する場合の例です。このように、メール用のソフトでメールを読み書きするには送受信の際に使用するメールアカウントとパスワード、サーバーの名前とポート番号、暗号化の方法を把握しておく必要があります。

図D　POPアカウントの設定例（Microsoft Outlook）

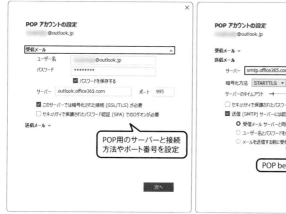

　同じアカウントをIMAPで設定すると次ページの **図E** のようになります。

　なお、勤務先などから提供されるメールアカウントの場合、そもそも社外からのアクセスが可能かどうか、確認する必要があります。また、Windows Serverのメールサービスを使用している場合は異なる認証方法が採られる場合もあります。

228

図E IMAPアカウントの設定例（Microsoft Outlook）

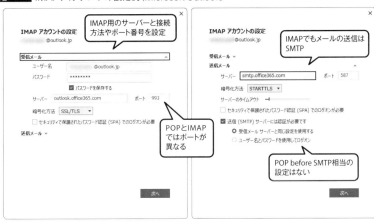

OAuthによるメールアカウントの認証

　メールソフトがサーバーに接続する際、パスワードを直接送信する代わりに**OAuth**（*open authorization*）という方式を利用して認証を行うことがあります。OAuthは、ユーザーの資格情報を直接共有せずに、サードパーティーのアプリケーション（たとえばメールソフト）に限定的なアクセスを許可できるという技術です（RFC 6749）。

　たとえば、GmailはWebブラウザで操作するのが一般的ですが、メールソフトを通じてメールを読んだり書いたりすることも可能です。このとき、メールソフトにはパスワードを保存させず、メールソフトの設定中に行われる認証プロセスを経ることでアクセス権が与えられます **図F** 。

図F OAuthによる設定例（Microsoft Outlook）

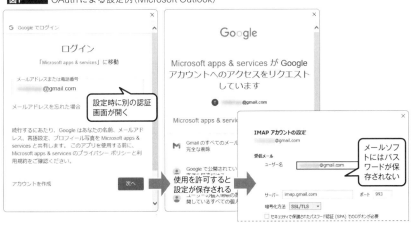

メールはテキスト形式に変換して送信されている

メールはとても古くからある技術で、使用できる文字はUS-ASCII に限定されています（RFC 5322[*6]）。US-ASCIIは、0〜127の7ビットで表現できる文字で、具体的には、大小文字のアルファベット、数字、空白、一部の記号のみです。しかし、これでは非英語圏の文字、ひらがなやカタカナも送れないし、画像などのバイナリデータ（非テキストデータ）も送れません。そこで、さまざまな文字やデータをUS-ASCIIで表現するためのしくみが発達しました。

これらをまとめた規格が **MIME**（*Multipurpose Internet Mail Extension*、多目的インターネットメール拡張）で、非ASCIIコードによるデータの扱い、および、添付ファイルの扱いなどが定められています。

Base64によるエンコード

データを別の体系で表現することを**エンコード**（*encode*）、元に戻すことを**デコード**（*decode*）と言います。現在、メールの送受信時に広く使われているのが**Base64**というエンコード方式です。

Base64ではあらゆるデータを、大文字・小文字のアルファベットと2つの記号（+、/）という64種類と調整用の=記号で表します。具体的には元のデータを6ビットずつに分割し、6ビットの値（0〜63の64種類）を各文字に割り当てます。なお、末尾の6ビットに満たなかった分は=記号で置き換えられます。

また、メールは元々1行の長さが改行込みで80文字以内という制約があったため[*7]、エンコードしたデータは標準では76文字ごとに改行されるようになっています。80文字というのは開発当時に広く使用されていた端末の幅が基準となっています。

メールで画像データなどを送る場合、このBase64でエンコードされるため、メールのサイズは送信したいデータより大きくなります。6ビットを8ビットの文字で表現するため4/3（約133%）、76バイトごとに改行（2バイト）が加わることを考慮すると、概ね4割増しになるのを目安と考えると良いでしょう。

[*6] RFC 5322（2008年）はRFC 2822（2001年）を改訂、RFC 2822の元となったRFC 822は80年代に策定されている

[*7] 現在のRFC 5322では改行コード（CRとLFの2バイト）を含め80文字以内が望ましく、1000文字を超えてはならないと規定されています。Each line of characters MUST be no more than 998 characters, and SHOULD be no more than 78 characters, excluding the CRLF（**URL** https://datatracker.ietf.org/doc/html/rfc5322#section-2.1.1）

4.6

POP受信を試してみよう
POPコマンドによるメール受信のプロセス

opensslコマンドでPOPサーバーに接続してメールを取得してみましょう。

POP接続が可能なメールアカウントについて、サーバー名やポート番号などの接続情報を確認してから実行してください。ここではユーザー名とパスワードを入力して接続するので、Gmailのように、OAuthによる認証が必要なアカウントは使えません。本書では無償で取得できるoutlook.jpのアカウントを使用しています。

POPのコマンド

POPはメール受信用のプロトコルで、**表A**のコマンドが使用できます（RFC 1939）。

表A　おもなPOPコマンド

コマンド	意味
USER ユーザー名	ユーザー名を指定（平文で入力）
PASS パスワード	パスワードを指定（平文で入力）
STAT	メールボックスの状態、メールボックスにあるメールの件数とサイズを取得
LIST	メッセージのリストを取得
RETR 番号	指定した番号のメールを取得
DELE 番号	指定した番号のメールを削除
QUIT	切断（Ctrl + D でも終了可能）

POPでメールを受信してみよう

POPでのメール受信にはopensslコマンドを使用します。POPサーバーの場合ポート番号を明示して接続したいので-connectオプションを、また、一部のPOPサーバーで改行コードが厳密にCRとLFである必要があることから-crlfオプションを併用します。

opensslコマンド特有の注意点として、行頭の「R」と「Q」を大文字にしてはいけないということがあります。これはOpenSSL側で「Renegotiation（再ネゴシエーション、暗号化パラメータの更新などを行う）」と「Quit（切断）」というコマンドになってしまうためです。POP/SMTPのコマンド名は大文字小文字の区別がないので、ここではすべて小文字にして実行しています＊8。RETRコマンドの1文字目で意図しない動作になるのを防ぐ目的です。

```
openssl s_client -crlf -connect POPサーバー:ポート番号 -keylogfile tls_key.log    続く
```

＊8　-ign_eofオプションで防げますが、その場合 Ctrl + D での終了ができなくなるので Ctrl + C で切断してください。

接続したら以下を入力	
user **ユーザー名** ……	POPサーバーのユーザー名、メールアドレスであることが多い
pass **パスワード** ……	POPサーバーのパスワード
list ………………	メールボックスにあるメールを一覧表示（メールの番号とサイズが表示される）
retr **番号** ………	指定した番号のメールを取得（画面に表示される）

以下は、outlook.jpのメールアカウントでPOPサーバーに接続しています。

opensslでの接続に成功すると「**+OK**」というメッセージがPOPサーバーから返されるので、❶user **ユーザー名** でユーザー名を、❷pass **パスワード** で パスワードを入力します。

接続できたら、❸listでメールの一覧を取得します。続いて、❹retr **番号** で指定した番号のメールを表示してみましょう。

リストやメールの末尾にはピリオド1文字のみの行が表示されます。また、メールのヘッダーとボディの間は空行で区切られます。

```
Wiresharkで表示したい場合はキャプチャを開始してから実行※
$ openssl s_client -crlf -connect outlook.office365.com:995 -keylogfile tls_key.
log
CONNECTED(00000004)
中略
Server certificate
中略
---
+OK The Microsoft Exchange POP3 service is ready. [VABZADIAUABSADAAMgBDAEEAMAAwA
DYAMwAuAGEAcABjAHAAcgBkADAAMgAuAHAAcgBvAGQALgBvAHUAdABsAG8AbwBrAC4AYwBvAG0A]
user xxxxxxxx@outlook.jp ………… ❶POPサーバー用のユーザー名を入力
+OK
pass xxxxxxxx ………………………… ❷POPサーバー用のパスワードを入力（画面に表示される）
+OK User successfully logged on.
list ……………………………………… ❸リストを取得する
+OK 7 1205958 …………………… メールは7通あり合計サイズは1,205,958バイト
1 784852
2 64691
3 42801
4 92733
5 94650
6 69974
7 56257
. ………………………………………… リスト終了
retr 7 …………………………………… 7番のメールを取得
+OK
↓メールヘッダーが表示される（空行＝メールヘッダーの終わり）
Received: from SE2P216MB1444.KORP216.PROD.OUTLOOK.COM (2603:1096:101:2e::8) by
 SL2P216MB2677.KORP216.PROD.OUTLOOK.COM with HTTPS; Sun, 24 Dec 2023 14:17:25
 +0000
Received: from DM6PR06CA0094.namprd06.prod.outlook.com (2603:10b6:5:336::27)
 by SE2P216MB1444.KORP216.PROD.OUTLOOK.COM (2603:1096:101:2e::8) with    続く▶
```

```
Microsoft SMTP Server (version=TLS1_2,
 cipher=TLS_ECDHE_RSA_WITH_AES_256_GCM_SHA384) id 15.20.7113.24; Sun, 24 Dec
 2023 14:17:24 +0000
中略
Received: by mail-pf1-f195.google.com with SMTP id d2e1a72fcca58-6d98ce84e18so1
747680b3a.3
        for <xxxxxxxx@outlook.jp>; Sun, 24 Dec 2023 06:17:23 -0800 (PST)
中略
Message-ID: <1525092c-4b84-4b11-a47c-02baxxxxxxxx@gmail.com>
中略
To: xxxxxxxx@outlook.jp
From: STUDY <
xxxxxxxx@gmail.com>
Subject: Test from Gmail ············ メールのタイトル
Content-Type: text/plain; charset=UTF-8; format=flowed
Content-Transfer-Encoding: 8bit
MIME-Version: 1.0
········································· メールヘッダーとメールボディの区切り
Gmailからのテストメール
Thunderbirdから送信
. ···································· メールボディ終了
·································· Ctrl + D で切断（DONEと表示されて終了する）
```

※ Wiresharkで復号しない場合、**-keylogfile tls_key.log** の指定は不要。

MUAは何をしているのか

　POPコマンドでメールを受信してみると、たとえば「タイトル一覧」を取得するコマンドや「未読／既読」のステータスなどは存在しないことがわかります。

　MUA（メールソフト）は、LISTとRETRでメールを受信し、受信した内容をローカル環境に保存した上で、メールのタイトルや日時を一覧表示したり、ユーザーの操作に応じて未読／既読の管理を行っています。

4.7

SMTP送信を試してみよう
SMTPコマンドによるメール送信のプロセス

opensslコマンドでSMTPサーバーに接続してメールを送信してみましょう。

外部からのSMTP接続でメールの送信が可能なメールアカウントについて、サーバー名やポート番号などの接続情報を確認してから実行してください。ここではユーザー名とパスワードを入力して接続するので、Gmailのように、OAuthによる認証が必要なアカウントは使えません。本書では無償で取得できるoutlook.jpのアカウントを使用しています。

SMTPのコマンド

SMTPはメールを転送するためのプロトコルで、メール送信時に使用します（RFC 5321）。今回使用するコマンドは **表A** のとおりです。

表A　おもなSMTPコマンド

コマンド	意味
EHLO	SMTPセッションを開始する（サーバーから接続情報とサーバー側で対応している認証方式が返されるので、それに従ってユーザー名等を送信する）
MAIL FROM: メールアドレス	送信者のメールアドレス
RCPT TO: メールアドレス	受信者のメールアドレス
DATA	メッセージデータ送信の開始（次の行からメールヘッダーの本文を送ることをサーバーに通知する）
QUIT	切断（ Ctrl + D でも終了可能）

※ EHLO は拡張SMTP（ESMTP）用のコマンドで、かつては HELO コマンドが使用されていた。

base64コマンドでユーザー名とパスワードをエンコードしておく

本書で使用しているoutlook.jpのアカウントは、**AUTH LOGIN** という認証方式で接続します。**AUTH LOGIN** はユーザー名とパスワードをそれぞれBase64でエンコードしたものを入力する必要があるため、**base64**コマンドであらかじめエンコードしておきましょう。

base64コマンドは、**base64 ファイル名** でファイルを読み込んでエンコードする、というのが基本的な使い方ですが、今回はメールアドレスとパスワードをエンコードするだけなので**echo**コマンドを使い、**echo -n メールアドレス | base64**のようにしてエンコードします。**echo**コマンドは、**echo 文字列**で文字列をそのまま画面（標準出力、p.52）に出力する、というコマンドで**-n**は改行を行わないという意味のオプションです。

```
エンコード
base64 ファイル名 ……………………………………… ファイルの内容をBASE64でエンコードする
echo -n 文字列 | base64 ……………………… 文字列をBASE64でエンコードする※
デコード(元の文字列に戻す)
base64 -d ファイル名 …………………………………… ファイルの内容をBASE64でデコードする
echo -n 文字列 | base64 ……………………… 文字列をBASE64でデコードする※
```

※ echoコマンドの-nオプションは改行の出力を抑制するオプション。

　たとえば、ユーザー名が**username@example.com**、パスワードが**mypassword**である場合、次のようになります。実際に試す際はご自身のユーザー名とパスワードをエンコードしてください。コマンドラインでの入力内容はヒストリ（コマンド履歴）に残るため、自分だけが利用し破棄することが前提のテスト環境で実行してください[9]。

```
$ echo -n username@example.com | base64
dXNlcm5hbWVAZXhhbXBsZS5jb20= ……… この文字列を接続時のユーザー名として入力する
$ echo -n mypassword | base64
bXlwYXNzd29yZA== ……………………… この文字列を接続時のパスワードとして入力する
```

SMTPでメールを送信してみよう

　SMTPコマンドによるメール送信も**openssl**コマンドで試すことができます。以下の例では認証方法としてSTARTTLSを使用するため、**-starttls smtp**というオプションを指定しています。

　AUTH LOGINによるログイン後、**MAIL FROM:**で送信元を名乗り、**RCPT TO:**で送信先を伝えて、**DATA**コマンドに続けてメールのヘッダーとメールのボディを送ります。実行例では、POP同様、コマンドを小文字で入力しています。

```
openssl s_client -crlf -starttls smtp -connect SMTPサーバー:ポート番号 -keylogfile
tls_key.log
　ここから先は1行ずつSMTPのサーバーからの応答を受け取ってから入力する
ehlo localhost ……………………………❶
auth login…………………………………❷
base64でエンコードしたユーザー名 ………❸
base64でエンコードしたパスワード ………❹
mail from:<xxxxxxxx@outlook.jp> …❺送信元のアドレス
rcpt to:<xxxxxxxx@example.com> …❻送信先のアドレス
data………………………………………❼
　この後はピリオドのみの行までまとめて入力する
Subject: テストメールの件名………❽メールヘッダー
From: xxxxxxxx@outlook.jp
To: xxxxxxxx@example.com
………………………メールヘッダーとボディ（メール本文）の間は空行で区切る　続く
```

[9]　bashのコマンド履歴は**history -c**および**rm ~/.bash_history**で削除できます。

テストメールの本文 ······················ ❾メールボディ
テストメールの本文
テストメールの本文
. ·· ❿「.」のみの行で終了

送信が実行される

·································· ⓫ Ctrl + D を入力（入力するとDONEと表示されて終了する）

❶を実行するとサーバー接続情報とサーバー側で対応している認証方式などが表示されるので、AUTH LOGINが表示されることを確認し、❷でログインしています。

❸はサーバーからの応答で 334 VXNlcm5hbWU6 と表示されてから、❹は 334 UGFzc3dvcmQ6 と表示されてから、**base64**コマンドで変換しておいたユーザー名とパスワードを入力します。

なお、**VXNlcm5hbWU6** は **Username:** が、**UGFzc3dvcmQ6** は **Password:** がエンコードされた文字列です。

以下は、無償で取得できるoutlook.jpのメールアドレスを使ってメールを送信しています。outlook.jp用のサーバーは「**smtp.office365.com**」でポート番号「**587**」、STARTTLSで接続します。実際に試すときはご自身のメールアカウントの設定に従ってください。

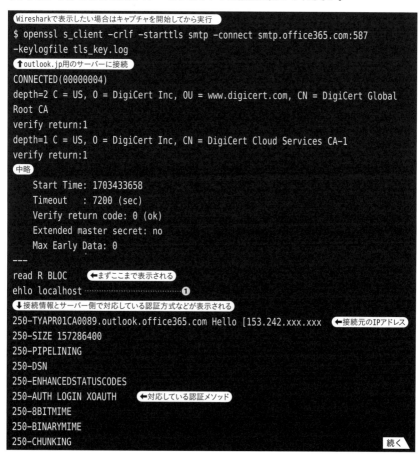

```
Wiresharkで表示したい場合はキャプチャを開始してから実行
$ openssl s_client -crlf -starttls smtp -connect smtp.office365.com:587
-keylogfile tls_key.log
↑outlook.jp用のサーバーに接続
CONNECTED(00000004)
depth=2 C = US, O = DigiCert Inc, OU = www.digicert.com, CN = DigiCert Global
Root CA
verify return:1
depth=1 C = US, O = DigiCert Inc, CN = DigiCert Cloud Services CA-1
verify return:1
中略
    Start Time: 1703433658
    Timeout   : 7200 (sec)
    Verify return code: 0 (ok)
    Extended master secret: no
    Max Early Data: 0
---
read R BLOC     ←まずここまで表示される
ehlo localhost ················· ❶
↓接続情報とサーバー側で対応している認証方式などが表示される
250-TYAPR01CA0089.outlook.office365.com Hello [153.242.xxx.xxx    ←接続元のIPアドレス
250-SIZE 157286400
250-PIPELINING
250-DSN
250-ENHANCEDSTATUSCODES
250-AUTH LOGIN XOAUTH     ←対応している認証メソッド
250-8BITMIME
250-BINARYMIME
250-CHUNKING
```
続く

```
250 SMTPUTF8
```
↑サーバーが対応している認証メソッド等が表示される
```
auth login                        ②AUTH LOGINでログイン
334 VXNlcm5hbWU6      ユーザー名の入力が促される（base64でUsername:と表示している）
c3R1ZHl0Y3BpcEBvxxxxxxxxLmpw     ③ユーザー名を入力
334 UGFzc3dvcmQ6      パスワードの入力が促される（base64でPassword:と表示している）
dm1xxxxxxxxK                      ④パスワードを入力
235 2.7.0 Authentication successful
mail from:<xxxxxxxx@outlook.jp>   ⑤MAIL FROMコマンドで送信元を入力
250 2.1.0 Sender OK
rcpt to:<xxxxxxxx@gmail.com>      ⑥RCPT TOコマンドで送信先を入力※
250 2.1.5 Recipient OK
data                              ⑦DATAコマンドを入力
354 Start mail input; end with <CRLF>.<CRLF>
Subject: テストメールの件名        ⑧メールヘッダーを入力
From: studytcpip@outlook.jp
To: studytcpip@gmail.com
                                  空行で区切る
test mail from Ubuntu!            メールの本文
aaaaa
.                                 ピリオドのみの行で終了

250 2.0.0 OK <SL2P216MB2677E0F40700C51155C2EF9BB69AA@SL2P216MB2677.KORP216.PROD.
OUTLOOK.COM> [Hostname=SL2P216MB2677.KORP216.PROD.OUTLOOK.COM]
500 5.3.3 Unrecognized command 'unknown'
                                  Ctrl + D で終了（DONEと表示されて終了する）
```

※ Wiresharkで復号しない場合、-keylogfile tls_key.log の指定は不要。

※ 大文字のRは opensslコマンド独自の操作コマンドとして解釈されるため小文字で入力する必要がある（SMTPではコマンドの大文字小文字は区別されない）。

送信者と受信者のメールアドレスはどこで指定しているか

　メールのヘッダーには FROM: と TO: があり、MUAの画面でもここで指定されている FROM: が送信者、TO: が受信者として表示されます。しかし、SMTPではメールのヘッダーを入力する前に MAIL FROM: コマンドと RCPT TO: コマンドを実行する必要がありました。

　メールの実際の転送に使われているのは MAIL FROM: と RCPT TO: で、DATAコマンド以降に入力する FROM: と TO: は転送には使用されていません（次ページの 図A ）。

図A　送信者と受信者のメールアドレスはどこで指定しているか

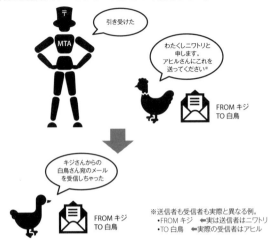

※送信者も受信者も実際と異なる例。
・FROM キジ　←実は送信者はニワトリ
・TO 白鳥　←実際の受信者はアヒル

　実際の送信者は受信メールには記録されていませんが、最初に受け取ったMTAつまり送信者が使用したサーバーはメールヘッダーの **Received:** (p.226)に記録されています。

4.8

SSH
遠隔地のコンピューターをコマンドで操作する

sshは、暗号化された通信を使ってリモート接続をするコマンドです。パスワード認証や公開鍵認証を通じて遠隔地のコンピューターで動作するSSHサーバーに接続し、遠隔地のコンピューターにある自分の環境で動いているシェルを通じてコマンドを実行できます。

遠隔地からコンピューターを操作する

　遠隔地からコンピューターを操作するというニーズに応えるため、初期のインターネットではTELNETが使われていました。TELNETはTCP上で動くプロトコルで、操作対象のコンピューターでTELNETサーバーを動かし、クライアントは**telnet**コマンドを使って接続先のシェルを使えるようにする、というものです（RFC 854、最初期のRFC 215は1971年）。

　TELNETは元々は同じネットワーク内など「信頼できるネットワーク環境」での使用が想定されており、通信が暗号化されていません。とくにユーザー名やパスワードもそのまま送信されるので現代のインターネットでの利用には適しません。

　そこで誕生したのが**SSH**（*Secure SHell*）です。TELNET同様、操作対象のコンピューターでSSHサーバーを動かし、クライアントは**ssh**コマンドで接続することで接続先のシェルが使えるようになります **図A** 。SSHもTCP上で動作するプロトコルで、ログインの段階から暗号化された通信を行います。

　ちなみに、SSHとTSLの前身であるSSLは同じころに作られたプロトコルですが[10]、SSLはWebの通信をセキュアにするために、SSHはリモートサーバーへの安全なログインやファイル転送のためにそれぞれ開発されており、両者共に広く採用されるようになってから標準化が行われています。

図A　　SSHで遠隔地のコンピューターを操作する

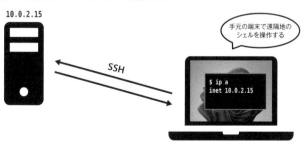

10.0.2.15

手元の端末で遠隔地の
シェルを操作する

SSH

```
$ ip a
inet 10.0.2.15
```

---

[10]　SSLは1994年にNetscape Communicationが開発、当時トップシェアのWebブラウザNetscape Navigatorに
　　HTTPS機能が搭載、その後標準化が進められ1999年にRFC 2246（TLS 1.0）が公開されました。SSHは1995年
　　にTatu Ylönen（タトゥ・ウルネン）氏が開発、改良版であるSSH2以降で標準化が進められ、2006年にRFC 4251
　　が公開されました。

これから試す内容（SSH接続）

まず、設定が少なくて済む接続として、❹ホストOS側でSSHサーバーを動かし、ゲスト
OSからホストOSへの接続を試します。続いて、❺ゲストOS側でSSHサーバーを動かし、
ホストOSから接続を行います。VirtualBoxの場合ポートフォワーディングの設定が必要なの
で、順を追って試してみましょう。

最後に❻ゲストOSで公開鍵と秘密鍵のペアを作成し、公開鍵を使ったログインを試します。

❹ホストOSへの接続

VirtualBoxのUbuntuからホストOSへ接続します。NATネットワークを使用している場
合、ゲストOS→ホストOSへの通信は **ssh** `ホスト側のユーザー名` @ `ホストのIPアドレス` で接続でき
ます。ホストOSのユーザー名とゲストOSのユーザー名が同じ場合、ユーザー名の指定は省
略できます。

[準備]Windows（ホストOS）

WindowsでOpenSSHサーバーを実行するには、❶「設定」で「オプション機能」を検索して
開いて「OpenSSHサーバー」を追加し 図B 、❷タスクマネージャーの「サービス」でsshdを
開始します（次ページの 図C ）。

図B OpenSSHサーバーのインストール（Windows）

図C タスクマネージャーでSSH Serverを開始

❶タスクバーを右クリック→タスクマネージャーを開く

自動起動にしたい場合はサービス管理ツールを開くを選択
→「サービス」が開くのでOpenSSH SSH Serverを探して右クリック
→プロパティでスタートアップの種類を「自動」に設定

[準備]macOS(ホストOS)

macOSでOpenSSHサーバーを実行するには、「システム設定」の「一般」にある「共有」で「リモートログイン」を有効にします **図D** 。

図D SSHサーバーを有効にする(macOS)

システム設定の「一般」→「共有」の高度な設定にある「リモートログイン」をオンにする

ゲストOSからホストOSへログインする

VirtualBoxやUTMのUbuntuからホストOSへは ssh `ホストOSのユーザー名` @ `ホストOS` で接続できます。ホストOSのユーザー名とゲストOSのユーザー名が同じ場合、ユーザー名の指定は省略できます。

初回の接続時は最初に鍵指紋（key fingerprint）が表示されるので「yes」と入力して `Enter` を押します。続いてパスワードの入力を求められるので接続先のパスワードを入力するとログインし、ログインに成功すると接続先のシェルが起動します。

ここで表示される鍵指紋は接続先（SSHサーバー）固有の値です。はじめて接続する際に表示され、**yes**と入力するとホームディレクトリの **.ssh**ディレクトリにある **known_hosts** というファイル（**~/.ssh/known_hosts**）に保存されます。次回からはこのメッセージは表示されませんが、鍵指紋がknown_hostsに保存されている値と一致していない場合は接続先の改ざんの可能性があるため警告が表示されます（p.246）。

ssh `ホストOSのユーザー名` @ `ホストOS` ……ホストOSにsshで接続、ホストOSは名前またはIPアドレスで指定
ssh `ホストOS` ………………………………ホストOSとユーザー名が同じ場合

VirtualBoxの場合、ホストOSのIPアドレスで接続します。**図E** は、同じユーザー名を使っての接続例です。

図E　ホストOSへのssh接続（VirtualBox）

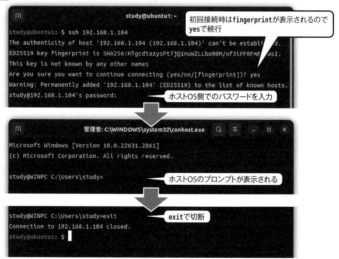

UTMの場合、ホストOSのIPアドレスのほか「共有」で設定するローカルホスト名でも接続できます。次ページの **図F** は、同じユーザー名を使っての接続例です。

❸ゲストOSへの接続

ゲストOSとして動かしているUbuntuに **ssh** コマンドで接続する場合は次の準備が必要になります。

- ポートフォワーディングの設定を行う（VirtualBoxのNAT/NATネットワーク接続のみ、UTMでは不要）
- ゲストOS（Ubuntu）でSSHサーバーを起動する

［準備］ポートフォワーディングの設定（VirtualBox）

VirtualBoxの「NAT」および本書で使用している「NATネットワーク」では、ゲストOSからホストOSへの接続はできますが、ホストOSからゲストOSへアクセスする場合は、ポートフォワーディングの設定が必要です（次ページの **図G** ）。

ssh接続はポート番号 **22** を使用するので、VirtualBoxの設定でNATネットワークのポートフォワーディングを「ホストポート **50022**（任意）→ ゲストポート **22**」のように設定します。ホストポート側のポート番号は任意ですが、システムポート（**1023**以下のポート、p.165）は避けた上で、ユーザーポートで現在使用されていないとわかっているポート、または使い方が固定されていないプライベートポート（ダイナミックポート）を使用します。

ゲスト側はSSHで操作したい仮想マシン（ここではUbuntu1）のIPアドレスを指定し、ポート番号を **22** とします。

［準備］Ubuntu（ゲストOS）

Ubuntu Serverなど、サーバーOS用にセットアップされているディストリビューションの場合、通常、SSHサーバーは最初からインストールされていますが、今回ゲストOSで使用

図G ポートフォワーディングの設定（VirtualBox）

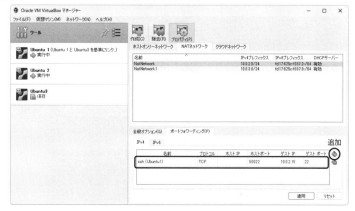

しているUbuntuはクライアント用のデスクトップ環境のため、SSHサーバーのインストールが必要です。

```
sudo apt install openssh-server ·····SSHサーバーのインストール
```

インストールするとSSHサーバーが自動で開始します。手動で開始/終了したい場合は以下のコマンドで実行できます[11]。

```
sudo systemctl start ssh·····SSHサーバーを開始する（インストール時は自動実行される）
sudo systemctl stop ssh·····SSHサーバーを終了する（手動で終了したい場合、通常は実行不要）
```

（起動の確認）
```
systemctl status ssh·············起動している場合active (running)と表示される（実行例参照）
```

以下はUbuntu1でopenssh-serverをインストールしています。

```
u1$ sudo apt install openssh-server
（中略）
u1$ systemctl status ssh
● ssh.service - OpenBSD Secure Shell server
     Loaded: loaded (/lib/systemd/system/ssh.service; enabled; vendor preset:
enabled)
     Active: active (running) since Tue 2023-12-26 08:18:33 JST; 1 day 3h ago
       Docs: man:sshd(8)
             man:sshd_config(5)
   Main PID: 5087 (sshd)
（中略）
                              ⓠキーで終了※
```

※ 起動情報のあと less コマンド（p.60）で起動ログが表示されている。

---

[11] 自動起動を有効にしたい場合は sudo systemctl enable ssh、自動起動をやめたい場合は sudo systemctl disable ssh を実行します。

[確認用]ゲストOSからゲストOSの接続

同じネットワークの場合、sshサーバーが待機していれば ssh **ゲストOSでのユーザー名** @ **ゲストOSのIPアドレス** で接続できます。同じユーザー名の場合、ユーザー名は省略できます。

なお、設定を変更して再実行したような場合、WARNINGが表示されて接続できない場合があります。対処方法はp.246の「WARNINGが表示された場合」を参照してください。

```
Ubuntu1でopenssh-serverをインストールして実行している場合
u2$ ssh ubuntu1.local
The authenticity of host 'ubuntu1.local (fd17:625c:f037:2:84aa:b812:75a4:
d2a3%2)' can't be established.
ED25519 key fingerprint is SHA256:9kujmR4zVGbL/3/7EB+QSBcppA+G2w7Cd2gus0sHIFw.
This key is not known by any other names
Are you sure you want to continue connecting (yes/no/[fingerprint])? yes
                                                              ↑yesで続行
Warning: Permanently added 'ubuntu1.local' (ED25519) to the list of known hosts.
study@ubuntu1.local's password:    Ubuntu1でのパスワードを入力
Welcome to Ubuntu 22.04.3 LTS (GNU/Linux 6.2.0-39-generic x86_64)
中略
study@ubuntu1:~$ ·············Ubuntu1のプロンプトが表示される（exitで切断して終了）
```

ホストOSからゲストOSの接続
Windows(VirtualBox)

ssh -p **ホストポートで設定したポート番号** **ゲストOSでのユーザー名** @localhost で接続します。

```
ssh -p ホストポートで設定したポート番号 ゲストOSでのユーザー名 @localhost
ホストOSとゲストOSのユーザー名が共通の場合
ssh -p ホストポートで設定したポート番号 localhost
```

たとえばホストポート50022でユーザー名がstudyの場合 ssh -p 50022 study@localhost、ホストOSと同じユーザー名を使用している場合は ssh -p 50022 localhost で接続します。

```
>ssh -p 50022 study@localhost·········50022のフォワード先（ここではUbuntu1）に接続
The authenticity of host '[localhost]:50022 ([127.0.0.1]:50022)' can't be ···
ED25519 key fingerprint is SHA256:9kujmR4zVGbL/3/7EB+QSBcppA+G2w7Cd2gus0sHIFw.
This key is not known by any other names
Are you sure you want to continue connecting (yes/no/[fingerprint])? yes
                                                              ↑yesで続行
Warning: Permanently added '[localhost]:50022' (ED25519) to the list of known hosts.
study@localhost's password:·········フォワード先（Ubuntu1）でのパスワードを入力
Welcome to Ubuntu 22.04.3 LTS (GNU/Linux 6.2.0-39-generic x86_64)
中略
study@ubuntu1:~$·············Ubuntu1のプロンプトが表示される（exitで切断して終了）
```

※ WARNINGが表示された場合、p.246を参照。

ホストOSからゲストOSの接続
macOS（UTM）

　UTMでは、「ゲストをホストから隔離」のチェックマークがオフになっている場合、ホスト
OSとゲストOSはIPアドレスまたはホスト名を直接指定して接続できます。名前を使う場
合、**ubuntu1**であれば**ubuntu1.local**のように**.local**を付けて指定します（mDNS、p.207）。

```
ssh [ゲストOSでのユーザー名]@[ゲストOSのIPアドレス]
ssh [ゲストOSでのユーザー名]@[ゲストOSのホスト名].local
ホストOSとゲストOSのユーザー名が共通の場合
ssh [ゲストOSのIPアドレス]
ssh [ゲストOSのホスト名].local
```

```
% ssh ubuntu1.local ·······················UTMで動かしているUbuntu1に接続※
The authenticity of host 'ubuntu1.local (fd77:e3d9:f572:fddb:33a8:a2e1:2836:
9af4)' can't be established.
ED25519 key fingerprint is SHA256:YXl8Y2d7A3z0+4xWMXON2PmfdK1dHR4SoBPNBWcSw9o.
This key is not known by any other names.
Are you sure you want to continue connecting (yes/no/[fingerprint])? yes
                                                              ↑yesで続行
Warning: Permanently added 'ubuntu1.local' (ED25519) to the list of known hosts.
study@ubuntu1.local's password: ·····Ubuntu1のパスワードを入力
Welcome to Ubuntu 22.04.3 LTS (GNU/Linux 6.2.0-39-generic aarch64)
中略
study@ubuntu1:~$ ·······················Ubuntu1のプロンプトが表示される（exitで終了）
```

※ WARNINGが表示された場合、p.246を参照。

WARNINGが表示された場合

　ゲストOSを再インストールしたり、ゲストOSのIPアドレスを変更して別のゲストOSに
接続するようになった場合、「WARNING」(警告)が表示されることがあります。
　これは、「同じ接続方法なのに以前と異なるfingerprintが返ってきた」というときに表示さ
れる警告で、接続先のなりすましや改竄など、なにかしらの問題が発生している可能性が高
いため表示されます。
　今回のようにテスト環境を使っている場合、同じ接続方法で別の環境に接続したり、接続
先のOSやSSHサーバーを再インストールしたりしているなど、fingerprintが変更される理
由がはっきりしているので、既存のfingerprintを削除するだけで問題ありません。
　fingerprintは**ssh-keygen -R** [接続先]で削除できます。ホームディレクトリ下の**.ssh**ディレ
クトリにある**known_hosts**というファイルに記録されているため、テキストエディタで削除
することも可能です（次ページの 図H 、次々ページの 図I ）。

```
Windows/macOS/Linux共通
ssh-keygen -R 接続先 ···················接続先のfingerprintを削除する
```

```
known_hostsファイルの編集(テキストエディタ)
Windows：
notepad .ssh\known_hosts ·············メモ帳でknown_hostsを開く
macOS：
open -e .ssh/known_hosts ·············テキストエディットでknown_hostsを開く
```

以下はWindowsでの実行の様子です。**ssh -p 50022 localhost** で接続した場合、**[localhost]:50022** で記録されているため、**ssh-keygen -R [localhost]:50022** で削除します。

```
>ssh-keygen -R [localhost]:50022
# Host [localhost]:50022 found: line 1
# Host [localhost]:50022 found: line 2
# Host [localhost]:50022 found: line 3
C:\Users\study\.ssh/known_hosts updated.
Original contents retained as C:\Users\study\.ssh/known_hosts.old
```

macOSの場合 **ssh ubuntu1.local** で接続しているので **ssh-keygen -R ubuntu1.local** で削除します。IPアドレスで接続した場合は **ssh-keygen -R**  で削除してください。

```
% ssh-keygen -R ubuntu1.local
# Host ubuntu1.local found: line 1
# Host ubuntu1.local found: line 2
# Host ubuntu1.local found: line 3
/Users/study/.ssh/known_hosts updated.
Original contents retained as /Users/study/.ssh/known_hosts.old
```

図H　Windows：notepad

図I　　　macOS：テキストエディット

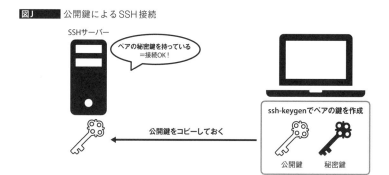

ubuntu1.local から始まる行を削除する

```
known_hosts
ubuntu1.local ssh-ed25519 AAAAC3NzaC1lZDI1NTE5AAAAILmFH8BXsXQ5KJLdkMF07DY2qCZxT8uXaQbreLogneP+
ubuntu1.local ssh-rsa
AAAAB3NzaC1yc2EAAAADAQABAAABgQC9vLTWJxCm9r8PBEC4pkiBWNeCAB96LwhM9A3BSXH0e+xF2bQgE4HM6eYn/
migX1msIDno0JZrlWk8IPEcz5iCaiRwYDi13fB4W/JPQ92zZiXS20Iaa1ppsLVL19QG6QZCP/
TVNGwIPyND1TsaQDQR0hv+arTM9WQX/
NCXJewZ1CuCnqebHrT57dT1tjKtPNajZa8oSIaEzZt0YHPbqQHwKPiZqZVriHh9a2AiM1aUnoujmvtRa64HOXSKyhndJ7nmK
QL6AD1e6j5ytUxCU3oPmRdsoGpChyzrxf0wjY47Ie/
ABvPogBKifkSDYqffdIgikFrJqdpneKqa8g14PrGUrElkAy6TbVUHm2Qbiaqd/ziYU+RENvDxZ0zRp7PfrUltkKzto/
VYbu5Ffmcy87Q9T95/
WeHPF06kw7xK9isQu3EsU6ShgRIWtfclX5wnv9mymFrmXsdit+Ka1yFDGlfWuB33yQVBf74MAIt6eaL4j+qgPqAvK7mf+aoH
JJuEqs=
ubuntu1.local ecdsa-sha2-nistp256
AAAAE2VjZHNhLXNoYTItbm1zdHAyNTYAAAAIbm1zdHAyNTYAAABBBG682VBPtZMK+aGCZxrTIlxNCWy1UGmpIhMon5/7yWx+
FjbHRY+jAe0k8hkkL2UQFcWmutNL+cazrSM5axv71zY=
```

●公開鍵でパスワードなしの接続を行う

公開鍵と秘密鍵のペアを作り、接続元の公開鍵を接続先に登録しておくことで、接続時のパスワード入力を省略できるようになります。秘密鍵は誰かに送ったりコピーを作成する必要がないため、パスワードよりも漏洩の危険性が低く安全です（次ページの **図J**）。

図J　　公開鍵によるSSH接続

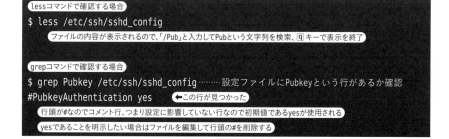

公開鍵による接続を許可するかどうかはSSHサーバーの設定ファイルで変更できます。Ubuntuではデフォルトで有効になっています。

SSHサーバーの設定ファイルは **/etc/ssh/sshd_config** で、ここに **PubkeyAuthentication no** という行がある場合は鍵認証による接続ができません。以下のコマンドで確認できます。

```
（lessコマンドで確認する場合）
$ less /etc/ssh/sshd_config
　ファイルの内容が表示されるので、「/Pub」と入力してPubという文字列を検索、qキーで表示を終了

（grepコマンドで確認する場合）
$ grep Pubkey /etc/ssh/sshd_config ……… 設定ファイルにPubkeyという行があるか確認
#PubkeyAuthentication yes　←この行が見つかった
　行頭が#なのでコメント行、つまり設定に影響していない行なので初期値であるyesが使用される
　yesであることを明示したい場合はファイルを編集して行頭の#を削除する
```

ssh-keygenで自分用の鍵を作る

ssh-keygenコマンドで、自分用の秘密鍵と公開鍵を作成します。

ホストOSがWindowsの場合ユーザーディレクトリ（**C:¥Users¥ ユーザー名**）に**.ssh**という名前のディレクトリが作成され、その中に**id_rsa**と**id_rsa.pub**というファイル名で秘密鍵と公開鍵が作成されます。

ホストOSがmacOSの場合も同様に、ホームディレクトリの**.ssh**ディレクトリ（**~/.ssh**）に**id_rsa**と**id_rsa.pub**が作成されます。

注意「already exists」メッセージが表示された場合

Githubなど、秘密鍵と公開鍵を使って接続するサービスを使用している場合、キーを作成する際に**already exists**というメッセージが表示され、上書きするかどうかを確認されます。この場合は**nを入力し、上書きせずに処理を中断**して下さい。上書きした場合、既存のサービスに公開鍵を再登録する必要があります。

ssh-keygen··秘密鍵と公開鍵を作成する

```
>ssh-keygen
Generating public/private rsa key pair.
Enter file in which to save the key (C:\Users\study/.ssh/id_rsa): ·····Enter で続行※

    注意：すでに作成している場合は n で中断する
C:\Users\study/.ssh/id_rsa already exists.
C:\Users\study/.ssh/id_rsa already exists.
Overwrite (y/n)? ·································································nを入力して中断する

    作成する場合の操作：鍵を使用する際のパスフレーズを入力できるがここでは不要
Enter passphrase (empty for no passphrase): ·····Enter のみで続行
Enter same passphrase again: ·····Enter のみで続行
Your identification has been saved in C:\Users\study/.ssh/id_rsa
Your public key has been saved in C:\Users\study/.ssh/id_rsa.pub
    秘密鍵のファイル名と公開鍵のファイル名が表示されている
    ここでのスラッシュ記号はディレクトリの区切り文字の意味
The key fingerprint is:
SHA256:hyYacrCiGGyavE+PtKF/hJ/ULxn2SZpYp16djFp4GCA study@winpc
The key's randomart image is:
+---[RSA 3072]----+
|                 |
|                 |
|ooo + o.S .      |
|*+ + = B+++ .    |
|=. += =o@=.+     |
| = == *=+        |
| oo=...o.        |
+----[SHA256]-----+
```

macOSやLinuxでも同じように実行します。鍵ファイルは**.ssh**ディレクトリ下に**id_rsa**と**id_rsa.pub**という名前で生成されます。

scpで接続先に鍵をコピーする
Windows

公開鍵を接続先（ここではゲストOS）に登録します。**scp**コマンドで接続先に公開鍵をコピーして、接続先で鍵の登録作業を行います。テスト環境の場合、接続先であるゲストOSの画面で操作できますが、ここでは、実務での操作イメージに近づけるため、**ssh**コマンドでパスワードを使って接続して鍵の登録を行ってみましょう。

操作の流れと使用するコマンドは以下のとおりです。

> **scpコマンドで公開鍵ファイルを接続先のホームディレクトリにコピーする**
> scp -P （ホストポートで設定したポート番号） .ssh\id_rsa.pub （接続先のユーザー名）@localhost:~/……①
>
> **sshコマンドで接続する**
> ssh -p （ホストポートで設定したポート番号） （接続先のユーザー名）@localhost……②
>
> **公開鍵を.sshディレクトリのauthorized_keysに追加する**
> mkdir .ssh…………………………………③ディレクトリがない場合は作成
> cat （公開鍵ファイル） >> .ssh/authorized_keys……④公開鍵をauthorized_keysに追加
> rm （公開鍵ファイル）………………………⑤公開鍵ファイルを削除
>
> **.sshディレクトリとauthorized_keysを所有者以外は書き換え禁止にする**
> chmod 700 .ssh……………………………⑥
> chmod 600 .ssh/authorized_keys……………⑦

scpはSSHを使ったセキュアな接続で、リモート環境にファイルをコピーするコマンドです。ここではポートフォワーディングによる接続を行うので、ポート番号を使って①**scp -P**（ポート番号）（ファイル名 コピー先）のように指定します。ポート番号用のオプションが**ssh**コマンドと異なり大文字になる点に注意してください。コピーするファイルは先ほど**ssh_keygen**コマンドで作成した公開鍵ファイルです。「Enter file in which to save the key:」というプロンプトで表示されていたファイル（秘密鍵のファイル）に拡張子**.pub**を付けたファイルが公開鍵ファイルです。実行例のとおり、ファイル名を変更せずに実行した場合はホームディレクトリ下の**.ssh\id_rsa.pub**となります。

```
>scp -P 50022 .ssh\id_rsa.pub study@localhost:~/ ………①
study@localhost's password:………接続先のパスワードを入力
id_rsa.pub                         100%  566      12.0KB/s   00:00
↑ファイルがコピーされた
```

手順の詳細

　ここからは接続先で実行する必要があるので、❷sshで接続します。

　まず、❸.sshディレクトリを作成します。今回の場合、p.240でsshコマンドによる接続を試しているため、.sshディレクトリはすでに存在するためこの操作は省略できます。実行した場合「すでに存在する」ということでエラーになりますがとくに問題はありません。

　続いて、❹❶でコピーした公開鍵ファイル**id_rsa.pub**を.sshディレクトリの**authorized_keys**というファイルに転記します。

　catコマンドはファイルの内容をそのまま出力するコマンドで、出力結果を**.ssh/authorized_keys**にリダイレクトしています。今回の場合、**authorized_keys**は初めて作成するファイルですが、実環境の場合、すでに存在している可能性があります。**>**でリダイレクトすると、もしファイルが存在していた場合に上書きされてしまいますが、**>>**でリダイレクトすることで、もしファイルが存在していた場合は上書きせずにファイルの末尾に追加するようにしています。ファイルがない場合は作成されるので、**authorized_keys**への追加は常に**>>**で行う習慣にしておくことをお勧めします。

　authorized_keysへの追加が終わったら❺公開鍵ファイル**id_rsa.pub**は不要なので削除します。

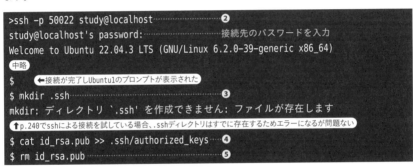

```
>ssh -p 50022 study@localhost··············································❷
study@localhost's password:··············接続先のパスワードを入力
Welcome to Ubuntu 22.04.3 LTS (GNU/Linux 6.2.0-39-generic x86_64)
中略
$   ←接続が完了しUbuntu1のプロンプトが表示された
$ mkdir .ssh·······················································❸
mkdir: ディレクトリ `.ssh' を作成できません: ファイルが存在します
↑p.240でsshによる接続を試している場合、.sshディレクトリはすでに存在するためエラーになるが問題ない
$ cat id_rsa.pub >> .ssh/authorized_keys··········❹
$ rm id_rsa.pub···················································❺
```

　これで公開鍵の登録は完了ですが、ssh接続用のファイルは可能な限り安全な状態にしたいので、ファイルのパーミッション（許可属性）を変更しておきましょう。まず、❻.sshディレクトリは所有者だけが操作できるようにします。さらに❼authorized_keysファイルも所有者だけが読み書きできるようにします。

```
$ chmod 600 .ssh····················································❻
$ chmod 700 .ssh/authorized_keys··········❼
```

　exitで接続を終了し、改めて、sshで接続してみましょう。パスワードの入力が求められなくなっていたら成功です。

```
$ exit·····································接続を終了
ログアウト
Connection to localhost closed.

>   ←コマンドプロンプトに戻った
>ssh -p 50022 study@localhost········再度sshで接続する
Welcome to Ubuntu 22.04.3 LTS (GNU/Linux 6.2.0-39-generic x86_64)
```
続く

```
中略
study@ubuntu1:~    ←パスワードなしで接続できるようになった
```

　公開鍵による接続ができるようになったら、SSHサーバー側をパスワードによる接続を拒絶するように設定することで、さらに安全性を高めることができます。

　ただし、設定済みの鍵ペアを失うと接続できなくなってしまうので、実際の運用時には別の手段[12]が確保できているか慎重に判断してください。たとえば、公開鍵を登録したauthorized_keysを誤って上書きしてしまったり、ssh-keygenで鍵のペアを作り直してしまった場合、公開鍵による接続ができなくなります。

ssh-copy-idで接続先に鍵をコピーする
macOS

　macOSやLinuxでは、**ssh-copy-id** 接続先 で公開鍵をコピーできます。接続先の指定方法は**ssh**コマンドと同じです。

```
ssh-keygenコマンドで鍵ファイルを作成(p.249)してから実行
% ssh-copy-id study@ubuntu1.local ……ubuntu1.localのユーザーstudy用に公開鍵ファイル
                                      を配置
/usr/bin/ssh-copy-id: INFO: Source of key(s) to be installed: "/Users/study/.
ssh/id_rsa.pub"
/usr/bin/ssh-copy-id: INFO: attempting to log in with the new key(s), to filter
out any that are already installed
/usr/bin/ssh-copy-id: INFO: 1 key(s) remain to be installed -- if you are
prompted now it is to install the new keys
study@ubuntu1.local's password: ………接続先のパスワードを入力

Number of key(s) added:        1

Now try logging into the machine, with:   "ssh 'study@ubuntu1.local'"
and check to make sure that only the key(s) you wanted were added.
     ↑公開鍵ファイルが登録できた
```

　公開鍵ファイルを登録すると、パスワードなしで接続できるようになります。

```
% ssh study@ubuntu1.local
Welcome to Ubuntu 22.04.3 LTS (GNU/Linux 6.2.0-39-generic aarch64)
中略
study@ubuntu1:~    ←パスワードなしで接続できるようになった
```

---

[12] 別の手法として、SSHサーバーの設置場所に行けば直接操作できる、管理コンソールがあり鍵の登録操作ができるようになっている、管理者に対応してもらえる、などがあります。管理コンソールが用意されているような環境の場合、パスワードによる接続は最初から許可されていない可能性があります。

4.9

インターネットのようなパブリックな回線の中に、仮想的にプライベートなネットワークを構築する技術をVPN (*Virtual Private Network*) と言います。

本社と支社のような拠点どうしを結ぶ拠点間VPN (*site-to-site VPN*)、外部から内部のネットワークに接続するリモートアクセスVPNのほか、外出時などにデータ通信全体をセキュアにしたい場合や接続先に接続元の情報を秘匿する手段として活用されるケースもあります。

広域Ethernet/IP-VPN/エントリーVPN/インターネットVPN

VPNは、大きく分けて通信事業者がインターネットを経由しない形でVPNを構築する方法と、インターネットを使ってVPNを構築する方法とに分けられます。

インターネットを経由しないVPNには、広域Ethernet、IP-VPN、エントリーVPNがあります。いずれも通信事業者の閉域網 (*closed network*) に接続しますが、広域EthernetとIP-VPNは限定された利用者だけが接続する回線を使用するのに対し、エントリーVPNはブロードバンド回線を使用します。

インターネットVPNにはSSL (現TLS) を用いるSSL-VPNとIPsec-VPNとがあります。

レイヤ2VPN/レイヤ3VPN/SSL-VPN

VPNは、ネットワークのどの層を用いているかで分類することもできます。

リンク層、すなわちOSI参照モデルのデータリンク層 (第2層) のレベルで実現するVPNが**レイヤ2VPN** (*Layer 2 VPN*、L2VPN) です。TCP/IPではリンク層に相当します。Ethernetレベルでのリンク層なので、利用者側は物理的につながっているのと同じ感覚で利用できます。

OSI参照モデルのネットワーク層 (第3層) で実現するVPNを**レイヤ3VPN** (*Layer 3 VPN*、L3VPN) と言います。TCP/IPではIP層に相当し、IPsec (*Security Architecture for Internet Protocol*、RFC 4301) などのプロトコルが用いられます。

SSL-VPNは、SSL (TLS) という観点ではOSI参照モデルのセッション層 (第5層) に相当しますが、レイヤによる呼び名は使われていません。

OpenVPNで接続しているパケットを見てみよう

VPNの構築にはサーバーの導入ほかさまざまな専門知識が必要となり本書では扱うことができませんが、ここでは、無償で公開されている「VPN Gate 学術実験サービス」に参加しているVPN中継サーバーの利用を試します。この場合、SSL-VPNによる接続となり、VPN接続しているコンピューターのインターネット通信がすべてVPNサーバー経由となります。

これから行う操作は以下のとおりです。Ubuntu1でOpenVPN[13]による接続を行い、Ubuntu2でUbuntu1のパケットを観察します。

Ⓐ[準備]Ubuntu1側でOpenVPN用の設定ファイルを入手する

- **VPN Gateから設定ファイルをダウンロードする**
  🔗 https://www.vpngate.net/ja/

- **openvpnコマンドを使い、公開VPN中継サーバー経由で接続する**

```
sudo openvpn --config 設定ファイル ················· Ctrl + C で接続を終了
```

Ⓑ[準備]Ubuntu2側でUbuntu1のパケットを観察する準備をする（VirtualBox）

- **Ubuntu1のパケットを観察できるようにするため、ネットワークの設定で「プロミスキャスモード」を「許可したVM」に変更する**

ⒸOpenVPNによる接続前後のパケットを観察する

- **Ubuntu1、Ubuntu2それぞれでWiresharkを起動しキャプチャを開始する**
- **Ubuntu1で端末を2つ開き、片方でpingを実行し、もう一つの端末でⒶで実行したのと同じsudo openvpn --config 設定ファイル を実行して変化を観察する**

▌Ⓐ[準備]OpenVPNによる接続を試してみよう

Ubuntu1でVPN Gate（https://www.vpngate.net/ja/）から設定ファイルをダウンロードします（次ページの **図A** ）。

VPN Gateは筑波大学で学術的な研究を目的として実施されているプロジェクトで、世界中のボランティアが運営するVPNサーバーのネットワークで構築されています。Webサイトには使用できるサーバーのリストが掲載され、随時更新されており、一般ユーザーも接続できます。

使用する中継サーバーは任意ですが、今回使用するのはOpenVPNなので表内の「OpenVPN」にチェックマークが入っているサーバーを使用してください。

「OpenVPN設定ファイル」をクリックするとダウンロードページが開きます。サーバーによって複数の設定ファイルが掲載されていますが、今回のテストの場合はどれを使っても問題ありません。本書では「DDNSホスト名が埋め込まれている **.ovpn** ファイル」で、TCP用の設定ファイルを使用しています。

Firefoxでファイルをダウンロードした場合、ダウンロードフォルダにファイルが保存されています。端末で **sudo openvpn --config**（最後にスペースを入れる）まで入力して、ファイルを端末にドラッグ＆ドロップすることでファイル名を簡単に入力できます（次ページの **図B** ）。

---

[13] 「OpenVPNとは」 🔗 https://www.openvpn.jp/introduction/
（ダウンロードページからWindows版が入手可能。WSL環境の場合 sudo apt install openvpn でインストール可能。Ubuntuデスクトップ環境にはデフォルトでインストールされている）

図A　VPN Gateから設定ファイルをダウンロード

OpenVPNの設定ファイルのダウンロード
https://www.vpngate.net/ja/にアクセスして、以下の
OpenVPN接続設定のリンクをクリックしてダウンロード
（本書では
・DDNS ホスト名が埋め込まれている .ovpn ファイル
・TCP 443
の設定ファイルを使用した）

図B　ダウンロードしたファイルでVPN接続を行う

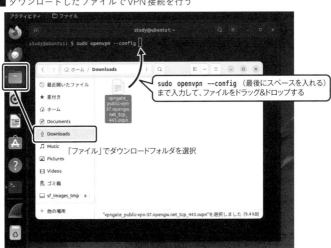

sudo openvpn --config（最後にスペースを入れる）
まで入力して、ファイルをドラッグ&ドロップする

「ファイル」でダウンロードフォルダを選択

`sudo openvpn --config` 設定ファイル で実行すると接続が開始されます。以後、Ctrl + Cで終了するまで、インターネット接続がすべてVPNサーバー経由での接続となります。

「Initialization Sequence Completed」というメッセージが表示されていない場合はコマンドラインを確認して、**sudo** の指定や**--config**オプションの綴りなどに問題がない場合は、別の設定ファイルをダウンロードして試してください。

以下の実行例はダウンロード済みのTCP用の設定ファイルを使用しています。

```
u1$ sudo openvpn --config '/home/study/Downloads/vpngate_public-vpn-37.opengw.
net_tcp_443.ovpn' …openvpnを実行（--configでは自分の環境でダウンロードしたファイル名を指定）
[sudo] study のパスワード:
**** DEPRECATED OPTION: --cipher set to 'AES-128-CBC' but missing in --data-
ciphers (AES-256-GCM:AES-128-GCM). Future OpenVPN version will ignore --cipher
for cipher negotiations. Add 'AES-128-CBC' to --data-ciphers or change --cipher
'AES-128-CBC' to --data-ciphers-fallback 'AES-128-CBC' to silence this warning.
中略
**** TUN/TAP device tun0 opened
**** net_iface_mtu_set: mtu 1500 for tun0
**** net_iface_up: set tun0 up
**** net_addr_ptp_v4_add: 10.233.69.73 peer 10.233.69.74 dev tun0
**** net_route_v4_add: 219.100.37.1/32 via 10.0.2.1 dev [NULL] table 0 metric -1
**** net_route_v4_add: 0.0.0.0/1 via 10.233.69.74 dev [NULL] table 0 metric -1
**** net_route_v4_add: 128.0.0.0/1 via 10.233.69.74 dev [NULL] table 0 metric -1
**** WARNING: this configuration may cache passwords in memory -- use the
auth-nocache option to prevent this
**** Initialization Sequence Complete    ←接続が完了した
```

Webサイトに接続した際の接続元が変わっていることを確認してみましょう。

たとえば、Part 2で使用したIPv6テストサイト（p.103）では、接続元のIPアドレスが表示されるようになっていますが、OpenVPN接続後はIPアドレスが変化している様子がわかります（次ページの **図C**）。

今回使用しているVPNサーバーはIPv4のみの対応でIPv6は透過されるため、IPv6のアドレスはそのまま接続先に渡っている様子がわかります。IPv6も保護したい場合はIPv6用の設定があるサーバーを使用するか、あるいは、IPv6を使用しないで接続すると良いでしょう。

●[準備]プロミスキャスモードを設定しよう
VirtualBox

Ubuntu2からUbuntu1のパケットを見た場合、VPN接続前後でどのように変化するか観察できるようにします。

Wiresharkで自分宛ではないパケットを表示するには、ネットワークデバイスとWiresharkの両方でプロミスキャスモード（p.95）が有効になっている必要があります。VirtualBoxの場合、仮想マシンの「設定」→「ネットワーク」でネットワークアダプターの「高度」をクリックすると表示される「プロミスキャスモード」で「許可したVM」に変更することで、ほかの仮想マシンのパケットをキャプチャできるようになります。仮想マシンを実行中の場合は「デバイス」→「ネットワーク」の「ネットワーク設定」から変更可能です（次ページの **図D**）。Wireshark

図C OpenVPN 実行前後で IPv6 テストサイトの表示を比較する

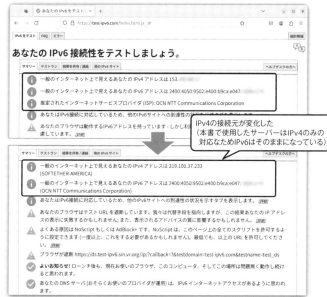

はデフォルトで有効になっています[*14]。

図D プロミスキャスモードの設定（VirtualBox）

[*14] Wiresharkのプロミスキャスモードの設定は、「キャプチャ」メニューの「オプション」を開き「入力」タブでインターフェースごとに設定できます（キャプチャ中は変更できないので開始している場合は停止してから表示）。

⦿OpenVPNによる接続前後のパケットを観察しよう

Ubuntu1、Ubuntu2それぞれでWiresharkを起動してパケットキャプチャを開始した状態で、Ubuntu1でpingコマンドを実行します。

Ubuntu1で新しい端末画面を開き **ping -i 10** 宛先 を実行します。**-i 10** は10秒間隔というオプションで、VPN接続時のパケット量を減らすために指定しています。宛先はIPアドレスを指定した方がDNS問い合わせがなくなる分パケット量が減るので観察しやすくなります。たとえばwww.example.comであれば**93.184.216.34**です。また、VPN接続後はKeep-Aliveパケットという小さなパケットが一定間隔ごとに送信されるようになるためどれがpingのパケットかわかりにくくなることから、実行例では**-s 1000**でパケットサイズを大きくしています。パケットが大きすぎるとエラーが出やすくなり、また、無駄なトラフィックを増やしすぎないようにするためにも適宜調整してください。

🅐でopenvpnコマンドを実行中の場合はいったん Ctrl ＋ C で終了してください。

❶Ubuntu1の新しく開いた端末でpingを開始

```
Ubuntu1、Ubuntu2でWiresharkを起動しキャプチャを開始した状態で実行
u1$ ping -i 10 -s 1000 93.184.216.34 ⋯⋯⋯pingを実行 (10秒間隔、パケットサイズ1000)
PING 93.184.216.34 (93.184.216.34) 1000(1028) bytes of data.
1008 bytes from 93.184.216.34: icmp_seq=1 ttl=50 time=109 ms
1008 bytes from 93.184.216.34: icmp_seq=2 ttl=50 time=127 ms
⋯⋯↑❷でopenvpnを実行しても同じように表示される (選択したサーバーによってはtimeの値が大きくなる)
後略
```

❷Ubuntu1の元の端末でopenvpnを開始(↑で直前に実行したopenvpnを呼び出して Enter 、ヒストリ機能、p.39)

```
u1$ sudo openvpn --config ダウンロードしたファイル ⋯openvpnを実行 (矢印キーで直前に実行した
                                                    コマンドラインを呼び出して実行)
後略
```

❶でpingを開始し、1回目と2回目のパケット送信の間に❷のopenvpnを実行した場合、Wiresharkでは以下のような表示になります。次ページの 図E はUbuntu1での実行結果ですが、Ubuntu2でも同じように表示されます。

同じネットワーク内では「誰がどこに接続しているか」(WiresharkではSourceとDestinationに表示されるIPアドレス)がわかりますが、SSL-VPN接続を行うことで接続先がすべてVPNサーバーになることから接続先がほかの機器からはわからなくなり、また、接続内容も暗号化される様子がわかります。なお、接続ログはVPNサーバーに残るほか、VPN Gateの場合、VPN接続を確立した際と、VPN接続を切断した際のログが3か月保管されることになっています[*15]。VPNサーバー側にどの程度記録されるかはサーバー側の設定によって異なります。実環境でVPNサービスを利用する際は、信頼できるサービス提供業者を選択することが大切です。

＊15 「VPN Gateの不正利用防止の取り組みについて」 URL https://www.vpngate.net/ja/about_abuse.aspx

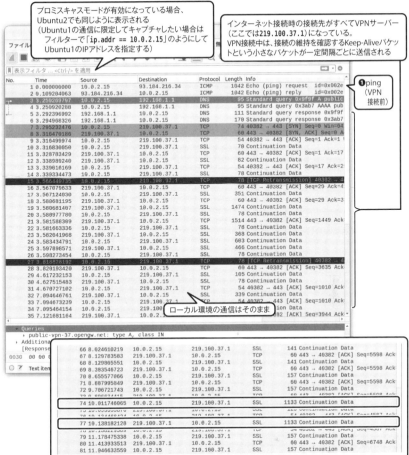

プロミスキャスモードが有効になっている場合、
Ubuntu2でも同じように表示される
（Ubuntu1の通信に限定してキャプチャしたい場合は
フィルターで「ip.addr == 10.0.2.15」のようにして
Ubuntu1のIPアドレスを指定する）

インターネット接続時の接続先がすべてVPNサーバー
（ここでは219.100.37.1）になっている。
VPN接続中は、接続の維持を確認するKeep-Aliveパケッ
トという小さなパケットが一定間隔ごとに送信される

❶ping
（VPN
接続前）

ローカル環境の通信はそのまま

※ ほかの通信をしていないことから、このパケットがpingのものだと推測できる。

4.10

Network Namespaceの活用
コマンドラインで仮想ネットワーク環境を作る

　本書ではここまでVirtualBoxやUTMを用いた仮想デスクトップ環境を使用してさまざまなネットワークコマンドを試してきました。仮想デスクトップ環境を使用していたのは異なる環境であることを意識しやすくするためで、ネットワークおよびネットワークコマンドの学習においてはデスクトップ環境まで作らずとも個別のネットワーク環境を構築できるだけで充分であることが多いでしょう。このような時に活用できるのがLinuxのNetwork Namespaceです。

Network Namespaceとは

　プログラムやデータがお互いに干渉せずに独立して動作するための仮想的な区分けのことを**名前空間**（*namespace*）と言います。ここでの名前とは識別子という意味で、識別子を付けて区分けするためこのように呼ばれています。

　LinuxのNetwork Namespace機能は、ネットワークに名前を付けて、それぞれを異なるネットワークとして扱えるというもので、ネットワークの学習に便利です。Linuxカーネルの機能なので、Linuxの実機で用いるのが一般的な想定ですが、WSLや仮想環境にインストールされているUbuntuで試すことも可能です。

　本節では、WSLでの実行をサンプルに、Network Namespace機能の使い方を解説します。まず、簡単な環境を試し、次に、Part 2の「異なるネットワークとの通信を試してみよう」で学習した経路設定と同じことをNetwork Namespaceで実行します。

Network Namespaceの作成と削除

　まず、雰囲気をつかむために`mynamespace`というネームスペースを作って、これまで何度も使ってきた`ip a`を実行してみましょう。`mynamespace`にはネットワークデバイスがなく、localhost用の`lo`だけがある状態であることがわかります。

　Network Namespaceは、`ip netns`コマンドで操作します。

```
sudo ip netns add （ネームスペース）················Network Namespaceを作成する
sudo ip netns exec （ネームスペース）（コマンド）···指定したNetwork Namespaceでコマンドを実行する
ip netns list································作成済みのNetwork Namespaceを一覧表示する
sudo ip netns exec mynamespace ip a······mynamespaceでip aを実行する
```

　以下はWSLでの実行例です。Linuxの実機環境のほか、VirtualBoxやUTMにインストールしたUbuntuでも同じように実行できます。

```
$ sudo ip netns add mynamespace                                    続く
```

```
$ ip netns list
mynamespace
$ sudo ip netns exec mynamespace ip a
1: lo: <LOOPBACK> mtu 65536 qdisc noop state DOWN group default qlen 1000
    link/loopback 00:00:00:00:00:00 brd 00:00:00:00:00:00
```

　Network Namespaceを指定してシェルを実行することも可能です。

　名前空間の中でコマンドを実行していることが実感しやすいので試してみましょう。ただし、Network Namespace以外は**sudo bash**を実行しているのと同じで、「シェルをroot権限で実行している」つまり「すべての操作がroot権限での実行」となっているので注意してください。たとえばこの状態でファイルを削除した場合、これは現在使用しているOS（ここではWSLや仮想環境内のUbuntu）でのファイルの削除と同じ操作になり、しかもroot権限での削除なので通常なら削除できないファイルでも削除される結果となります。実行例で示しているネットワークコマンドの実行のみにとどめてください。

```
$ sudo ip netns exec mynamespace bash ····· mynamespaceでbashを実行
#     ◀プロンプトが # に変わる(root権限で実行中であることを示している)
# ip a ··························································· アドレス情報を表示
1: lo: <LOOPBACK> mtu 65536 qdisc noop state DOWN group default qlen 1000
    link/loopback 00:00:00:00:00:00 brd 00:00:00:00:00:00
```

　先ほどの**sudo ip netns exec mynamespace ip a**と同じ操作になりました。**lo**のみがあり、IPアドレスは割り当てられていないこと、また、**lo**の状態はDOWNであること、したがって**lo**も機能していない状態であることがわかります。

　loが**DOWN**の状態なので、**ping localhost**も「不達」となります。

```
# ping localhost
ping: connect: ネットワークに届きません
```

　loを**UP**の状態にしてみましょう。**ip link**を使用します。

```
sudo ip link set デバイス up
```

　linkは**l**と省略できます[16]。また、ここではroot権限の実行なので、Part 1で試したときと違い**sudo**は省略できます。

　loを**UP**の状態にしてから**ip a**を見ると、**127.0.0.1**が割り当てられることがわかります。また、**ping localhost**も応答がもらえるようになりました。

　様子がわかったら**exit**で現在のシェルを終了してください。なお、実行例では実行結果が長い場合、解説に影響がない範囲でメッセージの行末を改行せずに「…」で示しています。

```
# ip l ································································· 現在の状態を確認
1: lo: <LOOPBACK> mtu 65536 qdisc noop state DOWN mode DEFAULT group default …
    link/loopback 00:00:00:00:00:00 brd 00:00:00:00:00:00
# ip l set lo up ····················································· loをupにする   続く▶
```

---

*16　**ip**コマンドは原則としてコマンドが判別できる範囲まで省略が可能です。したがって**ip list set lo up**は**ip l s lo u**まで短縮できます。また**netns**の場合、**n**や**ne**は**neighbour**として解釈されますが（**ip n**、p.75）、**net**まで指定すると**netns**として解釈されます。本節ではわかりやすくするため実行例でも**netns**を使用しています。

```
# ip l ························································現在の状態を確認
1: lo: <LOOPBACK,UP,LOWER_UP> mtu 65536 qdisc noqueue state UNKNOWN mode …
    link/loopback 00:00:00:00:00:00 brd 00:00:00:00:00:00
    ················································UPの状態になっている（<LOOPBACK,UP,LOWER_UP>）
# ip a ························································アドレスの情報を確認
1: lo: <LOOPBACK,UP,LOWER_UP> mtu 65536 qdisc noqueue state UNKNOWN group …
    link/loopback 00:00:00:00:00:00 brd 00:00:00:00:00:00
    inet 127.0.0.1/8 scope host lo ·······127.0.0.1がセットされている
        valid_lft forever preferred_lft forever
    inet6 ::1/128 scope host
        valid_lft forever preferred_lft forever
# ping localhost ·········································自分宛のpingを試してみる
PING localhost (127.0.0.1) 56(84) bytes of data.
64 bytes from localhost (127.0.0.1): icmp_seq=1 ttl=64 time=0.018 ms
64 bytes from localhost (127.0.0.1): icmp_seq=2 ttl=64 time=0.024 ms
64 bytes from localhost (127.0.0.1): icmp_seq=3 ttl=64 time=0.024 ms
↑pingが実行できるようになった
^C ·························································Ctrl + Cで終了
--- localhost ping statistics ---
3 packets transmitted, 3 received, 0% packet loss, time 4102ms
rtt min/avg/max/mdev = 0.018/0.022/0.025/0.002 ms
# exit ······················································bashを終了する
exit
$  ←元のプロンプトに戻る
```

mynamespaceでのテストが終了したので削除します。なお、ネームスペースは再起動とともに削除されるので、そのままにしておいても支障はありません[*17]。

```
sudo ip netns del ネームスペース ············指定したネームスペースを削除する
sudo ip -all netns del··················全てのネームスペースを削除する※
```

※ **-all**は**ip**コマンドのオプションなので**netns**の前に入る点に注意。

以下は、**mynamespace**を削除しています。

```
$ sudo ip netns del mynamespace
 削除された（メッセージは表示されない）
$ ip netns list
 ネームスペースは存在しない
```

[*17] 常に使いたい場合は作成用のシェルスクリプト（プロンプトで入力するようなコマンドを記載しておき、まとめて実行することができる）や、**ip**コマンド用のスクリプトを用意し**sudo ip -batch** ファイル名 のようにして実行します。

ネットワークデバイスの作成

Part 2で試した「Ubuntu1」「Ubuntu2」「Ubuntu3」3台での通信をNetwork Namespaceで試してみましょう。

ここでは、Ubuntu2とUbuntu3に相当する環境をNetwork Namespaceで作成し、ルーティングとNAT接続を試します **図A**。実行例ではWSLを使用していますが、VirtualBoxやUTMのUbuntuでも実行可能です。

図A これから作成するNetwork Namespaceと仮想ネットワークデバイス

Network Namespace	これから作成するデバイスとIPアドレス	
（なし）	veth-gw2	10.0.2.15
	veth-gw3	10.0.3.15
u2	veth-u2	10.0.2.4
u3	veth-u3	10.0.3.4

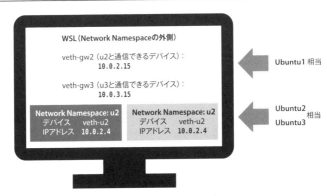

最初からやり直すには

これから環境を作成するにあたり、似たようなコマンドを何度か実行することになります。途中でよくわからなくなってしまった場合、とくに慣れないうちは最初からやり直した方が早くて確実です。

VirtualBoxやUTMのUbuntuの場合は仮想マシンの再起動で最初からやり直せます。

WSLの場合、**exit**でいったんコマンドプロンプトに戻り、**wsl --shutdown**を実行してWSLを終了させて、再度**wsl**を実行することで最初からやり直せます。

```
$ exit ················WSLを終了する
logout ················WSLから抜けた
> ··················コマンドプロンプトに戻る
>wsl --shutdown ·······WSLをシャットダウンする（メッセージはとくに表示されない）
>wsl ·················WSLを開始する（WSLが再起動する）
$ ··················WSLが再起動されたためNetwork Namespaceが削除されているので
                    改めてNetwork Namespaceの作成からやり直す
```

Network Namespaceの作成

u2とu3というNetwork Namespaceを作成します。実行する内容は以下のとおりです。

```
sudo ip netns add u2
sudo ip netns add u3
```

以下はWSLでの実行例です。問題なく作成できた場合、メッセージは表示されません。

```
$ sudo ip netns add u2
$ sudo ip netns add u3
```

u2とu3が作成できているか確認しておきましょう。

```
$ ip netns list
u3
u2
```
u2とu3が作成された（ネットワークデバイスはまだない）

仮想ネットワークデバイスの作成

ネームスペースで使用するネットワークデバイスを作成します。

今回の場合、ほかの環境との通信を行いたいのでpeer通信（1対1の通信）が可能な仮想Ethernetデバイスをペアで作成し、片方をNetwork Namespaceに割り当てます **図B**。それぞれ実行するコマンドの書式は以下のとおりです。

● 仮想Ethernetデバイスを作成する

```
sudo ip list add デバイス名A type veth peer name デバイス名B
```
・Aというデバイスを追加
・種類（type）は仮想Ethernetデバイス（Virtual ETHernet interface device）で、peer通信する相手の名前はB

● 仮想Ethernetデバイスを名前空間に割り当てる

```
sudo ip list set デバイス名 netns ネームスペース
```

ここでは、u2用に**veth-u2**、veth-u2と通信するための**veth-gw2**、というペアと、u3用の**veth-u2**、**veth-gw3**というペアを作ります。デバイスの名前は任意です。

図B 仮想ネットワークデバイスの作成

peer通信（1対1の通信）をするための
veth-u2とveth-gw2というペアを作成する

veth-u3とveth-gw3というペアを作成する

実行するコマンドは以下のとおりです。

```
sudo ip l add veth-u2 type veth peer name veth-gw2 ···········❶u2用のペア
sudo ip l add veth-u3 type veth peer name veth-gw3 ···········❷u3用のペア
sudo ip l set veth-u2 netns u2 ·····················❸veth-u2をネームスペースu2に割り当てる
sudo ip l set veth-u3 netns u3 ·····················❹veth-u3をネームスペースu3に割り当てる
```

　まず❶u2用のペアと❷u3用のペアを作成してみましょう。WSLでの実行結果は以下のとおりです。エラーがない場合メッセージは表示されません。

```
$ sudo ip l add veth-u2 type veth peer name veth-gw2
$ sudo ip l add veth-u3 type veth peer name veth-gw3
```

　この状態でネットワークデバイスの情報を確認してみましょう。ip lを実行すると以下のようになります。

　2つ目のeth0は元々使用しているネットワークデバイスで、VirtualBoxの場合ネットワークデバイスはeth0ではなくenp0s3、UTMではenp0s0と表示されます。

　3つ目以降が新しく作成したネットワークデバイスで、まだDOWNの状態です。

```
$ ip l
1: lo: <LOOPBACK,UP,LOWER_UP> mtu 65536 qdisc noqueue state UNKNOWN mode …
    link/loopback 00:00:00:00:00:00 brd 00:00:00:00:00:00
2: eth0: <BROADCAST,MULTICAST,UP,LOWER_UP> mtu 1500 qdisc mq state UP mode …
    link/ether 00:15:5d:51:68:21 brd ff:ff:ff:ff:ff:ff
3: veth-gw2@veth-u2: <BROADCAST,MULTICAST,M-DOWN> mtu 1500 qdisc noop state DOWN …
    link/ether fe:6b:af:a2:05:e6 brd ff:ff:ff:ff:ff:ff
4: veth-u2@veth-gw2: <BROADCAST,MULTICAST,M-DOWN> mtu 1500 qdisc noop state DOWN …
    link/ether b6:31:94:07:7b:61 brd ff:ff:ff:ff:ff:ff
5: veth-gw3@veth-u3: <BROADCAST,MULTICAST,M-DOWN> mtu 1500 qdisc noop state DOWN …
    link/ether e2:28:2a:1d:a5:31 brd ff:ff:ff:ff:ff:ff
6: veth-u3@veth-gw3: <BROADCAST,MULTICAST,M-DOWN> mtu 1500 qdisc noop state DOWN …
    link/ether 42:20:34:be:a9:97 brd ff:ff:ff:ff:ff:ff
```

　続いて、veth-u2をu2に、veth-u3をu3に割り当てます。

　実行結果は以下のとおりです。エラーがない場合メッセージは表示されません。

```
$ sudo ip l set veth-u2 netns u2
$ sudo ip l set veth-u3 netns u3
```

　ネットワークデバイスは以下のようになります。veth-u2とveth-u3がNetwork Namespaceに割り当てされたたため見えなくなりました。

```
$ ip l
1: lo: <LOOPBACK,UP,LOWER_UP> mtu 65536 qdisc noqueue state UNKNOWN mode …
    link/loopback 00:00:00:00:00:00 brd 00:00:00:00:00:00
2: eth0: <BROADCAST,MULTICAST,UP,LOWER_UP> mtu 1500 qdisc mq state UP mode …
    link/ether 00:15:5d:15:a4:3b brd ff:ff:ff:ff:ff:ff
```
続く▶

```
3: veth-gw2@if4: <BROADCAST,MULTICAST> mtu 1500 qdisc noop state DOWN mode …
    link/ether fe:6b:af:a2:05:e6 brd ff:ff:ff:ff:ff:ff link-netns u2
5: veth-gw3@if6: <BROADCAST,MULTICAST> mtu 1500 qdisc noop state DOWN mode …
    link/ether e2:28:2a:1d:a5:31 brd ff:ff:ff:ff:ff:ff link-netns u3
```

Network Namespace内でネットワークデバイスの情報を表示してみましょう。

sudo ip -all netns exec コマンド で、すべてのNetwork Namespaceで指定したコマンド
を実行でき、**ip l**でネットワークデバイスの情報を表示すると以下のようになります。

それぞれのNetwork Namespaceにデバイスが追加されています。どちらもまだDOWNの
状態です。また、**lo**（localhost）もDOWNの状態となっています。

```
$ sudo ip -all netns exec ip l ……すべてのNamespaceでip lを実行

netns: u3 ……………………………………u3でのip l
1: lo: <LOOPBACK> mtu 65536 qdisc noop state DOWN mode DEFAULT group default …
    link/loopback 00:00:00:00:00:00 brd 00:00:00:00:00:00
6: veth-u3@if5: <BROADCAST,MULTICAST> mtu 1500 qdisc noop state DOWN mode …
    link/ether 42:20:34:be:a9:97 brd ff:ff:ff:ff:ff:ff link-netnsid 0

netns: u2 ……………………………………u2でのip l
1: lo: <LOOPBACK> mtu 65536 qdisc noop state DOWN mode DEFAULT group default …
    link/loopback 00:00:00:00:00:00 brd 00:00:00:00:00:00
4: veth-u2@if3: <BROADCAST,MULTICAST> mtu 1500 qdisc noop state DOWN mode …
    link/ether b6:31:94:07:7b:61 brd ff:ff:ff:ff:ff:ff link-netnsid 0
```

仮想ネットワークデバイスを有効化する

続いて、仮想ネットワークデバイスを有効化しましょう。**ip l set** デバイス **up**を実行し
ます。

実行すると以下のようになります。エラーがない場合メッセージは表示されません。

```
$ sudo ip l set veth-gw2 up
$ sudo ip l set veth-gw3 up
$ sudo ip netns exec u2 ip l set veth-u2 up
$ sudo ip netns exec u3 ip l set veth-u3 up
```

また、ループバックアドレス（**lo**）も有効化しておきましょう。

```
$ sudo ip netns exec u2 ip l set lo up
$ sudo ip netns exec u3 ip l set lo up
```

ネットワークデバイスの状態を確認すると以下のようになります。**veth-gw2**と**veth-gw3**が
DOWNからUPになっていることが確認できます。

```
$ ip l                                                            続く▶
```

```
1: lo: <LOOPBACK,UP,LOWER_UP> mtu 65536 qdisc noqueue state UNKNOWN mode DEFAULT …
    link/loopback 00:00:00:00:00:00 brd 00:00:00:00:00:00
2: eth0: <BROADCAST,MULTICAST,UP,LOWER_UP> mtu 1500 qdisc mq state UP mode DEFAULT …
    link/ether 00:15:5d:51:68:21 brd ff:ff:ff:ff:ff:ff
3: veth-gw2@if4: <BROADCAST,MULTICAST,UP,LOWER_UP> mtu 1500 qdisc noqueue state UP …
    link/ether fe:6b:af:a2:05:e6 brd ff:ff:ff:ff:ff:ff link-netns u2
5: veth-gw3@if6: <BROADCAST,MULTICAST,UP,LOWER_UP> mtu 1500 qdisc noqueue state UP …
    link/ether e2:28:2a:1d:a5:31 brd ff:ff:ff:ff:ff:ff link-netns u3
```

　Network Namespace内も同様です。なお、WSLの場合 lo は DOWN ではない状態のとき
は UNKNOWN と表示されます。

```
$ sudo ip -all netns exec ip l ………すべてのNamespaceでip lを実行

netns: u3 ………………………………………………u3でのip l
1: lo: <LOOPBACK,UP,LOWER_UP> mtu 65536 qdisc noqueue state UNKNOWN mode DEFAULT …
    link/loopback 00:00:00:00:00:00 brd 00:00:00:00:00:00
6: veth-u3@if5: <BROADCAST,MULTICAST,UP,LOWER_UP> mtu 1500 qdisc noqueue state UP …
    link/ether 42:20:34:be:a9:97 brd ff:ff:ff:ff:ff:ff link-netnsid 0

netns: u2 ………………………………………………u2でのip l
1: lo: <LOOPBACK,UP,LOWER_UP> mtu 65536 qdisc noqueue state UNKNOWN mode DEFAULT …
    link/loopback 00:00:00:00:00:00 brd 00:00:00:00:00:00
4: veth-u2@if3: <BROADCAST,MULTICAST,UP,LOWER_UP> mtu 1500 qdisc noqueue state UP …
    link/ether b6:31:94:07:7b:61 brd ff:ff:ff:ff:ff:ff link-netnsid 0
```

　IPアドレスはまだ割り当てられていません。こちらは、ip a で確認できます。

```
$ ip a
1: lo: <LOOPBACK,UP,LOWER_UP> mtu 65536 qdisc noqueue state UNKNOWN group …
    link/loopback 00:00:00:00:00:00 brd 00:00:00:00:00:00
    inet 127.0.0.1/8 scope host lo
       valid_lft forever preferred_lft forever
    inet6 ::1/128 scope host
       valid_lft forever preferred_lft forever
2: eth0: <BROADCAST,MULTICAST,UP,LOWER_UP> mtu 1500 qdisc mq state UP group …
    link/ether 00:15:5d:51:63:13 brd ff:ff:ff:ff:ff:ff
    inet 172.25.152.141/20 brd 172.25.159.255 scope global eth0
       valid_lft forever preferred_lft forever
    inet6 fe80::215:5dff:fe51:6313/64 scope link
       valid_lft forever preferred_lft forever
3: veth-gw2@if4: <BROADCAST,MULTICAST,UP,LOWER_UP> mtu 1500 qdisc noqueue state UP …
    link/ether fe:6b:af:a2:05:e6 brd ff:ff:ff:ff:ff:ff link-netns u2
    inet6 fe80::fc6b:afff:fea2:5e6/64 scope link
       valid_lft forever preferred_lft forever
```

続く▶

```
5: veth-gw3@if6: <BROADCAST,MULTICAST,UP,LOWER_UP> mtu 1500 qdisc noqueue state UP …
    link/ether e2:28:2a:1d:a5:31 brd ff:ff:ff:ff:ff:ff link-netns u3
    inet6 fe80::e028:2aff:fe1d:a531/64 scope link
        valid_lft forever preferred_lft forever
```

Network Namespace内では以下のようになります。IPv6の表示が混ざるとわかりにくいという場合は、**ip -4 a**で実行してください。

```
$ sudo ip -all netns exec ip a ············すべてのNamespaceでip aを実行

netns: u3·······································u3でのip a
1: lo: <LOOPBACK,UP,LOWER_UP> mtu 65536 qdisc noqueue state UNKNOWN group …
    link/loopback 00:00:00:00:00:00 brd 00:00:00:00:00:00
    inet 127.0.0.1/8 scope host lo
        valid_lft forever preferred_lft forever
    inet6 ::1/128 scope host
        valid_lft forever preferred_lft forever
6: veth-u3@if5: <BROADCAST,MULTICAST,UP,LOWER_UP> mtu 1500 qdisc noqueue state UP …
    link/ether 42:20:34:be:a9:97 brd ff:ff:ff:ff:ff:ff link-netnsid 0
    inet6 fe80::4020:34ff:febe:a997/64 scope link
        valid_lft forever preferred_lft forever

netns: u2·······································u2でのip a
1: lo: <LOOPBACK,UP,LOWER_UP> mtu 65536 qdisc noqueue state UNKNOWN group …
    link/loopback 00:00:00:00:00:00 brd 00:00:00:00:00:00
    inet 127.0.0.1/8 scope host lo
        valid_lft forever preferred_lft forever
    inet6 ::1/128 scope host
        valid_lft forever preferred_lft forever
4: veth-u2@if3: <BROADCAST,MULTICAST,UP,LOWER_UP> mtu 1500 qdisc noqueue state UP …
    link/ether b6:31:94:07:7b:61 brd ff:ff:ff:ff:ff:ff link-netnsid 0
    inet6 fe80::b431:94ff:fe07:7b61/64 scope link
        valid_lft forever preferred_lft forever
```

仮想ネットワークデバイスにIPアドレスを割り当てる

ip a add (IPアドレス) でIPアドレスを割り当てます。ここではPart 2での実行例（p.135）と同じIPアドレスを割り当てています。

veth-gw2と**veth-u2**、**veth-gw3**と**veth-u3**が同じネットワークになっていれば、割り当てるネットワークアドレスは任意です。2のペアと3のペアはそれぞれ異なるネットワークになるようにしてください。

```
$ sudo ip a add 10.0.2.15/24 dev veth-gw2
$ sudo ip a add 10.0.3.15/24 dev veth-gw3
$ sudo ip netns exec u2 ip a add 10.0.2.4/24 dev veth-u2        続く▶
```

```
$ sudo ip netns exec u3 ip a add 10.0.3.4/24 dev veth-u3
```

`ip a`でIPアドレスが割り当てられていることを確認します。

```
$ ip a
1: lo: <LOOPBACK,UP,LOWER_UP> mtu 65536 qdisc noqueue state UNKNOWN group …
    link/loopback 00:00:00:00:00:00 brd 00:00:00:00:00:00
    inet 127.0.0.1/8 scope host lo
       valid_lft forever preferred_lft forever
    inet6 ::1/128 scope host
       valid_lft forever preferred_lft forever
2: eth0: <BROADCAST,MULTICAST,UP,LOWER_UP> mtu 1500 qdisc mq state UP group …
    link/ether 00:15:5d:51:63:13 brd ff:ff:ff:ff:ff:ff
    inet 172.25.152.141/20 brd 172.25.159.255 scope global eth0
       valid_lft forever preferred_lft forever
    inet6 fe80::215:5dff:fe51:6313/64 scope link
       valid_lft forever preferred_lft forever
3: veth-gw2@if4: <BROADCAST,MULTICAST,UP,LOWER_UP> mtu 1500 qdisc noqueue state UP …
    link/ether fe:6b:af:a2:05:e6 brd ff:ff:ff:ff:ff:ff link-netns u2
    inet 10.0.2.15/24 scope global veth-gw    ←veth-gw2に10.0.2.15/24が割り当てられている
       valid_lft forever preferred_lft forever
    inet6 fe80::fc6b:afff:fea2:5e6/64 scope link
       valid_lft forever preferred_lft forever
5: veth-gw3@if6: <BROADCAST,MULTICAST,UP,LOWER_UP> mtu 1500 qdisc noqueue state UP …
    link/ether e2:28:2a:1d:a5:31 brd ff:ff:ff:ff:ff:ff link-netns u3
    inet 10.0.3.15/24 scope global veth-gw3    ←veth-gw3に10.0.3.15/24が割り当てられている
       valid_lft forever preferred_lft forever
    inet6 fe80::e028:2aff:fe1d:a531/64 scope link
       valid_lft forever preferred_lft forever
```

Network Namespace内は以下のようになります。

```
$ sudo ip -all netns exec ip a ………すべてのNamespaceでip aを実行

netns: u3…………………………………u3でのip a
1: lo: <LOOPBACK,UP,LOWER_UP> mtu 65536 qdisc noqueue state UNKNOWN group …
    link/loopback 00:00:00:00:00:00 brd 00:00:00:00:00:00
    inet 127.0.0.1/8 scope host lo
       valid_lft forever preferred_lft forever
    inet6 ::1/128 scope host
       valid_lft forever preferred_lft forever
6: veth-u3@if5: <BROADCAST,MULTICAST,UP,LOWER_UP> mtu 1500 qdisc noqueue state UP …
    link/ether 42:20:34:be:a9:97 brd ff:ff:ff:ff:ff:ff link-netnsid 0
    inet 10.0.3.4/24 scope global veth-u3    ←veth-u3に10.0.3.4/24が割り当てられている
       valid_lft forever preferred_lft forever
    inet6 fe80::4020:34ff:febe:a997/64 scope link
       valid_lft forever preferred_lft forever                                  続く◀
```

```
netns: u2                              u2でのip a
1: lo: <LOOPBACK,UP,LOWER_UP> mtu 65536 qdisc noqueue state UNKNOWN group …
    link/loopback 00:00:00:00:00:00 brd 00:00:00:00:00:00
    inet 127.0.0.1/8 scope host lo
       valid_lft forever preferred_lft forever
    inet6 ::1/128 scope host
       valid_lft forever preferred_lft forever
4: veth-u2@if3: <BROADCAST,MULTICAST,UP,LOWER_UP> mtu 1500 qdisc noqueue state UP …
    link/ether b6:31:94:07:7b:61 brd ff:ff:ff:ff:ff:ff link-netnsid 0
    inet 10.0.2.4/24 scope global veth-u2   ←veth-u2に10.0.2.4/24が割り当てられている
       valid_lft forever preferred_lft forever
    inet6 fe80::b431:94ff:fe07:7b61/64 scope link
       valid_lft forever preferred_lft forever
```

［テスト❶］同じネットワークどうしでの通信

　この状態でpingコマンドを実行してみましょう。現状は同じネットワークアドレスどうし
だけが通信可能な状態になっています 図C 。

図C　　テスト1：同じネットワークどうしでの通信

Network Namespace	現在作成しているデバイスとIPアドレス	
（なし）	veth-gw2	10.0.2.15
	veth-gw3	10.0.3.15
u2	veth-u2	10.0.2.4
u3	veth-u3	10.0.3.4

ネームスペースの外側で実行するコマンド	u2 で実行するコマンド	u3 で実行するコマンド
$ ping -c 1 10.0.2.15　…自分宛 OK	$ sudo ip netns exec u2 ping -c 1 10.0.2.4　…OK	$ sudo ip netns exec u3 ping -c 1 10.0.3.4　…OK
$ ping -c 1 10.0.3.15　…自分宛 OK	$ sudo ip netns exec u2 ping -c 1 10.0.2.15　…OK	$ sudo ip netns exec u3 ping -c 1 10.0.3.15　…OK
$ ping -c 1 10.0.2.4　…u2宛 OK	$ sudo ip netns exec u2 ping -c 1 10.0.3.4　…NG	$ sudo ip netns exec u3 ping -c 1 10.0.2.4　…NG
$ ping -c 1 10.0.3.4　…u3宛 OK	$ sudo ip netns exec u2 ping -c 1 10.0.3.15　…NG	$ sudo ip netns exec u3 ping -c 1 10.0.2.15　…NG

　まず、Network Namespaceの外側です。
　veth-gw2（**10.0.2.15**）とveth-gw3（**10.0.3.15**）は自分自身なので**ping**が可能です。
　veth-gw2とペアでNetwork Namespaceに割り当てられているveth-u2（**10.0.2.4**）、veth-
gw3とペアのveth-u3（**10.0.3.4**）とも通信できています。

```
$ ping -c 1 10.0.2.15
PING 10.0.2.15 (10.0.2.15) 56(84) bytes of data.
64 bytes from 10.0.2.15: icmp_seq=1 ttl=64 time=0.018 ms   ←1 received＝成功

--- 10.0.2.15 ping statistics ---
1 packets transmitted, 1 received, 0% packet loss, time 0ms
rtt min/avg/max/mdev = 0.018/0.018/0.018/0.000 ms
$ ping -c 1 10.0.3.15                                    続く
```

```
PING 10.0.3.15 (10.0.3.15) 56(84) bytes of data.
64 bytes from 10.0.3.15: icmp_seq=1 ttl=64 time=0.019 ms

--- 10.0.3.15 ping statistics ---
1 packets transmitted, 1 received, 0% packet loss, time 0ms
rtt min/avg/max/mdev = 0.019/0.019/0.019/0.000 ms
$ ping -c 1 10.0.2.4
PING 10.0.2.4 (10.0.2.4) 56(84) bytes of data.
64 bytes from 10.0.2.4: icmp_seq=1 ttl=64 time=0.025 ms

--- 10.0.2.4 ping statistics ---
1 packets transmitted, 1 received, 0% packet loss, time 0ms
rtt min/avg/max/mdev = 0.025/0.025/0.025/0.000 ms
$ ping -c 1 10.0.3.4
PING 10.0.3.4 (10.0.3.4) 56(84) bytes of data.
64 bytes from 10.0.3.4: icmp_seq=1 ttl=64 time=0.026 ms

--- 10.0.3.4 ping statistics ---
1 packets transmitted, 1 received, 0% packet loss, time 0ms
rtt min/avg/max/mdev = 0.026/0.026/0.026/0.000 ms
```

　Network Namespace「u2」では、自分自身である**10.0.2.4**とペアになっている**10.0.2.15**には通信できるのに対し、**10.0.3.4**と**10.0.3.15**とは通信できません。

```
$ sudo ip netns exec u2 ping -c 1 10.0.2.4
PING 10.0.2.4 (10.0.2.4) 56(84) bytes of data.
64 bytes from 10.0.2.4: icmp_seq=1 ttl=64 time=0.014 ms

--- 10.0.2.4 ping statistics ---
1 packets transmitted, 1 received, 0% packet loss, time 0ms   ← 1 received＝成功
rtt min/avg/max/mdev = 0.014/0.014/0.014/0.000 ms
$ sudo ip netns exec u2 ping -c 1 10.0.2.15
PING 10.0.2.15 (10.0.2.15) 56(84) bytes of data.
64 bytes from 10.0.2.15: icmp_seq=1 ttl=64 time=0.025 ms

--- 10.0.2.15 ping statistics ---
1 packets transmitted, 1 received, 0% packet loss, time 0ms
rtt min/avg/max/mdev = 0.025/0.025/0.025/0.000 ms
$ sudo ip netns exec u2 ping -c 1 10.0.3.4
ping: connect: Network is unreachable   10.0.3.4には到達できない
$ sudo ip netns exec u2 ping -c 1 10.0.3.15
ping: connect: Network is unreachabl   10.0.3.15には到達できない
```

　Network Namespace「u3」も同様に、自分自身である**10.0.3.4**とペアになっている**10.0.3.15**には通信できるのに対し、**10.0.2.4**と**10.0.2.15**とは通信できません。

```
$ sudo ip netns exec u3 ping -c 1 10.0.3.4
PING 10.0.3.4 (10.0.3.4) 56(84) bytes of data.
64 bytes from 10.0.3.4: icmp_seq=1 ttl=64 time=0.013 ms

--- 10.0.3.4 ping statistics ---
1 packets transmitted, 1 received, 0% packet loss, time 0ms     ←1 received＝成功
rtt min/avg/max/mdev = 0.013/0.013/0.013/0.000 ms
$ sudo ip netns exec u3 ping -c 1 10.0.3.15
PING 10.0.3.15 (10.0.3.15) 56(84) bytes of data.
64 bytes from 10.0.3.15: icmp_seq=1 ttl=64 time=0.024 ms

--- 10.0.3.15 ping statistics ---
1 packets transmitted, 1 received, 0% packet loss, time 0ms
rtt min/avg/max/mdev = 0.024/0.024/0.024/0.000 ms
$ sudo ip netns exec u3 ping -c 1 10.0.2.4
ping: connect: Network is unreachable     ←10.0.2.4には到達できない
$ sudo ip netns exec u3 ping -c 1 10.0.2.15
ping: connect: Network is unreachable     ←10.0.2.15には到達できない
```

ルーティングとIPフォワーディング

　次に、経路情報の設定とIPフォワーディングの設定を行いましょう。実行するコマンドは
Part 2のp.138、p.142と同じです。

　まず **sudo ip netns exec** 名前 で実行するNetwork Namespaceの名前を指定し、**ip r add**
で通信したいネットワークアドレスと、そのネットワークへの通信が可能なネットワークア
ドレスを指定します。

```
sudo ip netns exec 名前 ip r add ネットワークアドレス via そのネットワークへの通信が可能なデバイスのIPアドレス

u2用の設定
sudo ip netns exec u2 ip r add 10.0.3.0/24 via 10.0.2.15
u3用の設定
sudo ip netns exec u3 ip r add 10.0.2.0/24 via 10.0.3.15
```

　続いて **10.0.2.15 ↔ 10.0.3.15** の通信が可能になるよう、IPフォワーディングを設定します。

```
sudo sysctl net.ipv4.ip_forward=1
```

　実行結果は以下のとおりです。

```
$ sudo ip netns exec u2 ip r add 10.0.3.0/24 via 10.0.2.15
$ sudo ip netns exec u3 ip r add 10.0.2.0/24 via 10.0.3.15
$ sudo sysctl net.ipv4.ip_forward=1
net.ipv4.ip_forward = 1
```

　これで、Network Namespace「u2」から「u3」、「u3」から「u2」への **ping** がそれぞれ通るよ
うになりました。

```
$ sudo ip netns exec u2 ping -c 1 10.0.3.4
PING 10.0.3.4 (10.0.3.4) 56(84) bytes of data.
64 bytes from 10.0.3.4: icmp_seq=1 ttl=63 time=0.032 ms

--- 10.0.3.4 ping statistics ---
1 packets transmitted, 1 received, 0% packet loss, time 0ms     ←1 received＝成功
rtt min/avg/max/mdev = 0.032/0.032/0.032/0.000 ms
$ sudo ip netns exec u3 ping -c 1 10.0.2.4
PING 10.0.2.4 (10.0.2.4) 56(84) bytes of data.
64 bytes from 10.0.2.4: icmp_seq=1 ttl=63 time=0.026 ms

--- 10.0.2.4 ping statistics ---
1 packets transmitted, 1 received, 0% packet loss, time 0ms
rtt min/avg/max/mdev = 0.026/0.026/0.026/0.000 ms
```

　ルーティングテーブルも確認しておきましょう。まず Network Namespace の外側です。**172〜**は WSL に割り当てられている IP アドレスです。

```
$ ip r·······················································経路を表示
default via 172.25.144.1 dev eth0 proto kernel
10.0.2.0/24 dev veth-gw2 proto kernel scope link src 10.0.2.15
10.0.3.0/24 dev veth-gw3 proto kernel scope link src 10.0.3.15
172.25.144.0/20 dev eth0 proto kernel scope link src 172.25.152.141
```

　Network Namespace の中は以下のようになります。

```
$ sudo ip -all netns exec ip r ······すべてのNamespaceでip rを実行

netns: u3·····························u3でのip r
10.0.2.0/24 via 10.0.3.15 dev veth-u3
10.0.3.0/24 dev veth-u3 proto kernel scope link src 10.0.3.4

netns: u2·····························u2でのip r
10.0.2.0/24 dev veth-u2 proto kernel scope link src 10.0.2.4
10.0.3.0/24 via 10.0.2.15 dev veth-u2
```

▋［テスト❷］外部への通信

　現状は Network Namespace の内側からインターネットへの通信ができない状態です。これを可能にするには、経路の設定と NAT の設定が必要です。
　まず、Network Namespace の外側では外部との通信ができることを確認するため、**www. example.com** への **ping** を実行してみます。

```
$ ping -c 1 www.example.com
PING www.example.com (93.184.216.34) 56(84) bytes of data.
64 bytes from 93.184.216.34 (93.184.216.34): icmp_seq=1 ttl=50 time=110 ms    続く▶
```

```
--- www.example.com ping statistics ---
1 packets transmitted, 1 received, 0% packet loss, time 0ms    ←1 received＝成功
rtt min/avg/max/mdev = 110.085/110.085/110.085/0.000 ms
```

一方、「u2」から実行すると「Temporary failure in name resolution」というエラーになります。名前解決ができていないようです。

```
$ sudo ip netns exec u2 ping -c 1 www.example.com
ping: www.example.com: Temporary failure in name resolution
```

IPアドレスで試してみると「Network is unreachable」となるので、仮に名前解決ができたとしても到達できないことがわかります。

```
$ sudo ip netns exec u2 ping -c 1 93.184.216.34
ping: connect: Network is unreachable
```

デフォルトルートの設定

現状、「u2」での経路情報は以下のようになっています。自分が所属しているネットワークである **10.0.2.0/24** と、「u3」との通信のために追加した **10.0.3.0/24** の設定しかありません。

```
$ sudo ip netns exec u2 ip r
10.0.2.0/24 dev veth-u2 proto kernel scope link src 10.0.2.4
10.0.3.0/24 via 10.0.2.15 dev veth-u2
```

そこで、デフォルトルートを追加します。経路とするIPアドレスには「自分が現状通信できて、かつ、外につながるであろうIPアドレス」を指定します。「u2」の場合は **10.0.2.15** です。したがって以下のようになります。

```
sudo ip netns exec u2 ip r add default via 10.0.2.15
```

実行すると以下のようになります。

```
$ sudo ip netns exec u2 ip r add default via 10.0.2.15
 問題なく実行できた場合は何も表示されない
$ sudo ip netns exec u2 ip r………現在の経路情報を表示
default via 10.0.2.15 dev veth-u    ←デフォルトルートが追加できた
10.0.2.0/24 dev veth-u2 proto kernel scope link src 10.0.2.4
10.0.3.0/24 via 10.0.2.15 dev veth-u2
```

この状態で **ping** を実行すると、「unreachable」ではなくなりますが、まだ設定が不十分なので「0 received, 100% packet loss」になります。また、実行結果が表示されるまで若干時間がかかります。返事がこないと判断できるまで待っているためです。

```
$ sudo ip netns exec u2 ping -c 1 93.184.216.34
PING 93.184.216.34 (93.184.216.34) 56(84) bytes of data.    続く
```

```
--- 93.184.216.34 ping statistics ---
1 packets transmitted, 0 received, 100% packet loss, time 0ms   ←0 received＝失敗
```

NATの設定

　NATで **10.0.2.0/24** の通信を外部へ送り出せるようにするには、以下のように設定します。ここでは **iptables** を使い、IPマスカレード（p.166）の設定をしています。

　以下はWSLの場合の設定です。VirtualBoxの場合、**eth0** を **enp0s3**、UTMの場合は **enp0s1** にしてください。

```
sudo iptables -t nat -A POSTROUTING -s 10.0.2.0/24 -o eth0 -j MASQUERADE
```

VirtualBoxの場合
```
sudo iptables -t nat -A POSTROUTING -s 10.0.2.0/24 -o enp0s3 -j MASQUERADE
```
UTMの場合
```
sudo iptables -t nat -A POSTROUTING -s 10.0.2.0/24 -o enp0s1 -j MASQUERADE
```

　設定内容を確認すると以下のようになります。

```
$ sudo iptables -t nat -A POSTROUTING -s 10.0.2.0/24 -o eth0 -j MASQUERADE
$ sudo iptables -L -v -n -t nat ··············NATの設定内容を確認する
Chain PREROUTING (policy ACCEPT 0 packets, 0 bytes)
 pkts bytes target     prot opt in     out    source              destination

Chain INPUT (policy ACCEPT 0 packets, 0 bytes)
 pkts bytes target     prot opt in     out    source              destination

Chain OUTPUT (policy ACCEPT 0 packets, 0 bytes)
 pkts bytes target     prot opt in     out    source              destination

Chain POSTROUTING (policy ACCEPT 0 packets, 0 bytes)
 pkts bytes target     prot opt in     out    source              destination
    0     0 MASQUERADE  all  --  *      eth0   10.0.2.0/24          0.0.0.0/0
```
POSTROUTINGチェインのターゲットがMASQUERADE（仮面）になり、適当なポート番号を使ってeth0（かenp0s3かenp0s1）から外に出ていくようになった

　これで、外部への通信が可能になりました。

```
$ sudo ip netns exec u2 ping -c 1 93.184.216.34
PING 93.184.216.34 (93.184.216.34) 56(84) bytes of data.
64 bytes from 93.184.216.34: icmp_seq=1 ttl=49 time=107 ms

--- 93.184.216.34 ping statistics ---
1 packets transmitted, 1 received, 0% packet loss, time 0ms   ←1 received＝成功
rtt min/avg/max/mdev = 106.876/106.876/106.876/0.000 ms
```

DNSへの問い合わせが通るようになり、名前解決もできるようになっています。

```
$ sudo ip netns exec u2 ping -c 1 www.example.com
PING www.example.com (93.184.216.34) 56(84) bytes of data.
64 bytes from 93.184.216.34 (93.184.216.34): icmp_seq=1 ttl=49 time=107 ms

--- www.example.com ping statistics ---
1 packets transmitted, 1 received, 0% packet loss, time 0ms
rtt min/avg/max/mdev = 106.857/106.857/106.857/0.000 ms
```

Network Namespace「u3」からも外部への通信を可能にするには以下を実行します。

```
デフォルトルートの設定
$ sudo ip netns exec u3 ip r add default via 10.0.3.15
NATの設定※
$ sudo iptables -t nat -A POSTROUTING -s 10.0.3.0/24 -o eth0 -j MASQUERADE
```

※ VirtualBoxの場合、**eth0**を**enp0s3**、UTMは**enp0s1**とする。

補足 WSLの名前解決

WSLの初期設定で使用するDNSサーバーが「vEthernet (WSL (Hyper-V firewall))」のアドレスになっているため名前解決に失敗してしまうケースがあります 図D 。

図D　WSLの名前解決（修正前）

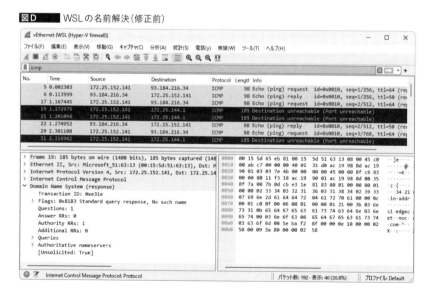

これは、WSL環境での **/etc/resolv.conf** で **nameserver** (IPアドレス) の行を書き換えることで解消できます。ただし、このファイルはWSLの起動時に毎回作成されることから、Windowsの再起動やWSLのシャットダウン（**wsl --shutdown**）ごとに再修正することになります。これを避けるには、WSL環境の **/etc/wsl.conf** で **[network]** セクションに **generateResolvConf = false** という行を追加する必要があります。

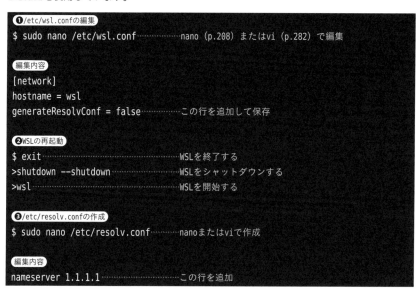

手順をまとめると、❶/etc/wsl.confに generateResolvConf = falseを追加、❷WSLを再起動、❸/etc/resolv.confを作成して nameserver ［ネームサーバーのIPアドレス］という行を追加、となります。ネームサーバーはパブリックDNSサーバー（p.202）やご自身の環境で使用しているDNSサーバーを指定してください。以下の実行例ではパブリックDNSサーバーである**1.1.1.1**を使用しています。

```
❶/etc/wsl.confの編集
$ sudo nano /etc/wsl.conf············nano（p.208）またはvi（p.282）で編集

編集内容
[network]
hostname = wsl
generateResolvConf = false·········この行を追加して保存

❷WSLの再起動
$ exit·····································WSLを終了する
>shutdown --shutdown·················WSLをシャットダウンする
>wsl······································WSLを開始する

❸/etc/resolv.confの作成
$ sudo nano /etc/resolv.conf·········nanoまたはviで作成

編集内容
nameserver 1.1.1.1·····················この行を追加
```

tcpdumpで観察する

Network Namespaceの内側と外側でパケットを観察してみましょう。まずは、Network Namespace内で実行できる**tcpdump**コマンドで試してみます。**tcpdump**用のウィンドウを2つ開いてそれぞれ以下を実行してください。

ここでは、元のウィンドウを画面❹、新しく開いたウィンドウを画面❺・画面❻とします。

```
❺外側（新しく開いたウィンドウ1で実行）
sudo tcpdump -nl icmp
❻内側（新しく開いたウィンドウ2で実行）
sudo ip netns exec u2 tcpdump -nl icmp
```

❹元のウィンドウではNetwork Namespace「u2」で**ping**を実行します。**tcpdump**でパケットの様子を観察できたら Ctrl + C で終了してください。

```
画面❺、画面❻でtcpdumpを開始してから実行
$ sudo ip netns exec u2 ping www.example.com
PING www.example.com (93.184.216.34) 56(84) bytes of data.
64 bytes from 93.184.216.34: icmp_seq=1 ttl=49 time=123 ms      続く▶
64 bytes from 93.184.216.34: icmp_seq=2 ttl=49 time=123 ms
```

```
64 bytes from 93.184.216.34: icmp_seq=3 ttl=49 time=130 ms
64 bytes from 93.184.216.34: icmp_seq=4 ttl=49 time=116 ms
^C·······················································Ctrl＋Cで終了
--- 93.184.216.34 ping statistics ---
4 packets transmitted, 4 received, 0% packet loss, time 2997ms
rtt min/avg/max/mdev = 115.797/122.727/129.529/4.858 ms
```

eth0のIPアドレスでのtcpdump

　まず画面**B**でtcpdumpを実行します。WSLの場合、eth0に割り当てられているIPアドレスからwww.example.com宛のICMPパケットが表示されます。

　画面**A**でpingを終了したら、こちらの画面でもCtrl＋Cでtcpdumpを終了させます。

```
$ sudo tcpdump -nl icmp ···························· B
tcpdump: verbose output suppressed, use -v[v]... for full protocol decode
listening on eth0, link-type EN10MB (Ethernet), snapshot length 262144 bytes
 画面Aでpingを実行するとパケットが表示される
14:53:36.122728 IP 172.25.152.141 > 93.184.216.34: ICMP echo request, id 43881, seq 1, length 64
14:53:36.245085 IP 93.184.216.34 > 172.25.152.141: ICMP echo reply, id 43881, seq 1, length 64
14:53:37.204942 IP 172.25.152.141 > 93.184.216.34: ICMP echo request, id 43881, seq 2, length 64
14:53:37.327822 IP 93.184.216.34 > 172.25.152.141: ICMP echo reply, id 43881, seq 2, length 64
14:53:38.287167 IP 172.25.152.141 > 93.184.216.34: ICMP echo request, id 43881, seq 3, length 64
14:53:38.416575 IP 93.184.216.34 > 172.25.152.141: ICMP echo reply, id 43881, seq 3, length 64
14:53:39.369432 IP 172.25.152.141 > 93.184.216.34: ICMP echo request, id 43881, seq 4, length 64
14:53:39.485105 IP 93.184.216.34 > 172.25.152.141: ICMP echo reply, id 43881, seq 4, length 64
^C·······················画面Aでpingを終了したらCtrl＋Cでtcpdumpを終了
8 packets captured
8 packets received by filter
0 packets dropped by kernel
```

veth-u2のIPアドレスでのtcpdump

　次に画面**C**でtcpdumpを実行します。こちらはNetwork Namespace「u2」のネットワークデバイス「veth-u2」のIPアドレスからwww.example.comへのICMPパケットとして表示されます。

```
$ sudo ip netns exec u2 tcpdump -nl icmp
tcpdump: verbose output suppressed, use -v[v]... for full protocol decode
listening on veth-u2, link-type EN10MB (Ethernet), snapshot length 262144 bytes
 画面Aでpingを実行するとパケットが表示される
14:53:36.122633 IP 10.0.2.4 > 93.184.216.34: ICMP echo request, id 43881, seq 1, length 64
14:53:36.245140 IP 93.184.216.34 > 10.0.2.4: ICMP echo reply, id 43881, seq 1, length 64
14:53:37.204882 IP 10.0.2.4 > 93.184.216.34: ICMP echo request, id 43881, seq 2, length 64
14:53:37.327871 IP 93.184.216.34 > 10.0.2.4: ICMP echo reply, id 43881, seq 2, length 64
14:53:38.287122 IP 10.0.2.4 > 93.184.216.34: ICMP echo request, id 43881, seq 3, length 64
14:53:38.416618 IP 93.184.216.34 > 10.0.2.4: ICMP echo reply, id 43881, seq 3, length 64
```
続く

```
14:53:39.369378 IP 10.0.2.4 > 93.184.216.34: ICMP echo request, id 43881, seq 4, length 64
14:53:39.485136 IP 93.184.216.34 > 10.0.2.4: ICMP echo reply, id 43881, seq 4, length 64
^C···································画面Ⓐを終了したらCtrl+Cでtcpdumpを終了
8 packets captured
8 packets received by filter
0 packets dropped by kernel
```

Wiresharkで観察する

Wiresharkで観察することもできます（次ページの 図E ）。

WSL に Wiresharkをインストールすることで、`tcpdump`と同じように`wireshark`コマンドを実行可能になります。インストール方法はVirtualBox/UTM環境でのインストールと同じで、以下のコマンドを実行します。

```
$ sudo apt install wireshark
```
> 途中「Should non-superusers be able to capture packets?」というメッセージが
> 表示されるので、TABまたは矢印キーで「yes」を選択して Enter を押す
```
$ sudo gpasswd -a $USER wireshark ······現在のユーザーをwiresharkグループに追加する
$ exit ··························いったんwslを抜ける
> wsl ····················再度wslを実行（グループの設定が反映される）※
```

※ wiresharkグループはwiresharkコマンドでパケットをキャプチャできる権限を持つグループ。`gpasswd`実行後に`wsl`を実行（ログイン）するとグループの設定が反映されるので、先に開いていた画面ⒶⒷⒸでwiresharkコマンドを実行するにはいったん`exit`でWSLを終了して再度wslを実行してWSLを開始する必要がある。

Wiresharkを２つ実行するにはコマンド入力用の画面を新しく２つ開いて、それぞれで以下の❶と❷を実行するのが簡単でわかりやすいでしょう[18]。

❶名前空間の外側を観察するためのWireshark
```
wireshark
```
···························WSLの場合はeth0、Virtualboxの場合はenp0s3、UTMではenp0s0を選択する
❷名前空間の内側を観察するためのWireshark
```
sudo ip netns exec u2 wireshark
```
···························veth-u2を選択する

---

[18] GUIアプリケーションをコマンドラインから起動すると、そのアプリケーションを終了させるまで次のコマンドが入力できなくなります。GUIアプリケーション実行後も同じ端末で別のコマンドを実行したい場合、コマンドの最後に`&`をつけて実行してください。Wiresharkの場合、実行中のメッセージが画面に表示されるためリダイレクトして（p.52）、`wireshark 2>/dev/null &`のようにすることで、次のコマンドを入力しやすくなります。

図E Network Namespaceからの通信をWiresharkで観察する

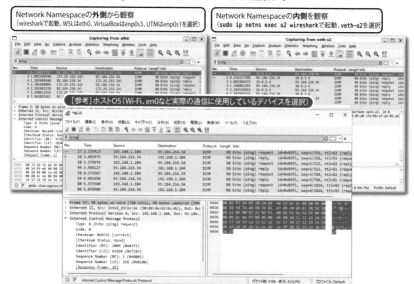

補足 WSL環境のパケットをWindows版のWiresharkで観察する

Windows版のWiresharkでWSLのパケットを観察するには、Network Namespaceで実行した **tcpdump** をパイプでWindowsのWiresharkに渡します。

tcpdump の出力をWiresharkで表示するには、**tcpdump** の出力を **-w -** で整形せずに標準出力そのまま出力し、Wiresharkは **-i -** で標準入力から受け取ったパケットを表示する、と指定します。

```
sudo tcpdump -nlUw - | wireshark -ki -
```

tcpdump と Wiresharkで使用しているオプションは以下のとおりです。

tcpdumpで使用しているオプション

- **-n** ……………………… 名前解決を行わない
- **-l** ……………………… 出力を即時で行バッファリングする
- **-U** ……………………… キャプチャしたパケットを即時で出力する
- **-w** ……………………… 標準出力（-）へ出力する

Wiresharkで使用しているオプション

- **-k** ……………………… 起動と同時にキャプチャを開始する
- **-i** ……………………… 標準入力（-）のパケットを表示する（-iはデバイスを指定するオプション）

これを応用し、パイプの前後を「WSLで、Network Namespaceを指定して **tcpdump** を実行」と「Wiresharkをコマンドプロンプトから実行」にすると **図F** のようになります。

sudo で実行するのでパスワードを入力する必要がありますが、Wiresharkのエラー出力が表示されるとパスワード入力用のプロンプト表示がわかりにくくなるため、Wiresharkの実行に **2>NUL** を指定しています。これは、標準エラー出力のリダイレクトを破棄するという意

図F WSL環境のパケットをWindows版のWiresharkで観察するには

```
出力をWiresharkに渡す
       ↓
wsl sudo ip netns exec u2 tcpdump -nlUw - | "c:\Program Files\Wireshark\Wireshark.exe" -ki - 2>NUL
```

u2環境で**tcpdump**を実行

標準エラー出力への出力を破棄する
（bash/zsh環境の**2>/dev/null**相当）

WSL環境で**sudo ip〜**を実行

- パスの途中に空白が入るので二重引用符で囲む
- \はキーボードの¥で入力（環境によっては¥と表示される）
- "c:\Progまで入力して[Tab]で補完可能（その後も\W[Tab], \W[Tab]と補完できる）

```
>wsl sudo ip netns exec u2 tcpdump -nlUw - | "c:\Program Files\Wireshark\
Wireshark.exe" -ki - 2>NUL
（Wiresharkの画面が開く）
[sudo] password for study:………WSLのパスワードを入力
tcpdump: listening on veth-u2, link-type EN10MB (Ethernet), snapshot length
262144 bytes
```

別のコマンドプロンプトで、たとえば**ping**を実行するとパケットが表示されます。

```
$ sudo ip netns exec u2 ping www.example.com
PING www.example.com (93.184.216.34) 56(84) bytes of data.
64 bytes from 93.184.216.34 (93.184.216.34): icmp_seq=1 ttl=49 time=115 ms
64 bytes from 93.184.216.34 (93.184.216.34): icmp_seq=2 ttl=49 time=116 ms
64 bytes from 93.184.216.34 (93.184.216.34): icmp_seq=3 ttl=49 time=116 ms
64 bytes from 93.184.216.34 (93.184.216.34): icmp_seq=4 ttl=49 time=117 ms
^C

--- www.example.com ping statistics ---
4 packets transmitted, 4 received, 0% packet loss, time 3996ms
rtt min/avg/max/mdev = 114.953/115.799/117.056/0.702 ms
```

テキストエディタvi　端末で使えるテキストエディタ

本書では設定の変更に関してはコマンドラインで一時的に変更するか、GUI環境から行いますが、Unix系OSでは基本的に設定ファイルを使ってシステムの設定を保存します。これらの設定ファイルはテキストファイルであり、テキストエディタを使って編集できます。

Unix系OSを管理者として操作する場合、GUI環境がないため端末で操作できるテキストエディタが必要になることがあります。ここでは、そのようなときに使われることが多い **vi** というエディタの基本的な使い方を解説しています。本書の範囲においては「このようなコマンドもある」ということを把握しておくだけで問題ありません。

viコマンドとは

テキストエディタにはさまざまな種類があり、どのエディタが使用できるかは環境によって異なりますが、**vi** というエディタだけはどの環境でもほぼ確実にインストールされています。**vi** は1970年代に開発され現在も使われている伝統的なコマンドで、マウスや矢印キーがない環境でも操作できるように設計されています。

デフォルトのエディタとして自動起動されることがあるため、最低限の操作、とくに終了する方法だけは把握しておくことをお勧めします。

viの基本操作・基本的な考え方

vi はカーソルの移動を含めたすべての操作をアルファベットと記号のキーで操作するため、キーボードからの入力は基本的にすべて「コマンド」として扱われます。この状態を「Normal（通常）モード」といいます 図a 。

図a viの基本操作

vi ファイル名 で起動するとファイルの内容が表示される（macOSターミナルやWSLでも同様に実行可能）

起動時はノーマルモード
- すべてのキー入力は「コマンド」扱いになる
- [h][j][k][l]で左、下、上、右に移動（矢印キーも使用可能）
- [3][j]のようにコマンドを繰り返す回数を指定できる（この場合、3文字下の行に移動する、という意味になる）

ノーマルモードのとき、[/]を押すと最下段に /記号が表示される

ここで、検索したい文字列を入力して [Enter] を押すと検索実行、[N]で次の候補、[n]で前の候補へ移動

- [i]または[a]で文字入力開始（Insertモード）[i]はカーソルの位置に、[a]はカーソルの右側に文字入力ができる
- [esc]でInsertモードを終了

- [x]でカーソル位置にある文字を削除
- [d][w]でカーソル位置の1単語、[d][$]でカーソル位置以降、[d][d]でカーソル位置の行を削除

ノーマルモードのとき、[:]を押すと最下段に :記号が表示される

ここで、[w][q]と入力すると保存して終了。編集結果を保存せずに終了したい場合は[q][!]と入力

保存もしたいなら [Esc] を押して:wq（WriteしてQuit）

起動直後は最下段にファイル名と行数、編集不可の場合 [readonly] と表示。書き換えの権限がない等の場合も [readonly] と表示される（ sudo vi ファイル名 で起動する必要がある）

困ったら [Esc] を押して:q！で終了だね！

キーボードの[i]を押すと「Insert（挿入）モード」となり、キーボードからの文字入力待ちの状態となります。この状態のキー操作はすべて入力となります。Insertモードは[Esc]で終了し、Normalモードに戻ります。

Normalモードで[:]を押すとプロンプトが表示されるので、[w]を入力して保存、[q]で**vi**を終了します。編集したファイルを保存せずに終了する場合は、[q]の後に強制を示す[!]を入力します。

vi ファイル名 でファイルを開き、[Esc][:][q][!]で終了する、という操作を試しておくことをお勧めします。Insertモードに入っていない場合[Esc]は不要、編集していない場合は[!]を付ける必要もありませんが、[Esc][:][q][!]の組み合わせで覚えておくと「とにかくいつでも終了できる」ので安心です。保存したい場合は[q]の前に[w]を入れて、[Esc][:][w][q]のようにします。

設定ファイルは、個人用の場合はホームディレクトリにありますが、ネットワーク設定のようにシステム全体用の設定ファイルは**/etc**ディレクトリの中にあるのが一般的です。また、編集にはroot権限(p.14)が必要なので、**sudo vi** ファイル名 のように、**sudo**を付けて**vi**コマンドを実行する必要があります。

Ubuntu版vimで矢印キーを使用できるようにする

viには派生バージョンがいくつかあり、Ubuntuには**vi**の多機能版である**vim**(*Vi IMproved*)がインストールされています。Ubuntuでは「vi」という名前で**vi**互換モードの**vim**が実行されるように設定されています[*1]。この状態だと入力中に矢印キーが使用できないため、設定を変更しておく方が操作が楽になります。

以下のコマンドで変更できます。ここでは、**vim**の設定ファイル（ホームディレクトリの**.vimrc**というファイル）に**set nocompatible**という行を追加しています。

```
$ echo set nocompatible >> ~/.vimrc
```

※ **>**でリダイレクトすると、既存ファイルがある場合に上書きしてしまうので注意。なお、Ubuntu環境の初期状態では**.vimrc**が存在しないため、上記のコマンド操作直後の**.vimrc**は**set**コマンド1行だけが保存された状態となる。

設定ファイルを編集する際に便利な操作

設定ファイルを編集する場合、元の設定行を「コメント」として保存しておき、新しい設定行を追加することがあります。このような場合、元の設定行にカーソルを置いて、**yy**で現在の行をコピー[*2]し、[p]で現在の行の下に同じ行に貼り付けることで現在の行を二重化します。多くの設定ファイルでは、**#**以降が無視されるので、片方は行頭に**#**を書くことでコメント扱いとして保存しておき、他方を新しい設定に書き換えると良いでしょう。

また、[o]を押して現在の行の下に新しい行を挿入し、Insertモードに入ることができます。ファイルの最下行へは[G]（大文字の[G]）で移動できます。最下行に設定を追加する、とわかっているのであれば**vi +** ファイル名 のように+オプションを付けて起動するという方法もあります。+はファイルを開いたとき指定行にカーソルを移動するオプションで、行番号を指定しなかった場合は最下行という扱いになります。[o]ですぐ下の行から入力が開始できるので、GUI環境の端末であれば、あらかじめ右クリックしてコピーでクリップボードにコピーしておき、[o]を押した後で右クリックして貼り付けを実行することで、設定行を簡単に追加できます。

[*1] ディストリビューションによっては**vi**と**vim**どちらで起動しても vim が実行されます。macOSも同様です。
[*2] 本書ではWindowsやmacOSに合わせてコピー＆ペーストと表現していますが、**vi**では文字列をバッファ内にコピーすることをyank（ヤンク）、コピーした内容を貼り付けることをputと言います。yankした内容のputは実行中の**vi**の中でのみ有効です。

索引
用語&コマンド

著者プロフィール

西村 めぐみ Nishimura Megumi

1990年代、生産管理ソフトウェアの開発およびサポート業務／セミナー講師を担当。書籍および雑誌での執筆活動を経て㈱マックス・ヴァルト研究所に入社、マーケティングリサーチの企画および実査を担当。その後、PCおよびMicrosoft Officeのeラーニング教材作成／指導、新人教育にも携わる。おもな著書は『図解でわかるLinuxのすべて』（日本実業出版社）、『シェルの基本テクニック』（IDGジャパン）、『［新版 zsh&bash対応］macOS×コマンド入門』（技術評論社）など。

装丁・本文デザイン ……… 西岡 裕二
編集・DTP ……………… 有限会社テクスト
図版 …………………… オフィス・リード

TCP/IP＆ネットワークコマンド入門
プロトコルとインターネット、基本の力
[Linux/Windows/macOS 対応]

2024年5月15日　初版　第1刷発行

著者 ……………………… 西村 めぐみ
発行者 …………………… 片岡 巖
発行所 …………………… 株式会社技術評論社
　　　　　　　　　　　　 東京都新宿区市谷左内町21-13
　　　　　　　　　　　　 電話　03-3513-6150　販売促進部
　　　　　　　　　　　　 　　　03-3513-6177　第5編集部
印刷／製本 ……………… 日経印刷株式会社

●お問い合わせ

本書に関するご質問は記載内容についてのみとさせていただきます。本書の内容以外のご質問には一切応じられませんのであらかじめご了承ください。なお、お電話でのご質問は受け付けておりませんので、書面または小社Webサイトのお問い合わせフォームをご利用ください。

〒162-0846
東京都新宿区市谷左内町21-13
㈱技術評論社
『TCP/IP＆ネットワークコマンド入門』係

URL https://gihyo.jp/book/
　　　（技術評論社Webサイト）

ご質問の際に記載いただいた個人情報は回答以外の目的に使用することはありません。使用後は速やかに個人情報を廃棄します。

コマンドラインで使用できるキー操作❶

Unix系OSのコマンドラインシェルはbash/zshが広く使用されており、Ubuntuのデフォルトはbash、macOSではzshが採用されている。Windowsでは古くから使われているコマンドプロンプト（cmd.exe）とPowerShell、WSL（*Windows Subsystem for Linux*。デフォルトはUbuntu、詳しくは本文を参照）が使用可能で、本書ではコマンドプロンプトおよびWSLを使用する。

bash/zshのキーバインド

操作	説明
Ctrl + C	実行中のプログラムの強制終了 （Windowsのコマンドプロンプトでも使用可能）
Ctrl + Z	実行中のプログラムの休止
Ctrl + S	画面への出力を停止
Ctrl + Q	画面への出力を再開
Ctrl + L	画面表示をクリアする（clear -x相当）※1
Ctrl + P	1つ前に実行したコマンドラインを表示（↑相当）
Ctrl + N	1つ後に実行したコマンドラインを表示（↓相当、Ctrl + Pを押した後に使用する）
Ctrl + R	コマンド履歴の検索
Ctrl + D	ログアウト、端末を終了する※2

※1 GUI環境の場合スクロールバッファ（画面表示されていない部分）は保持される。すべて削除する場合は**clear**コマンド（Windowsは**cls**コマンド）。

※2 EOF（*End Of File*）を意味するキーで、入力をリダイレクトしているときはファイルの終了、テキストベースのコマンドでやり取りできるプロトコルの場合はコネクション終了という意味になる。コマンドプロンプトでのEOFは Ctrl + Z 。

Ctrl + Z の機能（bash/zsh）

シェルの機能で実行中のプログラムを休止バックグラウンドで再開させることで、コマンプロンプトから新たなコマンドを入力、実行きるようになる。
フォアグラウンドで再開（キー操作が可能な態で再開）したい場合は**fg**と入力して Enter バックグラウンドで再開したい場合は**bg**と入力して Enter 。

ヒストリ機能（bash/zsh）

Ctrl + P or N or R はコマンド履歴（ヒストリ本文を参照）を使用するキー操作で**history**コマンドで一覧表示し、「! 番号」**history**で表示された番号のコマンドライを実行できる。
コマンドプロンプトでは ↑ ↓ でコマンド履歴を呼び足すことができるほか、F7 キーで一覧表示した上で矢印キーで履歴を選択 Enter で実行可能。

コマンドラインで使用できるキー操作❷　GUI環境固有の操作

GUI環境でコマンドを入力する際、Ubuntuでは「端末」、Windowsでは「Windows Terminal」、macOSでは「ターミナル」（Terminal.app）というソフトウェアを使用する（本文を参照）。

GUI環境で使用できるキーバインド

Ubuntu※1	Windows	macOS	説明
Shift + Page Up	Ctrl + Shift + ↑	command + ↑	上へスクロール
Shift + Page Down	Ctrl + Shift + ↓	command + ↓	下へスクロール
	Ctrl + Shift + Home		一番上までスクロール
	Ctrl + Shift + End		一番下までスクロール
F11	Alt + Enter	control + command + F	全画面表示 （全画面表示をしている場合は元のサイズに戻る）
Ctrl + Shift + N	Ctrl + Shift + N	command + N	デフォルトのシェル※2で新しいウィンドウを開く
Ctrl + Shift + T	Ctrl + Shift + T	command + T	デフォルトのシェル※2で新しいタブを開く
Ctrl + Shift + W	Ctrl + Shift + W	command + W	現在のウィンドウまたはタブを閉じる
Ctrl + Shift + Q	Alt + F4	Shift + command + W	すべてのタブを閉じてウィンドウも閉じる

※1 端末の設定でショートカットを有効にする必要がある（≡をクリックして「設定」➡「ショートカット」）。

※2 Windows Terminalのデフォルトシェルは設定（Ctrl + ,）の「スタートアップ」➡「規定のプロファイル」、macOSはターミナルの設定（command + ,）の「プロファイル」➡「シェル」で変更可能。

※3 macOSではスクロールバッファも含めてクリアされ、Ubuntuの場合、画面に見えている範囲のみのクリアでスクロールバッファはクリアされない。端末クリアをコマンドで行う場合UbuntuおよびmacOSでは**clear**コマンド、Windowsでは**cls**コマンドを使用。

端末やターミナルとその他のソフトウェアの間でコピー＆ペースト（クリップボードを介したコピー＆ペースト）

Ubuntu	コピー	端末上の文字列を範囲選択して Ctrl + Shift + C または右クリック➡「コピー」
	ペースト	端末上で Ctrl + Shift + V または右クリック➡「貼り付け」
Windows	コピー	文字列を範囲選択して右クリック
	ペースト	Ctrl + V または範囲選択をしていない状態で右クリック
macOS	コピー	文字列を範囲選択して command + C または「編集」➡「コピー」
	ペースト	command + V または「編集」➡「ペースト」